普通高等教育“十三五”规划教材

化工制图

王　政　王传兴　宋红兵　编

HUAGONG ZHITU

化学工业出版社
·北京·

内容提要

《化工制图》是根据教育部“新工科”建设要求，以优化化工制图教学内容为目标，结合编者多年教学成果而编写的。主要包括形体三维构形与工程图表达方法、化工设备图、化工工艺图、设备布置图、管道布置图、化工制图CAD基础、化工图样绘制方法与实例等几部分。

《化工制图》可作为普通高等学校本科、高职高专化工类专业教材，也可供有关工程技术人员参考。

图书在版编目（CIP）数据

化工制图/王政，王传兴，宋红兵编. —北京：化学工业出版社，2019.12

ISBN 978-7-122-35874-5

Ⅰ.①化… Ⅱ.①王… ②王… ③宋… Ⅲ.①化工机械-机械制图 Ⅳ.①TQ050.2

中国版本图书馆CIP数据核字（2019）第291992号

责任编辑：满悦芝　　文字编辑：王　琪

责任校对：王素芹　　装帧设计：张　辉

出版发行：化学工业出版社（北京市东城区青年湖南街13号　邮政编码100011）

印　　装：三河市延风印装有限公司

787mm×1092mm　1/16　印张13½　插页1　字数334千字　2020年9月北京第1版第1次印刷

购书咨询：010-64518888　　售后服务：010-64518899

网　　址：http://www.cip.com.cn

凡购买本书，如有缺损质量问题，本社销售中心负责调换。

定　　价：45.00元

前言

本书是根据教育部高等学校“新工科”要求，参考国内外同类教材并结合编者多年教学成果而编写的。

工程图样是联系设计人员和制造人员的工具，被誉为工程界的共同语言。化工制图的阅读和绘制是化学工程与工艺以及相关专业工程技术人员必需的基本素质。

本书主要包括形体三维构形与工程图表达方法、化工设备图、化工工艺图、设备布置图、管道布置图、化工制图 CAD 基础、化工图样绘制方法与实例等几部分。

本书依据“新工科”对高等学校本科教学工作的要求，结合“化工制图”课程目标和学生的知识基础，对教学内容进行规范化、具体化、形象化，合理安排各知识点的顺序，并参阅新版的国家标准以及设计院和企业通用的做法，使教材内容贴合实际工程的要求，体现其实用性、先进性，同时将计算机绘制化工图样的内容有效地嵌入教学内容中，提高教学效果和教材的适用性。

本书可作为普通高等学校本科、高职高专化工类及相关专业教材，也可供有关工程技术人员参考。

本书由王政（第 2、5 章）、王传兴（第 1、3、4 章）、宋红兵（第 6、7 章）编写，同时还得到了青岛科技大学化学工艺教研室其他老师以及校外相关专家的帮助和支持。在此谨表感谢！

鉴于时间、水平和能力的限制，书中难免有不妥之处，恳请广大读者批评指正。

编　者

2019 年 12 月

目录

第4章 设备布置图

第5章 管道布置图

第6章 化工制图CAD基础

第7章 化工图样绘制方法与实例

参考文献

插页

1.1　概　　述

工程中物体的形状是多种多样的。为了准确、完整、清晰、合理地表达物体，应对物体的形成规律、形状特征、相对位置特征等加以分析，从而为设计形体三维构形打下基础。

国家标准《机械制图》是对与图样有关的画法、尺寸和技术要求的标注等作的统一规定。制图标准化是工业标准化的基础。我国政府和各有关部门都十分重视制图标准化工作。1959 年中华人民共和国科学技术委员会批准颁发了我国第一个《机械制图》国家标准。为适应经济和科学技术发展的需要，先后于 1974 年及 1984 年作了两次修订，对 1984 年颁布的制图标准，1991 年又作了复审。

为了加强我国与世界各国的技术交流，依据国际标准化组织 ISO 制定的国际标准，制定了我国国家标准《技术制图》。自 1993 年以来相继发布了《技术制图　图纸幅面和格式》(GB/T 14689—2008)、《技术制图　比例》(GB/T 14690—1993)、《技术制图　字体》(GB/T 14691—1993)、《技术制图　投影法》(GB/T 14692—2008)、《机械制图　表面粗糙度符号、代号及其注法》(GB/T 131—2006)、《技术制图　焊缝符号的尺寸、比例及简化表示法》(GB/T 12212—2012)、《技术制图　图线》(GB/T 17450—1998)、《技术制图　通用术语》(GB/T 13361—2012) 等多项新标准。

1.2　简单形体的形成

工程设备中物体形状各异，结构复杂，在图样表达中各结构单元不容易进行绘制。经过仔细分析可知，复杂的物体可以分解成多个结构单元。也就是说，多个结构单元的组成最终形成了不同结构的物体。这些结构单元可以理解为简单形体。简单形体通常包括扫描体和非扫描体。

1.2.1　扫描体

扫描体是一条线、一个面沿某一路径运动而产生的形体。扫描体包含两个要素：基体和运动路径。

基体是被运动的元素，它可以是曲线、表面、立体。

运动路径的扫描方向可以是一条线，沿一定方向扫描而成的形体称为拉伸形体。扫描方向也可以是旋转路径，沿旋转轴旋转而成的形体称为回转形体。

（1）拉伸形体　具有一定边界形状的平面沿其法线方向平移一段距离，它所扫过的空间称为拉伸形体，该平面称为基面。常见的拉伸形体有长方体、正方体，如图 1-1 所示的物体均为拉伸形体。

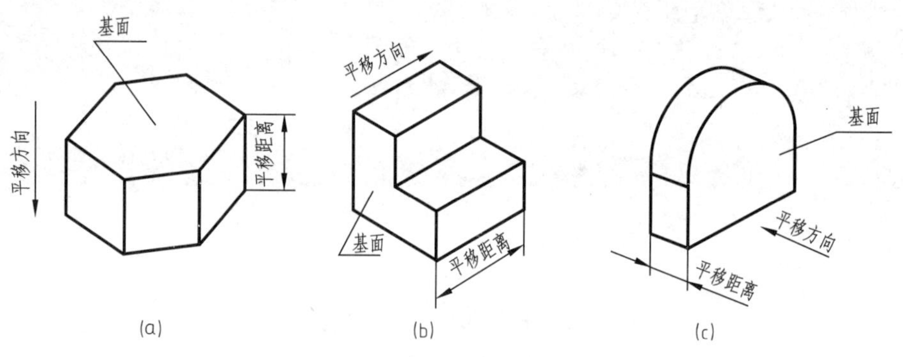

图 1-1　拉伸形体的形成

（2）回转形体　回转形体是一个含轴的平面绕轴旋转半周扫过的空间，或者是一个平面绕平面外的轴旋转一周扫过的空间。常见的回转形体有圆柱、圆锥、圆球、圆环。圆柱是矩形以中心线为轴绕轴旋转半周扫过的空间，如图 1-2（a）所示。圆锥是等腰三角形以对称线为轴绕轴旋转半周扫过的空间，如图 1-2（b）所示。球是圆平面以直径为轴绕轴旋转半周扫过的空间，如图 1-2（c）所示。圆环是一圆平面以平面外共面的一条线为轴绕轴旋转一周扫过的空间，如图 1-2（d）所示。

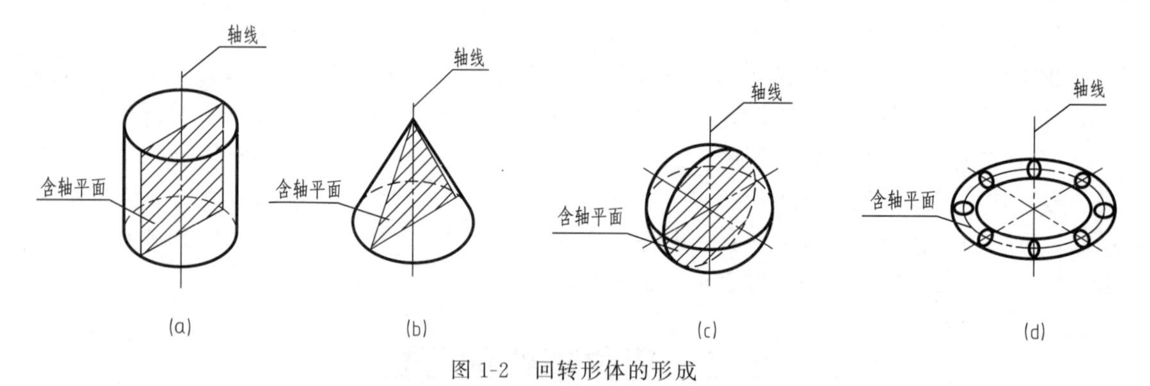

图 1-2　回转形体的形成

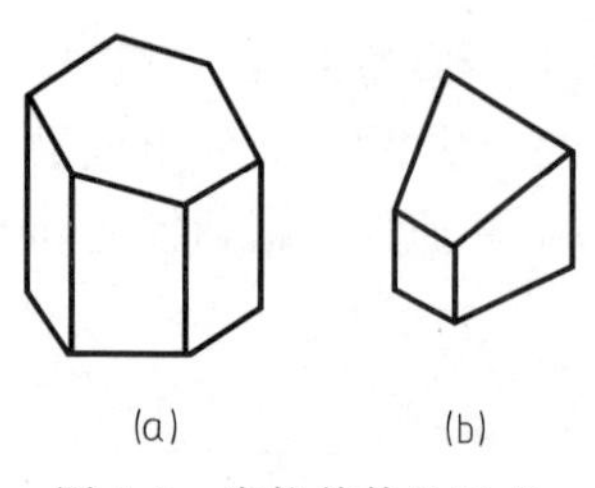

图 1-3　类拉伸体的形成

1.2.2　非扫描体

非扫描体是一类异于扫描体的形体，它们无明显形成规律。常见的非扫描体有类拉伸体、组合拉伸体、棱锥体等。

（1）类拉伸体　有互相平行的棱线，但无基面的棱柱称为类拉伸体，如图 1-3 所示。

（2）组合拉伸体　互相平行的几个基面沿它们的法线方向

移动不同的距离形成组合拉伸体，如图 1-4 所示。

（3）棱锥体　棱锥体也是一种非扫描体，如图 1-5 所示。

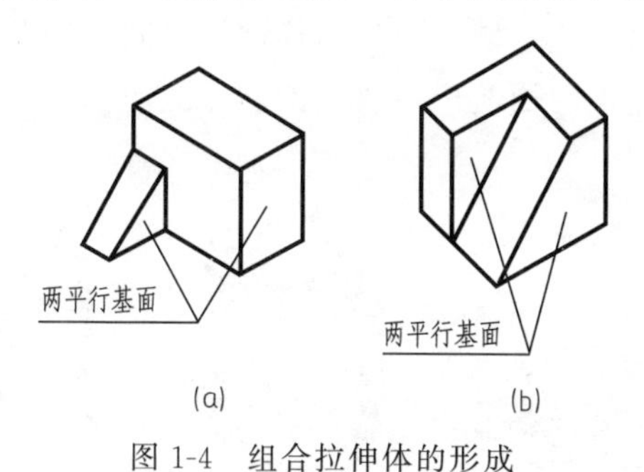

图 1-4　组合拉伸体的形成

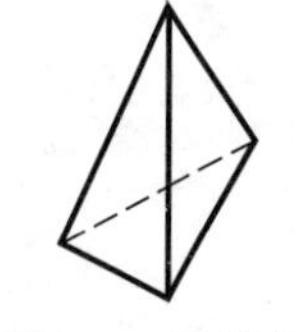

图 1-5　棱锥体

1.3　组合体的形成分析

物体的形状可以通过两种方式由简单形体组合而成：叠加和切割。一些简单的几何形体如棱柱、圆柱、圆锥、圆球、圆环等通过叠加和切割等方式形成的物体称为组合体。图 1-6（a）所示的组合体可以看成是由圆柱和长方体叠加形成。图 1-6（b）所示物体可以看成是从圆柱上切割两块后形成的组合体。图 1-6（c）所示物体可理解为先从长方体上切去两个棱柱，再挖去一个圆柱后形成的组合体。上面提到的组合拉伸体可以看成是两个拉伸形体叠加而成。

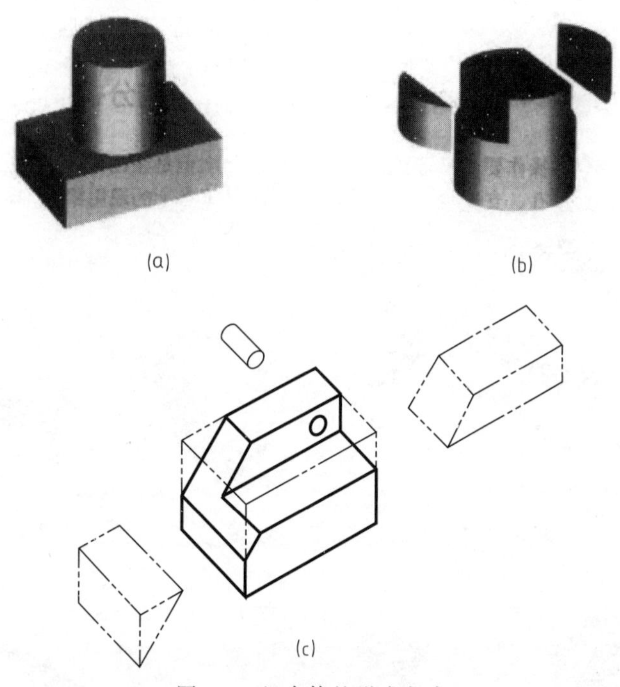

图 1-6　组合体的形成方式

图 1-7 所示的组合体可以分析成由Ⅰ、Ⅱ、Ⅲ三部分形体叠加而成，而Ⅰ、Ⅱ、Ⅲ部分形体上又切割出圆柱 1、2、3。

把形状比较复杂的物体分解成由几个简单几何形体组合构成的方法称为形体分析法。应用形体分析法就能化繁为简，化难为易，便于对物体的仔细观察和深刻理解。为有利于画图和看图，对组合体作形体分析时应有步骤地进行。如图 1-7 所示的组合体，首先把它分析成由Ⅰ、Ⅱ、Ⅲ三部分叠加而成，而各部分上的圆孔是切割掉的圆柱体。对同一组合体，往往可以作出不同的形体分析法，在这种情况下应采用最便于解决画图和看图问题的一种。

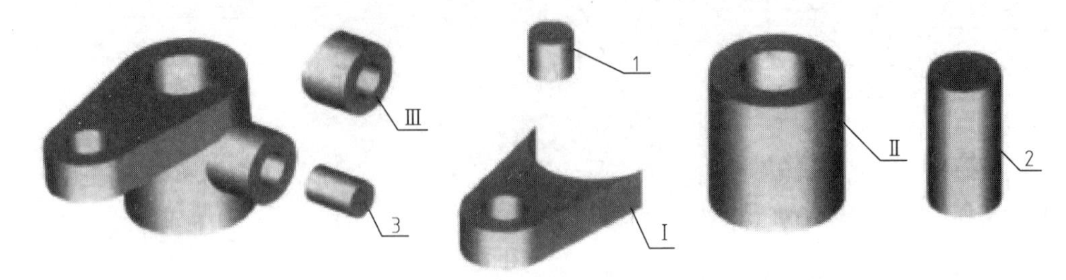

图 1-7 组合体的形成方式

1.4 典型化工设备的形状与结构分析

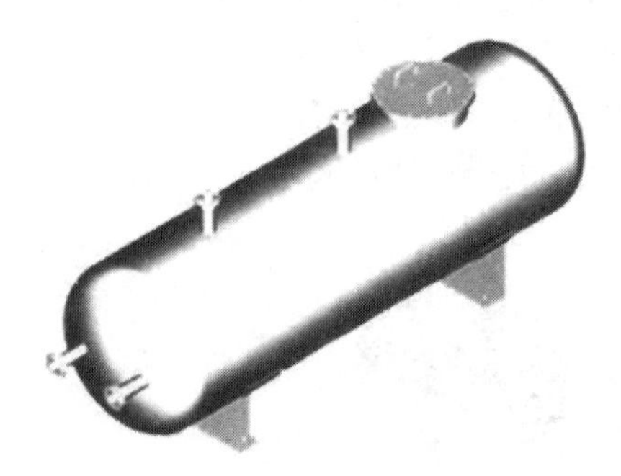

图 1-8 化工设备卧式容器

常见的化工设备有反应釜、容器、塔器、结晶釜、换热器等，各种化工设备虽然工艺操作要求不同，结构形状也各有差异，但基本都有一些类似的零部件，如筒体、封头、人孔、支座、补强圈、法兰等。化工设备上的这些零部件，大都已经标准化。虽然用在不同的设备上，但结构相同，只是尺寸参数不同。图 1-8 所示为化工设备中常用的卧式贮罐，就是由上述各种零部件组成的化工设备。图 1-9 所示为此设备分解后，各零部件的结构示意图。

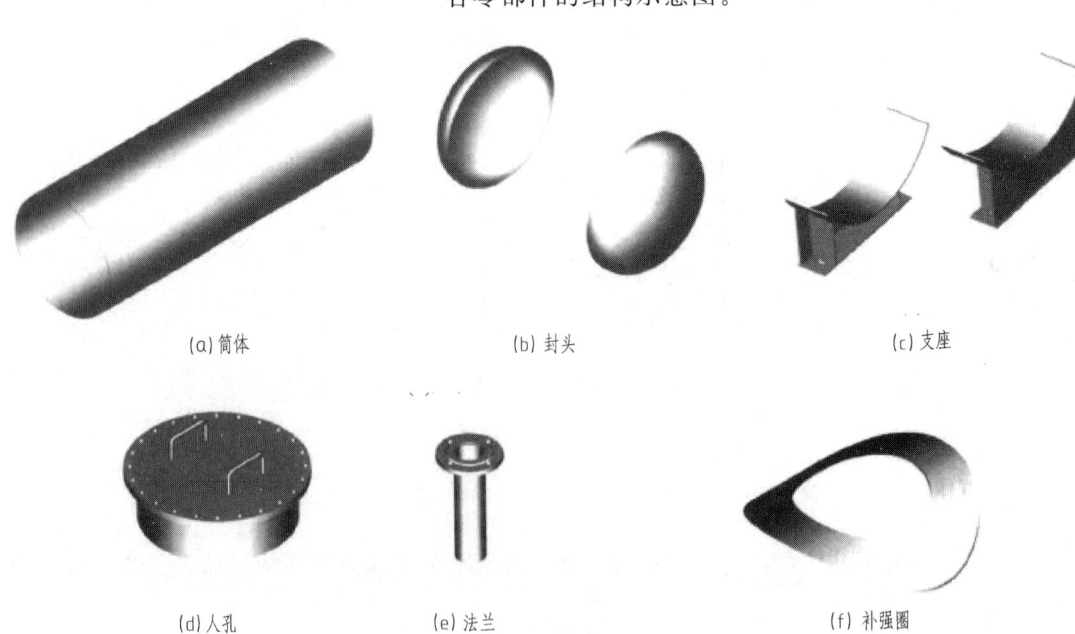

图 1-9 化工设备零部件结构示意图

由图 1-8 和图 1-9 可见，化工设备主要包括以下几个部分。

(1) 筒体　筒体是设备的主体部分，以圆柱形筒体应用最广，其大小是由工艺条件和机械强度要求确定的。圆柱形筒体的主要尺寸是直径、高度和壁厚三项参数。当直径小于 500mm 时，可用无缝钢管作筒体；直径大于 500mm 时，由钢板卷焊而成。筒体较长时，可由若干筒节焊成。由图 1-9 (a) 可知，筒体的形状是回转体，也可以理解为圆环拉伸而成。

(2) 封头　封头是设备的重要组成部分，两个封头与筒体一起构成设备的壳体形成反应、贮存、混合或分离等过程的场所。常见的封头形式有椭圆形、球形、碟形、锥形及平板形等。封头和筒体可直接焊接，形成不可拆卸的连接，也可以由封头和筒体分别焊上法兰，用螺栓、螺母锁紧构成可拆卸连接。图 1-9 (b) 为一个椭圆形封头，它的纵剖面呈半椭圆形，其形状是回转体。

(3) 支座　设备的支座用来支承设备的重量和固定设备的位置。支座分为适用于立式设备和适用于卧式设备两大类，分别按设备的结构形状、安放位置、材料和载荷情况而有多种形式。图 1-9 (c) 为鞍式支座，是卧式设备中应用最广的一种支座。它是由一块竖板支撑一块鞍形板（与设备外形相贴合），竖板焊在底板上，中间焊接若干块筋板，组成鞍式支座，以承受设备负荷。鞍形板实际上起着垫板的作用，可改善受力分布情况，但当设备直径较大、壁厚较薄时，还需另衬加强板。卧式设备一般用两个鞍式支座支承，当设备过长，超过两个支座允许的支承范围时，应增加支座数目。由图 1-9 (c) 可知，鞍式支座由多块板材焊接而成，各块板都是拉伸形体。

(4) 人孔　为了便于安装、检修或清洗设备内部的装置，需要在设备上开设人孔或手孔。人孔、手孔的基本结构类同。图 1-9 (d) 为人孔，通常在短筒节上焊一个法兰，盖上人孔盖，用螺栓、螺母连接压紧，两个法兰密封面之间放有垫片，人孔盖上带有手柄。人孔是一个部件，构成此部件的各零件有的是回转形体，如法兰、短筒节，有的是拉伸形体，如手柄。

(5) 法兰　法兰是连接在筒体、封头或管子一端的一圈圆盘，盘上均匀分布若干个螺栓孔，两节筒体（或管子）通过一对法兰用螺栓连接在一起。图 1-9 (e) 为管法兰，它的形状可以理解为拉伸形体，也可以理解为旋转形体。

(6) 补强圈　设备上开孔过大将削弱设备器壁的机械强度，因此需采用补强圈加强器壁强度。补强圈的结构如图 1-9 (f) 所示，它的形状可认为是内径为筒体外径的圆筒的一部分。

由以上分析可知，化工设备的各零部件形状较为简单，无特殊结构形状。化工设备的结构特点将在以后章节进行详细讲解。

1.5　物体的表达方法

1.5.1　投影

物体在灯光或日光照射下会在地面或墙面上产生影子，这种现象就称为投影。找出影子和物体之间的关系并加以科学的抽象，逐步形成了投影的方法。

形成投影的基本条件是：投射中心、物体、投影面。

如图 1-10（a）所示，设投射中心光源为 S，过投射中心 S 和空间点 A 作投射线 SA 与投影面相交于一点 a，点 a 就称为空间点 A 在投影面 P 上的投影。同样，点 b、c 是空间点 B、C 的投影。由此可知，点的投影仍然是点。

如果将 a、b、c 各点连成几何图形 $\triangle abc$，即为空间 $\triangle ABC$ 在投影面 P 上的投影，如图 1-10（a）所示。

上述在投影面上作出形体投影的方法就称为投影法。

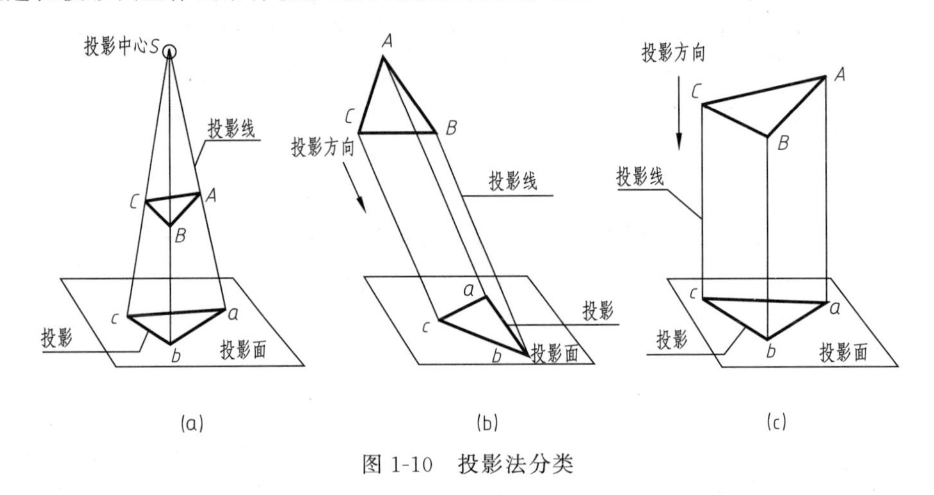

图 1-10　投影法分类

1.5.2　投影法的种类

（1）中心投影法　投射线都从投影中心一点发出，在投影面上作出形体投影的方法称为中心投影法，如图 1-10（a）所示。工程图学中常用中心投影法的原理画透视图，这种图接近于视觉映像，直观性强，是绘制建筑物常用的一种图示方法。

（2）平行投影法　平行投影法可以看成是中心投影法的特殊情况，假设将投影中心 S 移向无穷远处，这时的投射线就可以看成是互相平行的。由互相平行的投射线在投影面上作出形体投影的方法称为平行投影法，如图 1-10（b）和（c）所示。

平行投影法中，因为投射方向的不同又可分为两种：一种为斜投影法，是投射线倾斜于投影面的平行投影法，如图 1-10（b）所示；另一种为正投影法，是投射线垂直于投影面的平行投影法，如图 1-10（c）所示。

正投影法有很多优点，它能完整、真实地表达物体的形状和大小，不仅度量性好，而且作图简便。因此，正投影法是工程中应用最广的一种投影法。

1.5.3　正投影的基本性质

（1）真实性　直线、平面与投影面平行，在其投影面上的投影反映实长、实形，这种投影特性称为真实性。如图 1-11 所示，当直线 AB 平行于投影面 H 时，其在投影面 H 上的投影 ab 仍是直线，并且等于线段 AB 的实长；当四边形平面 $ABCD$ 平行于投影面 H 时，其在投影面 H 上的投影 $abcd$ 反映四边形的真实形状。

（2）积聚性　当直线和平面垂直于投影面时，在其投影面上的投影分别积聚成点和直线，这种投影特性称为积聚性。如图 1-12 所示，当直线 AB 垂直于投影面 H 时，直线上所有点在投影面 H 上的投影重合（即积聚）成一点 a（b）；当四边形平面 $ABCD$ 垂直于投影

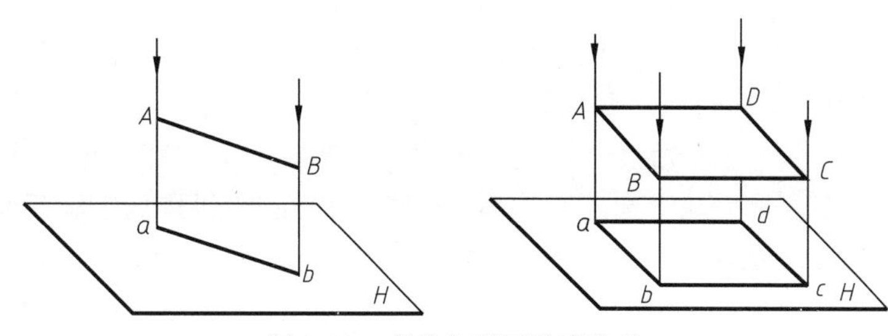

图 1-11　直线和平面的真实性

面 H 时，其投影 $abcd$ 在投影面 H 上积聚成一直线。

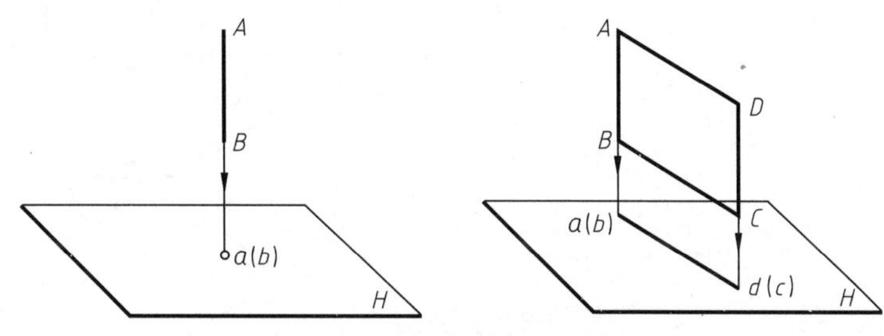

图 1-12　直线和平面的积聚性

注意：位于同一投射线上的两点，通常将被遮挡点的投影加括号，如投影面 H 的垂直线 AB 的投影 $a(b)$。

（3）类似性　当直线和平面倾斜于投影面时，在其投影面上的投影仍是直线和平面图形（且多边形的边数、凹凸、直曲、平行关系不变），但小于实际大小，这种投影特性，称为类似性。如图 1-13 所示，当直线 AB 倾斜于投影面 H 时，其在投影面 H 上的投影 ab 为缩短直线；当平面 $ABCD$ 倾斜于投影面 H 时，其在投影面 H 上的投影为小于实形的四边形。

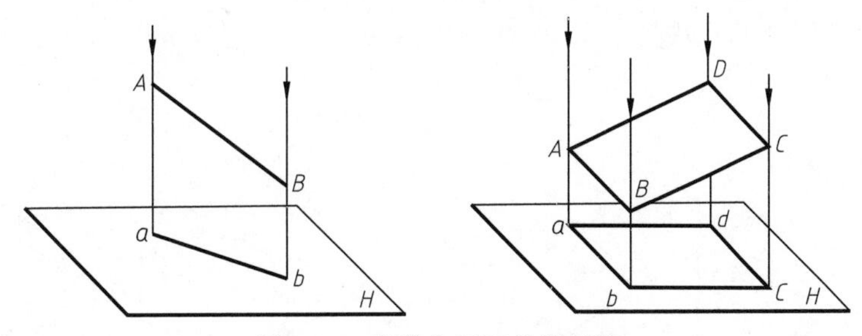

图 1-13　直线和平面的类似性

1.5.4　投影体系与基本视图的形成

在图 1-14 中，物体的表面 A、B 平行于投影面 V，所以其投影反映 A、B 表面的实形。D 表面垂直于投影面，其投影积聚成为一条直线段。而 C 表面倾斜于投影面，其投影边数不变，但面积变小了。对物体上其他表面的投影可作类似的分析。根据上述分析可知，平面的正投影有如下特性。

（1）平面平行投影面，投影反映平面实形——真实性。

（2）平面垂直投影面，投影积聚为直线——积聚性。

（3）平面倾斜投影面，投影边数不变，但面积变小——类似性。

由观察可知，A、B 两平面之间的距离，A、C 两平面之间的夹角，D、F 平面的大小等，在投影图上均未得到反映。这些信息可用与投射方向 S 垂直的方向对物体作正投影加以确定，但与 S 垂直的方向有无数个，应根据表达需要及作图方便进行选择。如增设投影面 H 垂直于投影面 V，然后从上向下对物体作正投影，在 H 投影面上就反映了 A、B 两平面之间的距离和 A、C 两平面之间的夹角，如图 1-15 所示。

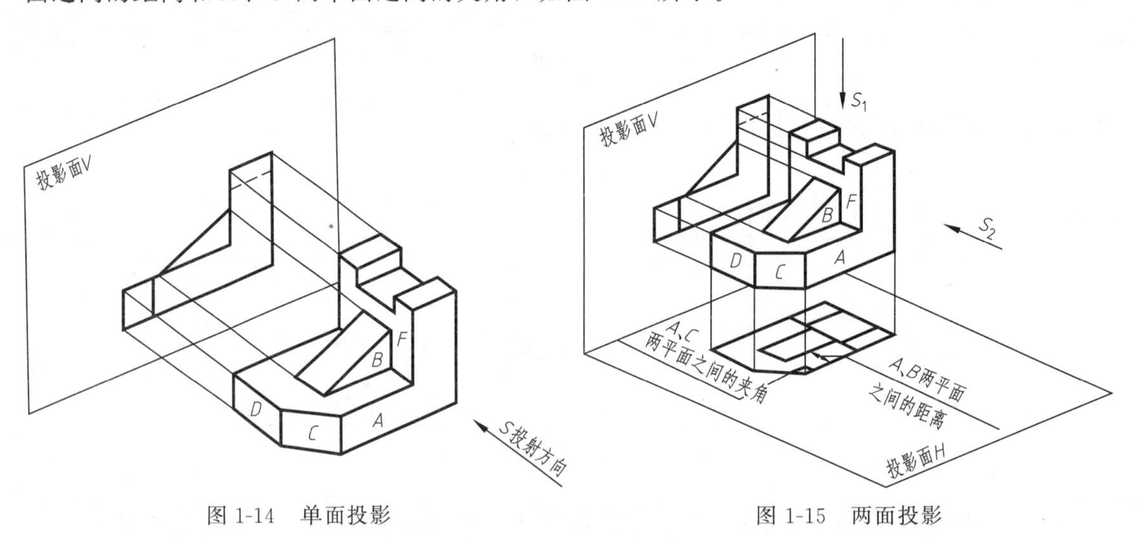

图 1-14　单面投影　　　图 1-15　两面投影

同样道理，为了表达 D、F 面的实形，可再增设一投影面 W 使其与 V、H 投影面两两垂直，然后从左向右对物体作正投影，在 W 投影面上就反映出 D、F 两平面的真实形状与大小，如图 1-16 所示。当然，也可选用 V_1、H_1、W_1 投影面来获得物体另外三个方向的正投影，如图 1-17 所示。在投影过程中，若将投射线当作观察者的视线，则可将物体的正投影称为视图。由此可知，观察者、物体、视图三者的位置关系是观察者—物体—视图，即物体处于观察者与视图之间。由图 1-17 可知，V 与 V_1、H 与 H_1、W 与 W_1 是三对相互平行

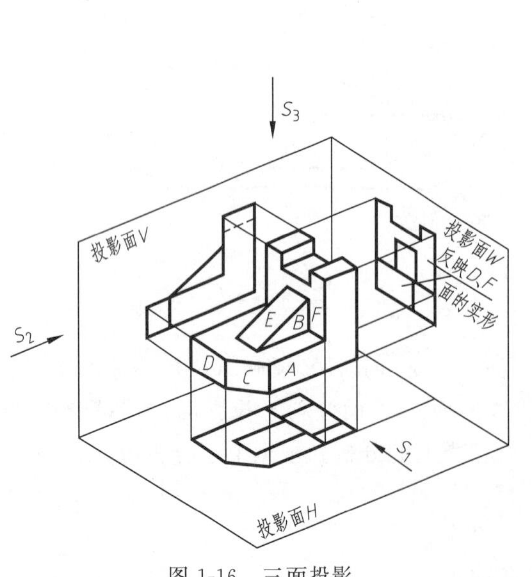

图 1-16　三面投影

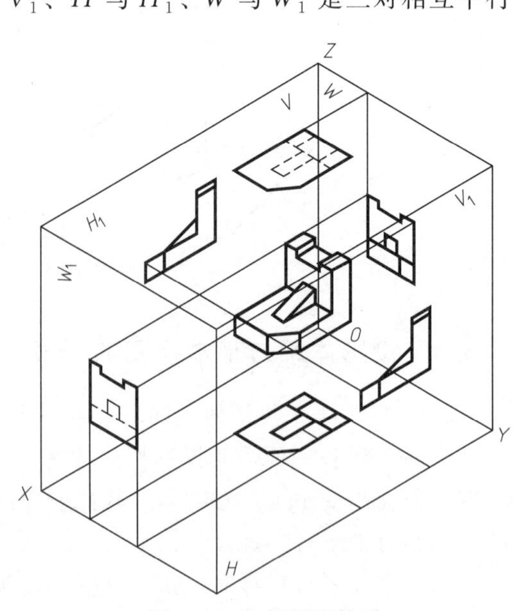

图 1-17　六投影面体系

的投影面，对应的投射方向也相互平行但方向相反。按照国家制图标准规定，图样上可见轮廓线用粗实线表示，不可见轮廓线用虚线表示。因此每一对投影面上的视图除部分图线有虚实区别外，图形完全一致，把这样两个投影面称为同形投影面。在图 1-17 中，三对同形投影面构成一个六投影面体系，这六个投影面均为基本投影面，分别为：V、V_1，即正立投影面（正面直立位置）；H、H_1，即水平投影面（水平位置）；W、W_1，即侧立投影面（侧立位置）。

而把 V、H 两投影面的交线称为 X 投影轴，V、W 两投影面的交线称为 Z 投影轴，H、W 两投影面的交线称为 Y 投影轴。把 X、Y、Z 三投影轴的交点称为原点 O。将置于六投影面体系中的物体向各个投影面作正投影，可得六面基本视图，它们是：主视图（正立面图），即由前向后投射在 V 投影面上所得的视图；左视图（左侧立面图），即由左向右投射在 W 投影面上所得的视图；俯视图（平面图），即由上向下投射在 H 投影面上所得的视图；右视图（右侧立面图），即由右向左投射在 W_1 投影面上所得的视图；仰视图（底面图），即由下向上投射在 H_1 投影面上所得的视图；后视图（背立面图），即由后向前投射在 V_1 投影面上所得的视图。

为了能在同一张图纸上画出六面视图，规定 V 投影面不动，H 投影面绕 X 轴向下旋转 90°，V_1 投影面绕其与 W 投影面的交线向前旋转 90°，再与 W 投影面一起绕 Z 轴向右旋转 90°，H_1 投影面绕其与 V 投影面交线向上旋转 90°，W_1 投影面绕其与 V 投影面交线向左旋转 90°，如图 1-18 所示。通过上述各项旋转即可在同一平面上获得六面基本视图。

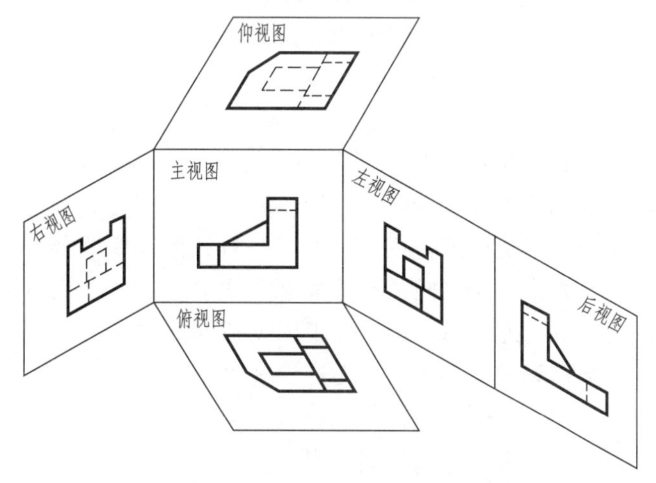

图 1-18　六面基本视图的形成

当六面基本视图按图 1-19 配置时，一律不标注视图名称。

上述过程表明，在用视图表达物体时通常有六面基本视图可供选用，但选用哪几个基本视图应根据准确、完整、清晰表达物体的原则而定。在六面基本视图中，由于同形投影面上的视图图形信息重复，因此具有独立意义的投影面有三个，而独立意义投影面组成的三投影面体系有：

$$C_6^3-3\times(6-2)=8 \text{ 个} \tag{1-1}$$

式（1-1）中 C_6^3 是在 6 个基本投影面中每次取 3 个不同的投影面，不管其顺序组合成三投影面体系的组合数，$3\times(6-2)$ 是 C_6^3 组合中具有同形投影面对的数量，剩下 8 个有独立意义的三投影面体系为 VHW、VHW_1、VH_1W、VH_1W_1、V_1HW、V_1HW_1、V_1H_1W 和

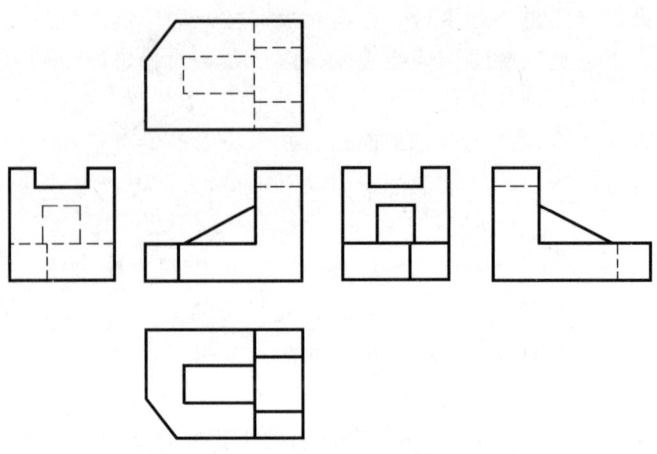
图 1-19　六面基本视图

$V_1H_1W_1$。在选择视图表达方案时应以有独立意义的三投影面体系为基础，再根据物体形状表达的需要配置其他视图，由于独立投影体系有 8 个，为简便起见，习惯上采用 VHW 三投影面体系。

1.5.5　六面基本视图间的投影联系

由六面基本视图的形成和六个投影面的展开过程可以理解六面基本视图是怎样反映物体的长、宽、高三个尺寸，从而明确六个视图间的投影联系。

若将前述 X、Y、Z 三条投影轴的方向依次规定为长度、宽度和高度方向，当置于投影体系中的物体其长、宽、高尺寸方向与 X、Y、Z 轴一致时，从图 1-20 可以看出，主、后视图反映了物体的长和高，俯、仰视图反映了物体的长和宽，左、右视图反映了物体的高和宽，也就是六个视图中有四个视图共同反映同一物体的一个尺度方向。结合图 1-20 可知，主、后、俯、仰视图反映物体的长度，主、后、左、右视图反映物体的高度，俯、仰、左、右视图反映物体的宽度。六个视图之间的投影联系可概括为：主、俯、仰、后视图长对准，主、左、右、后视图高平齐，左、右、俯、仰视图宽相等。这就是一般所谓的“三等规律”。用视图表达物体时，从局部到整体都必须遵循这一规律。

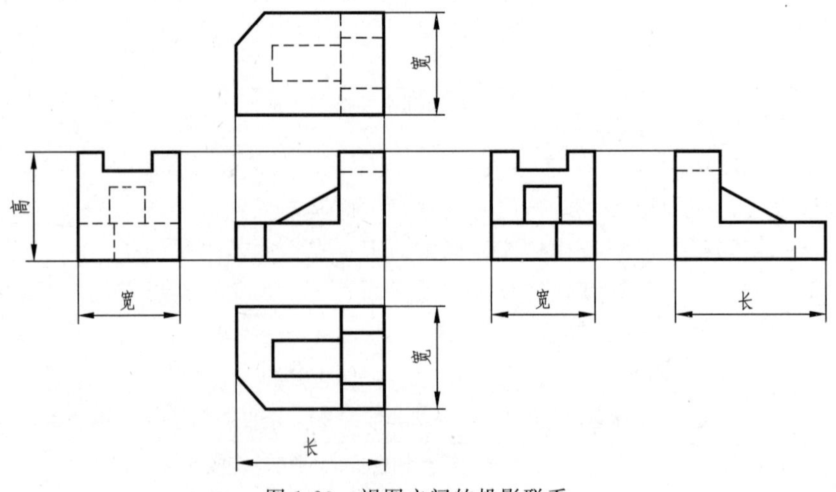

图 1-20　视图之间的投影联系

物体除有长、宽、高尺度外，还有同尺度紧密相关的上、下、左、右、前、后方位。一般认为，高是物体上下之间的尺度，长为物体左右之间的尺度，宽是物体前后之间的尺度。对照上述六个视图的"三等规律"，并参照图1-21可知，"等长"说明主、俯、仰、后视图共同反映物体的左、右方位，而后视图远离主视图一侧是物体的左边，靠近主视图一侧是物体的右边。"等高"说明主、后、左、右视图共同反映物体的上下方位。"等宽"说明左、右、俯、仰视图共同反映物体的前后方位，并且各视图远离主视图的一侧是物体的前边，靠近主视图的一侧是物体的后边。以上就是六个视图反映物体的方位关系，它可以看成是"三等规律"的补充说明。

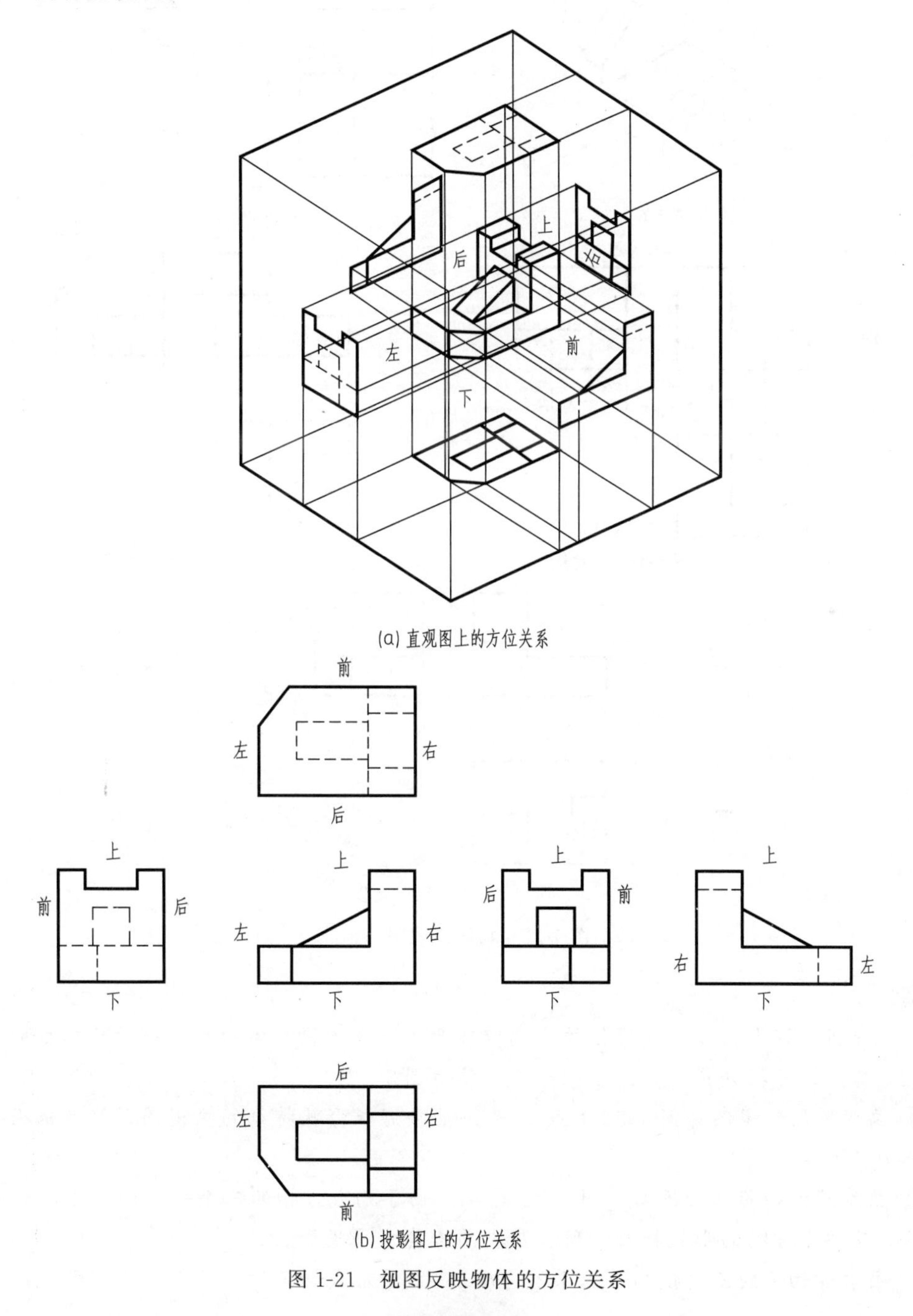

(a) 直观图上的方位关系

(b) 投影图上的方位关系

图 1-21　视图反映物体的方位关系

“三等规律”中尤其要注意左、右、俯、仰视图宽相等及主、后视图长相等，因为这两条在视图上不像高平齐与长对正那样明显。而方位关系中应特别注意前后方位，因为这个方位关系也不像上下、左右两个方位那样明显。

下面举例说明物体三视图的画法。

【例 1-1】 画出图 1-22（a）所示物体的三视图。

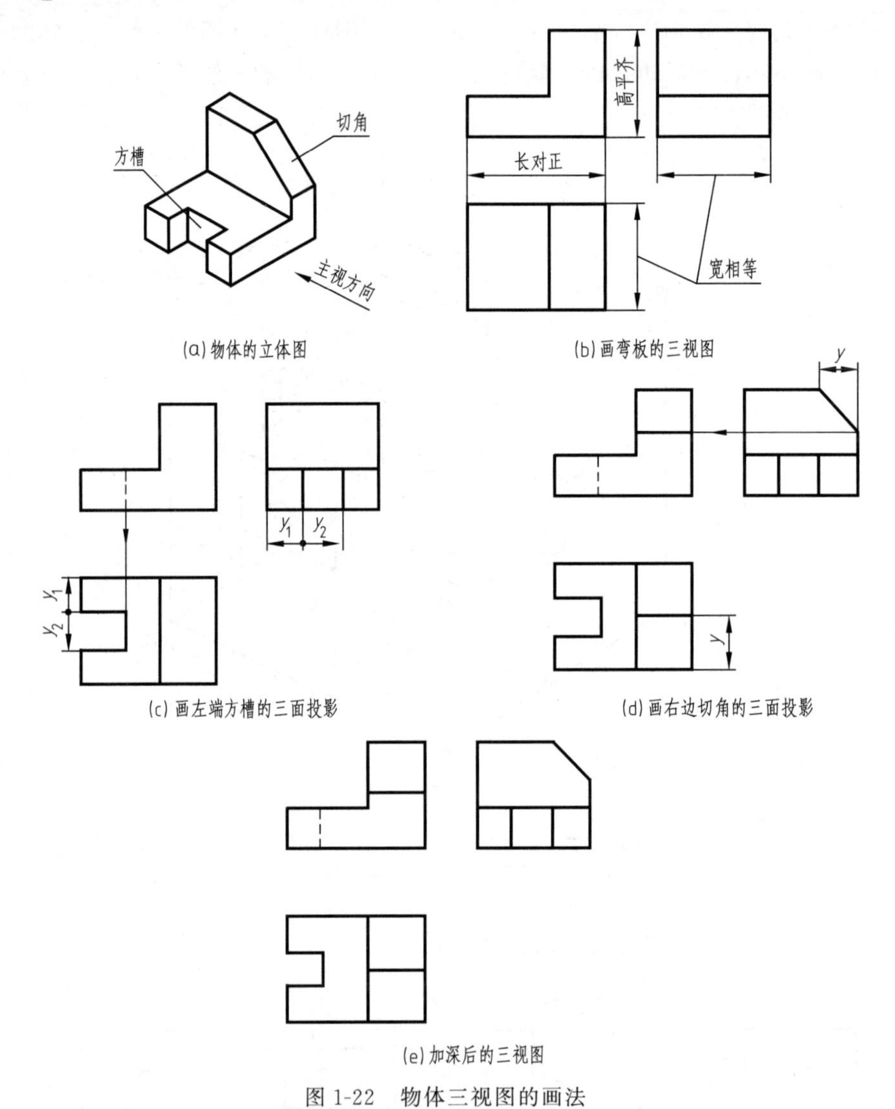

图 1-22　物体三视图的画法

解：

（1）分析　这个物体是在弯板的左端中部开了一个方槽，右边切去一角后形成的。

（2）作图　根据分析，画图步骤如下（参看图 1-22）。

① 画弯板的三视图 [图 1-22（b）]。先画反映弯板形状特征的主视图，然后根据投影规律画出俯、左两视图。

② 画左端方槽的三面投影 [图 1-22（c）]。由于构成方槽的三个平面的水平投影都积聚成直线，反映了方槽的形状特征，所以应先画出其水平投影。

③ 画右边切角的三面投影 [图 1-22（d）]。由于形成切角的平面垂直于侧面，所以应先

画出其侧面投影，根据侧面投影画水平投影时，要注意量取尺寸的起点和方向。图 1-22（e）是加深后的三视图。

例 1-1 是为了说明视图的画法，究竟如何选择主视图的投影方向、如何确定最佳视图方案等均未考虑。为了使所画图样准确、表达方案合理，应掌握有关形体表达的基础知识。

1.5.6　表面连接关系和视图中线框及图线的含义

在组合体中，相互结合的两个简单形体表面之间有不平齐、平齐、相交和相切等关系，如图 1-23 所示。

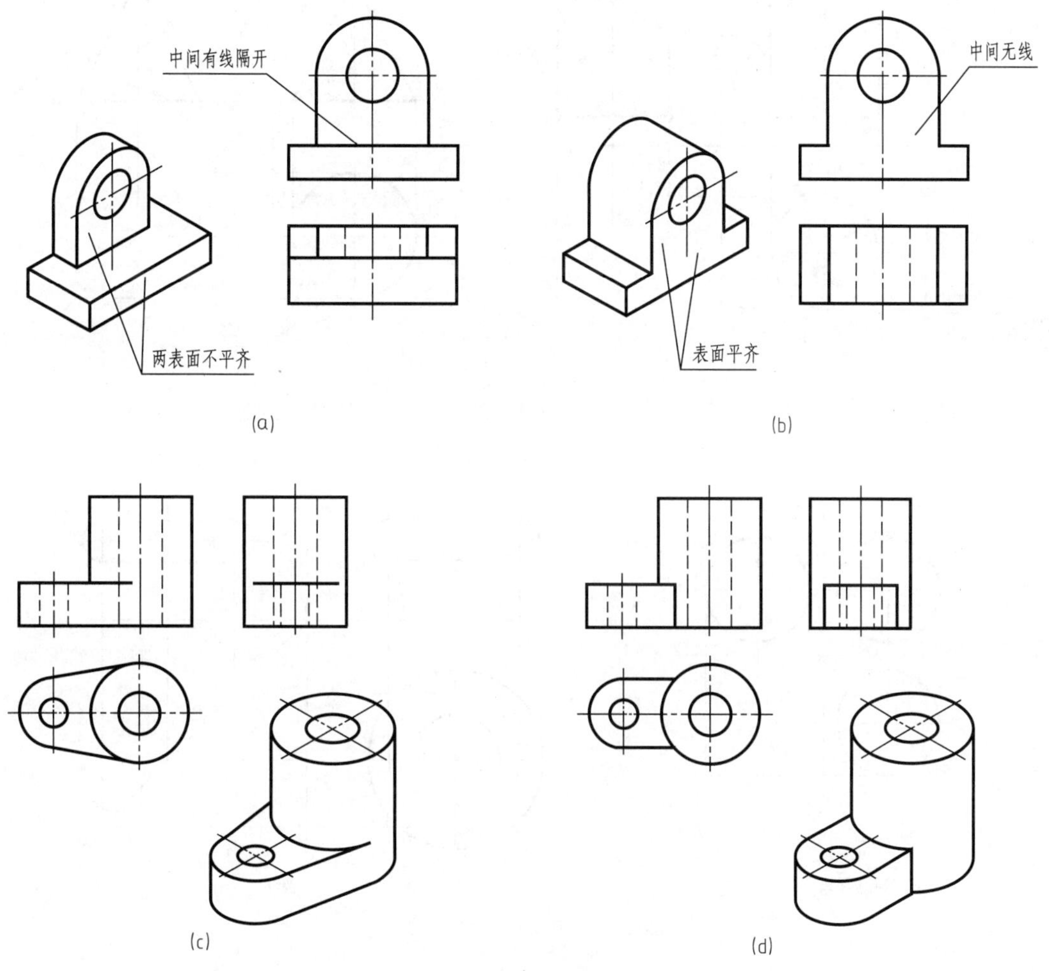

图 1-23　表面连接关系

结合图 1-23 可以看出以下几点。

（1）视图上每一条线可以是物体下列要素的投影：两表面交线的投影；垂直面的投影；曲面转向轮廓线的投影。

（2）视图上每一封闭线框（由图线围成的封闭图形）可以是物体不同位置的平面、曲面或孔的投影。

（3）视图上相邻的封闭线框必定是物体相交的或有相对层次关系的两个面（或其中一个是孔）的投影。

请读者结合图例自行分析上述性质。掌握好这些性质将会有助于准确地画图、看图。

1.5.7 回转体视图画法

在画回转体视图时，要画出轴线的投影，其投影在反映轴线实长的视图上用点画线表示，在与轴线垂直的投影面上用互相垂直的点画线的交点表示。图 1-24 是常见回转体圆柱、圆锥、圆球、圆环的视图。

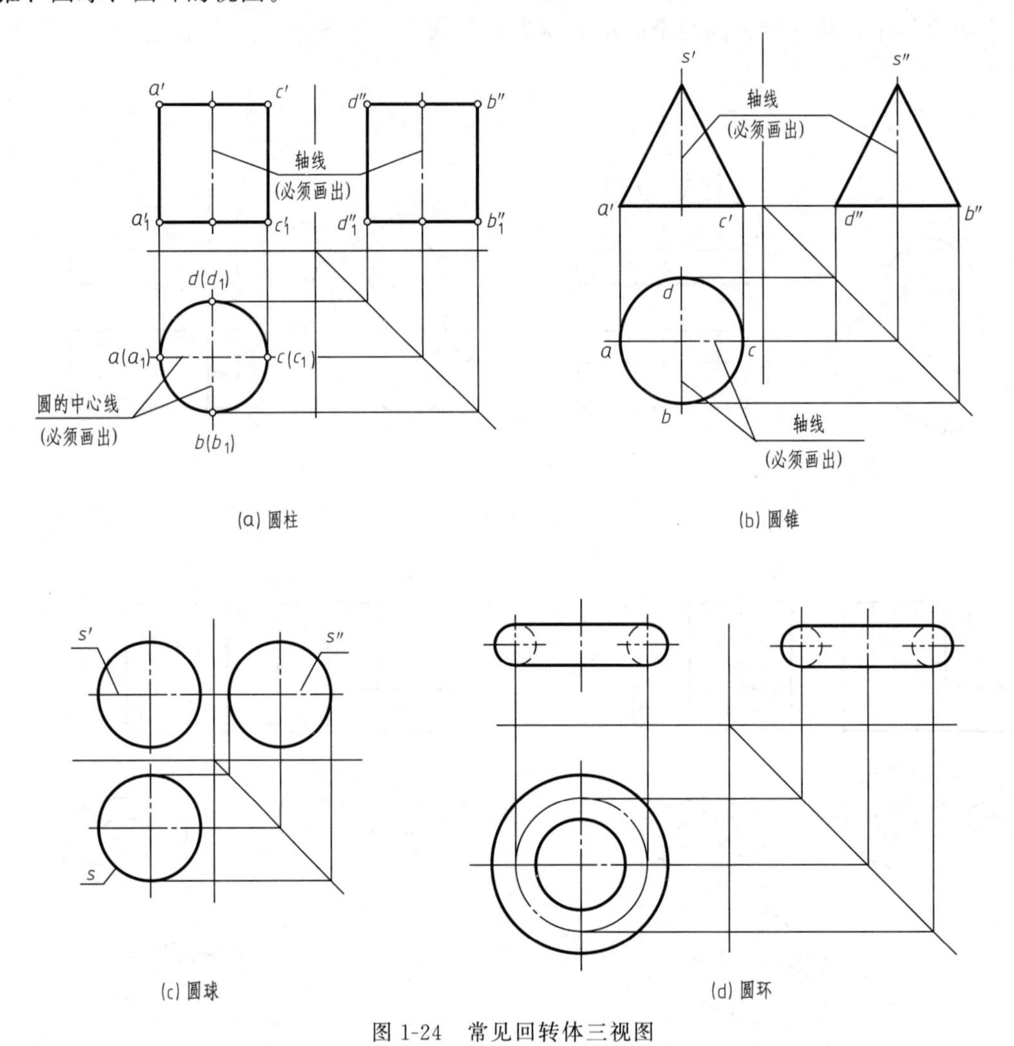

图 1-24　常见回转体三视图

1.5.8 表面交线的性质与画法

在图纸上画出交线的投影能帮助我们分清各形体之间的界限，有助于看懂视图。图 1-25 所示的阀芯上和尖劈表面上箭头所指的线段可以看作是由平面截切球表面和圆柱表面所产生的交线，这些截平面与立体表面的交线称为截交线。图 1-26 所示的容器和阀门表面上箭头所指的线段是两圆柱表面相交而产生的交线，这种两立体表面的交线称为相贯线。

1.5.8.1 截交线

显然，截交线的形状与曲面立体形状及截平面与曲面立体的相对位置有关，截交线是截平面与曲面立体的共有线，是由截平面与曲面立体表面共有点构成的。圆柱面的截交线形状

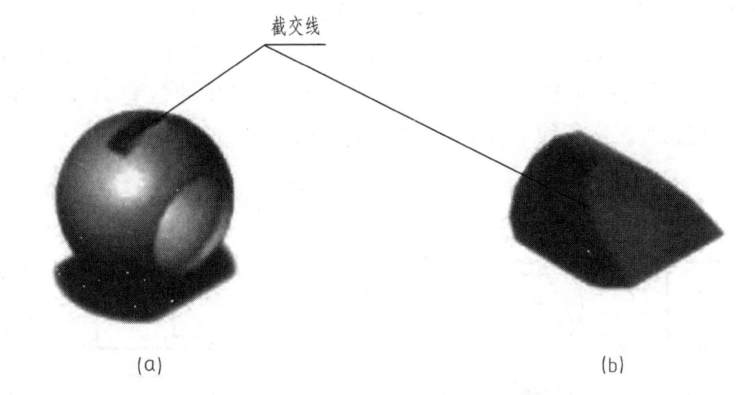

图 1-25　截交线示意图

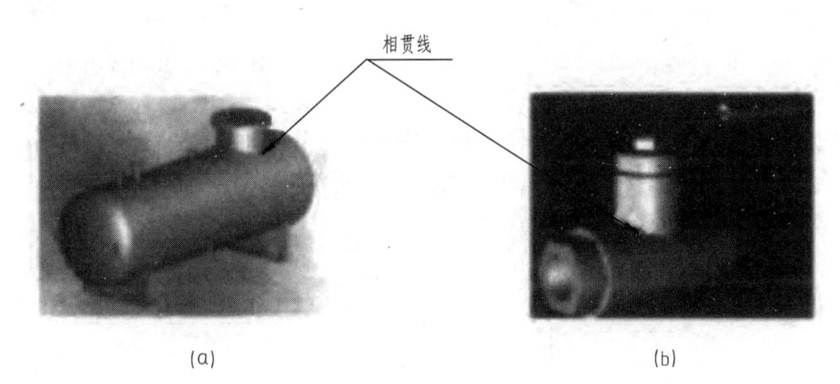

图 1-26　相贯线示意图

见表 1-1。

表 1-1　圆柱面的截交线形状

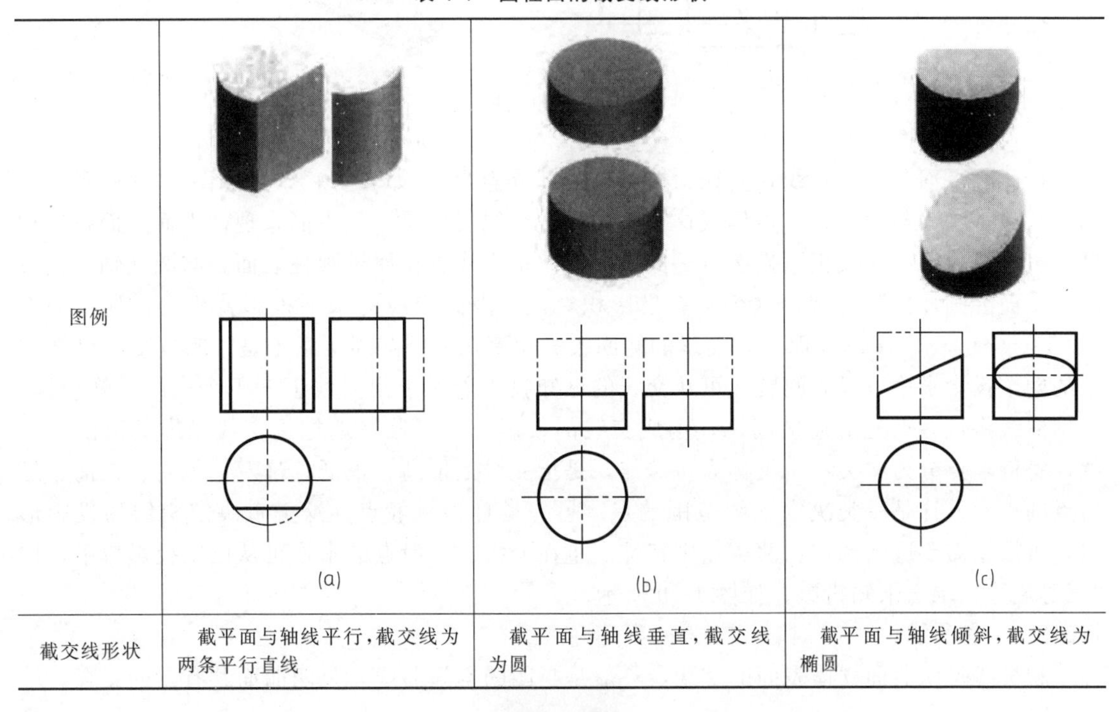

图例	(a)	(b)	(c)
截交线形状	截平面与轴线平行，截交线为两条平行直线	截平面与轴线垂直，截交线为圆	截平面与轴线倾斜，截交线为椭圆

了解圆柱各种截交线形状有利于截交线的求作。

(1) 交线若为直线，截平面必平行于圆柱轴线、垂直于圆柱的端面，如图 1-27、图 1-28 所示。因此，可先在圆柱投影为圆的视图上确定交线的位置（交线在该投影面上的投影积聚为点），再按“三等规律”画出交线的其他投影。

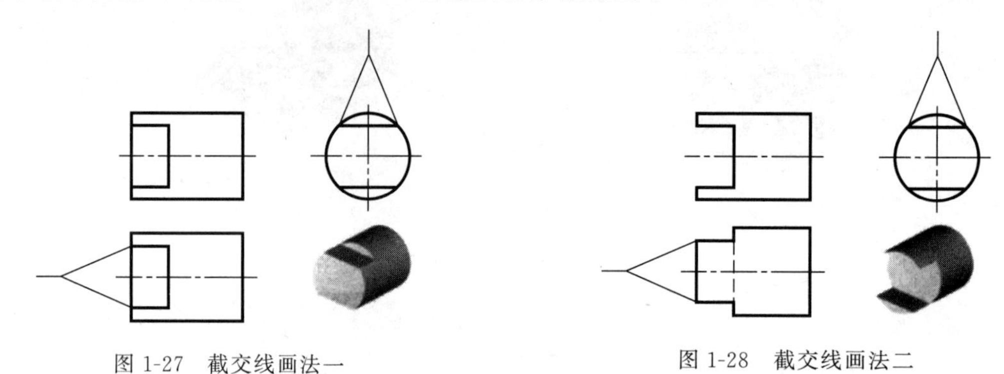

图 1-27　截交线画法一　　图 1-28　截交线画法二

(2) 截平面垂直于圆柱轴线，被截后的圆柱（或部分圆柱）的视图与原视图相比仅仅是轴向短了一段，如表 1-1 (b) 和图 1-29 中圆柱右端所示。

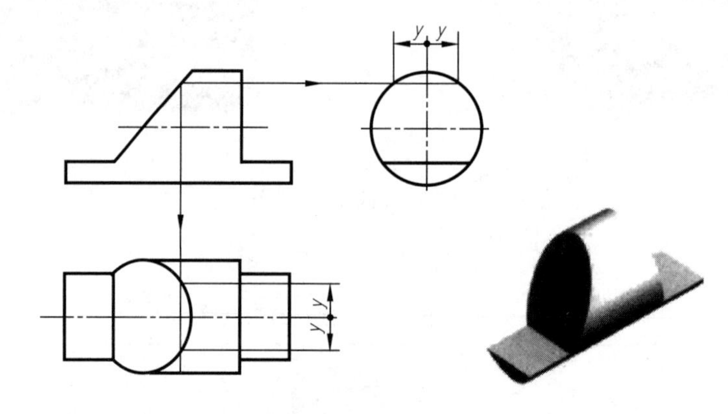

图 1-29　截交线的画法

(3) 截平面倾斜于轴线，交线为椭圆（或部分椭圆），如表 1-1 (c) 和图 1-29 所示。根据交线由截平面与曲面共有点构成这一性质，把交线看作属于截平面，现截平面正面投影积聚为直线段，因此交线正面投影就是此直线段。把交线看作属于圆柱表面，与圆柱轴线垂直的投影面上圆柱投影为圆，这个圆有投影积聚性，因此交线的水平投影就积聚在那个圆上[表 1-1 (c)]，对图 1-29 而言，交线的侧面投影积聚在部分圆周上。于是，问题变为已知交线的两个投影求第三投影问题。可从交线的已知投影着手求出交线上若干个点的未知投影，再用曲线将这些点光滑连接起来，构成交线的投影。为了较好地把握交线投影的范围与形状，将待求点分为两类：一类称为特殊点，是指交线上最高、最低、最左、最右、最前、最后点的投影，这是一类决定交线范围的点；另一类称为一般点，这类点决定交线的投影形状，可根据需要适当选作。两类点中特殊点重在分析，一般点的求作可从已知投影着手，按“三等规律”求出未知投影，如图 1-29 所示。

1.5.8.2　相贯线

相贯线是两曲面立体表面的交线，一般是封闭的空间曲线，是两曲面共有点的集合。求作相贯线投影的一般步骤是根据立体或给出的投影，分析两曲面立体的形状、大小及轴线的相对位置，判定相贯线的形状特点及其各投影的特点，选择柱相交的相贯线的作图方法。

(1) 作图举例　求作图 1-30 (a) 所示两圆柱的相贯线的投影。

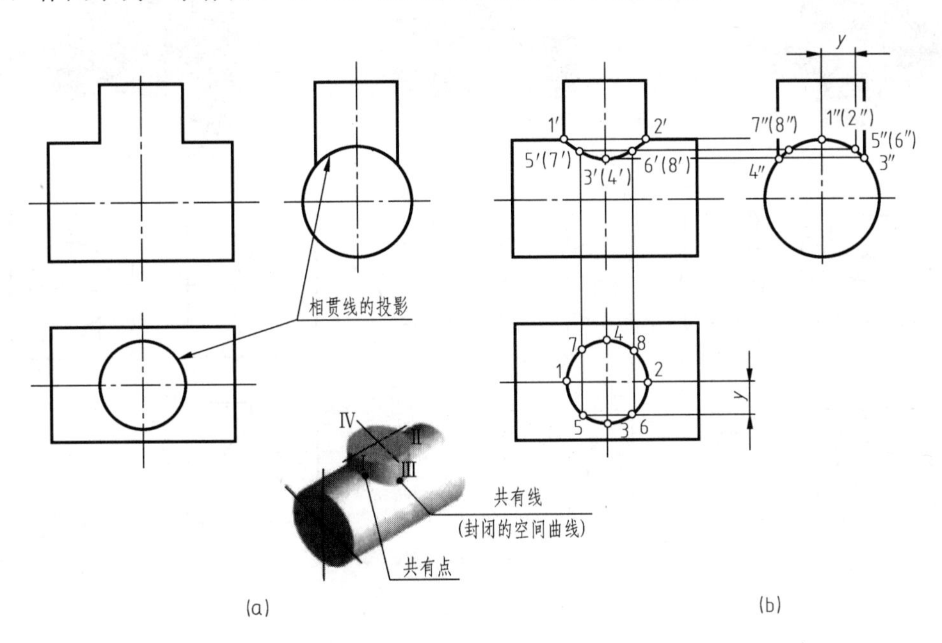

图 1-30　相贯线求法

① 分析。包括形体分析和投影分析。

a. 形体分析。由视图可知，这是两个直径不同、轴线垂直相交的两圆柱相交，相贯线为一封闭的、前后左右对称的空间曲线，如立体图所示。

b. 投影分析。由于大圆柱的轴线垂直于侧面，小圆柱的轴线垂直于水平面，所以相贯线的侧面投影为圆弧、水平投影为圆，只有其正面投影需要求作。

② 作图。包括作特殊点和作一般点。

a. 作特殊点 [图 1-30 (b)]。和截交线类似，相贯线上的特殊点主要是转向轮廓线上的共有点和极限点。本例中，转向轮廓线上的共有点Ⅰ、Ⅱ、Ⅲ、Ⅳ又是极限点。利用线上取点法，由已知投影 1、2、3、4 和 1″、2″、3″、4″，求得 1′、2′、3′、4′。

b. 作一般点 [图 1-30 (b)]。图中表示了作一般点 5′和 6′的方法，即先在相贯线的已知投影（侧面投影）上任取一重影点 5″、6″，找出水平投影 5、6，然后作出 5′、6′。光滑连接各共有点的正面投影，即完成作图。

(2) 三种基本形式　相交的曲面可能是立体的外表面，也可能是内表面，因此就会出现图 1-31 (a)～(c) 所示的两外表面相交、外表面与内表面相交和两内表面相交三种基本形式，它们的相贯线的形状和作图的方法都是相同的。

(3) 相交两圆柱的直径大小和相对位置变化对相贯线的影响　两圆柱相交时，相贯线的形状和位置取决于它们直径的大小和轴线的相对位置。表 1-2 表示两圆柱的直径大小变化对相贯线的影响。表 1-3 表示两圆柱轴线的相对位置变化对相贯线的影响。这里特别要指出的是，当轴线相交的两圆柱直径相等，即两圆柱内可有一公切球面时，相贯线是椭圆，且椭圆所在的平面垂直于两条轴线所决定的平面。

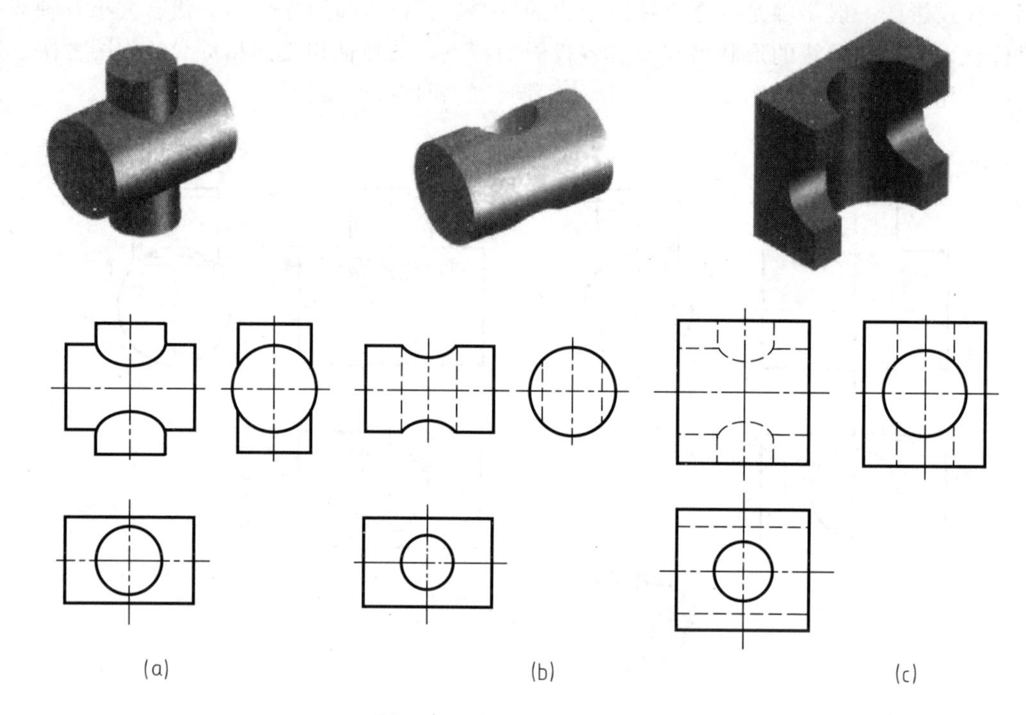

图 1-31　表面相交三种情况

表 1-2　两圆柱直径大小变化对相贯线的影响

两圆柱直径的关系	水平圆柱较大	两圆柱直径相等	水平圆柱较小
相贯线的特点	上、下两条空间曲线	两个互相垂直的椭圆	左、右两条空间曲线
投影图			

表 1-3　两圆柱轴线相对位置变化对相贯线的影响

两轴线垂直相交	两轴线垂直交叉		两轴线平行
	全贯	互贯	

1.6　组合体的形状特征与相对位置特征

1.6.1　叠加式组合体的形状特征

所谓形状特征，是指能反映物体形成的基本信息。如拉伸形体的基面、回转形体的含轴平面等。因此，形状特征是相对观察方向而言的。如图 1-32 所示的拉伸形体，从前面观察具有反映该物体形成的基本信息的形状特征，而从上向下看就不体现形状特征了。组合体由若干简单形体组合而成，可把反映多数简单形状特征的那个方向作为反映组合体形状特征的观察方向。

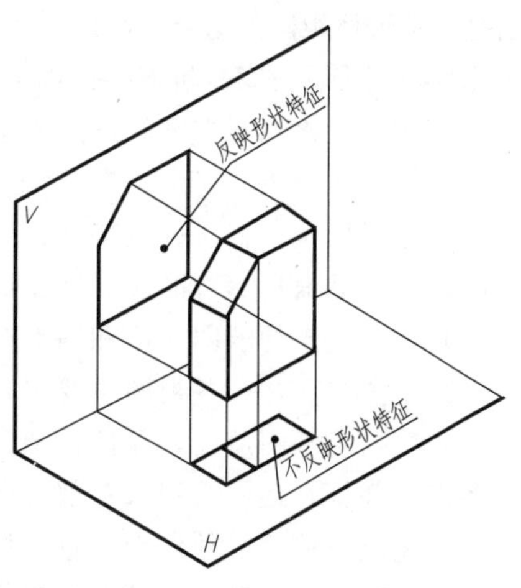

图 1-32　视图反映形状特征与观察方向有关

1.6.2　优化的视图方案

表达物体的视图方案应准确、完整、清晰、合理。优化的视图方案必须具备以下几点。

图 1-33　物体的直观图

（1）主视图形状特征、相对位置特征显著。

（2）信息必须完整，可见信息尽可能多。

（3）视图数量最少。

其中，（2）、（3）两点需作比较后加以选择。如用图 1-34 表达图 1-33 所示的物体采用的三种表达方案中，图 1-34（a）所示的第一种方案主视图投射方向不能最好地反映形状和相对位置特征，没有考虑最少视图数；图 1-34（b）所示的第二种方案左视图上不可见信息多，并且也没有考虑最少视图数；而图 1-34（c）所示的第三种方案符合优化的视图方案的原则。

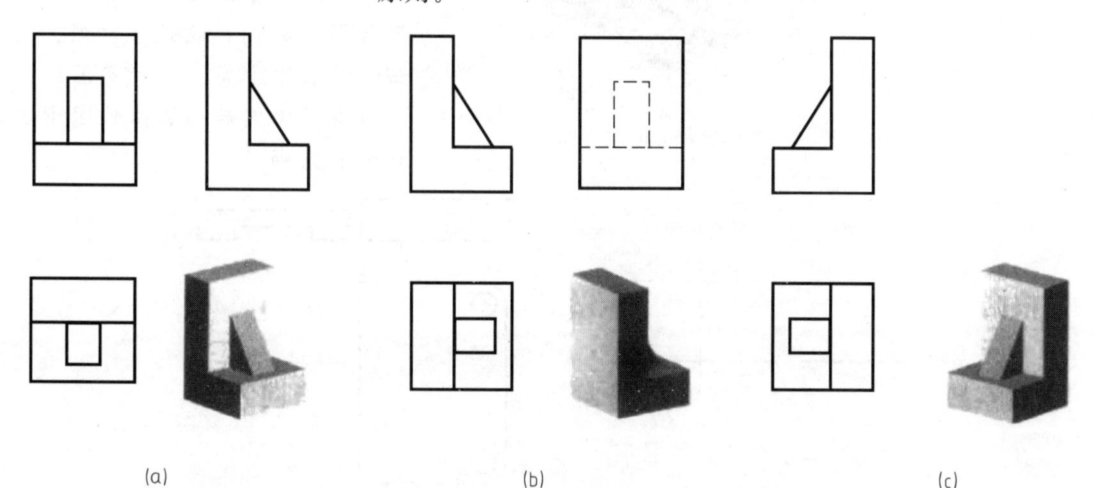

图 1-34　物体表达方案比较

1.6.3 组合体视图画法

由两个或两个以上的基本体所组成的形体称为组合体。从几何形体的角度来看，组合体的视图是基本形体视图的组合。因此，用视图表达组合体时，应先对组合体作形体分析，以便获得优化的视图表达方案。机械零件也可认为是组合体。不过，机械零件又增添了工艺结构。

根据前述优化视图方案的三点要求，组合体的画法步骤一般如下。

(1) 作形体分析。

(2) 分析形状、相对位置特征，选取主视图投射方向。

(3) 按可见信息尽可能多、视图数量最少原则配置其他视图。

(4) 选择适当的绘图比例和图纸幅面。

(5) 布置幅面，画各视图主要中心线和定位基准线。

(6) 为提高画图速度，保证视图间的正确投影关系，并使形体分析与作图保持一致，应分清各组合部分，逐一绘制每一部分的视图。

(7) 完成底稿后必须仔细检查、修改错误，擦去不必要的线条，再按国家标准规定加深线型。现以轴承座、导块为例介绍组合体视图画法。

【例 1-2】 画出图 1-35 (a) 所示轴承座的视图。

解： 图 1-35 (a) 所示的轴承座是以叠加为主的一个组合体。可理解为由五个部分组成，如图 1-35 (b) 所示。各向形状特征和相对位置特征分析可知，应选 A 方向为主视图投射方向。五个组成部分中凸台、圆筒、支承板、肋板都是简单拉伸形体，它们的基面有三个不同的方向。考虑到各视图上可见信息尽可能多，选 B 方向投射得左视图，选 C 方向投射得俯视图，故选主、俯、左三视图表达方案。在确定图纸幅面和绘图比例后，具体作图步骤如图 1-36 所示。

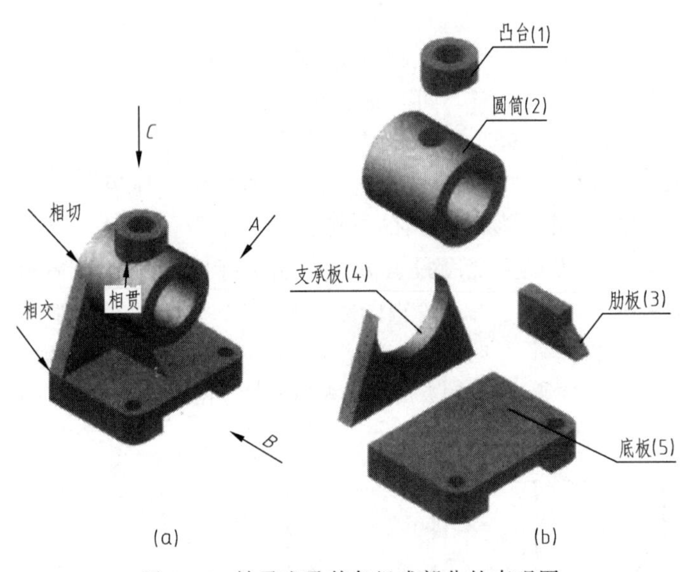

图 1-35 轴承座及其各组成部分的直观图

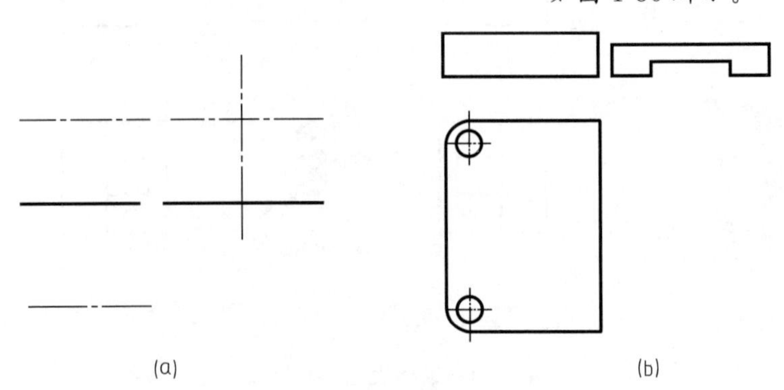

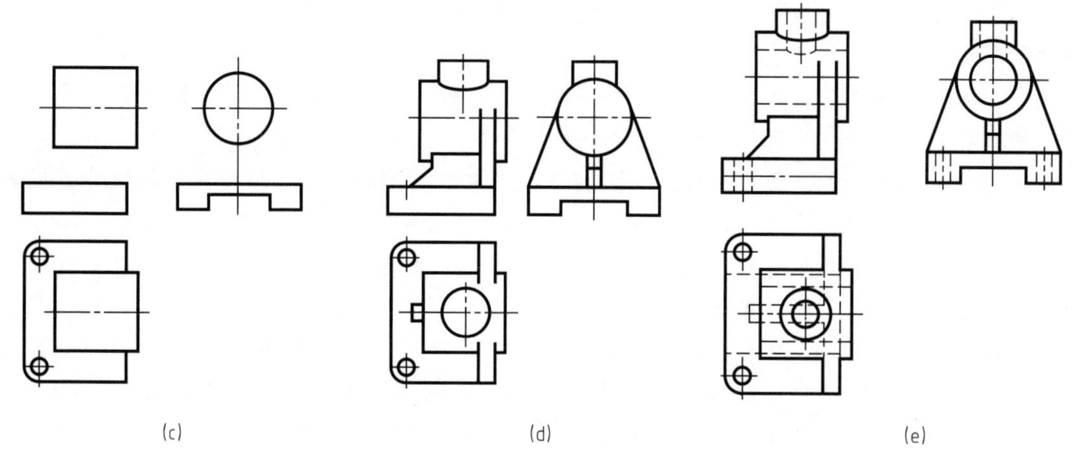

图 1-36　轴承座视图的画图过程

1.6.4　组合体视图的尺寸标注

1.6.4.1　尺寸标注的基本要求

组合体视图起到了表达组合体结构与形状的作用，而在组合体视图上标注尺寸是为了确定组合体的结构与形状的大小。因此，标注组合体尺寸时必须做到完整、正确、清晰。

完整——尺寸必须完全确定组合体的形状和大小，不能有遗漏，一般也不应有重复尺寸。

正确——必须按国家标准中有关尺寸注法的规定进行标注。

清晰——每个尺寸必须注在适当位置，尺寸分布要合理，既要便于看图，又要使图面清晰。

1.6.4.2　组合体视图的尺寸注法

为了有规则地在组合体视图上标注尺寸，必须注意以下几点。

(1) 应先了解基本几何形体的尺寸注法，这种尺寸称为定形尺寸，见表 1-4。

表 1-4　常见形体尺寸注法

尺寸数量	一个尺寸	两个尺寸		三个尺寸
回转体尺寸标注	$S\phi$	l, ϕ; l, ϕ; ϕ, ϕ		ϕ, l, ϕ
尺寸数量	三个尺寸	三个尺寸	四个尺寸	五个尺寸
平面立体尺寸标注	l_1, l_2, l_3	l_1, l_2; l_1, l_2, l_3	l_1, l_2, l_3, l_4	l_1, l_2, l_3, l_4, l_5

（2）用形体分析法分析组成组合体的各基本几何形体，以便参考表 1-4 注出各基本几何形体的定形尺寸。

（3）标注基本几何形体之间的相对位置尺寸，这种尺寸称为定位尺寸。两个基本几何形体一般有上下、左右、前后三个相对位置，因此对应有三个定位尺寸。但当两个基本几何形体在某一方向处于叠加、平齐、对称、同轴等形式时，在相应方向上不需注定位尺寸，见表 1-5。标注尺寸时，应在长、宽、高三个方向上选好组合体上某一几何要素作为标注尺寸的起点，这个起点称为尺寸基准。例如，组合体上的对称平面、底面、端面、回转体轴线等几何元素常被用作尺寸基准。通常，应标注组合体长、宽、高三个方向的总体尺寸，但当组合体的一端为回转面时，该方向总体尺寸不注，如图 1-37（a）所示，总高由曲面中心位置尺寸 H 与曲面半径 R_1 决定，总长由两小圆孔中心距 L 与曲面半径 R_2 决定。图 1-37（b）中直接标注总高与总长是错误的，这种注法在作图和制造时都不符合要求。

表 1-5　省略标注定位尺寸的条件

省略一个定位尺寸	省略两个定位尺寸	省略三个定位尺寸

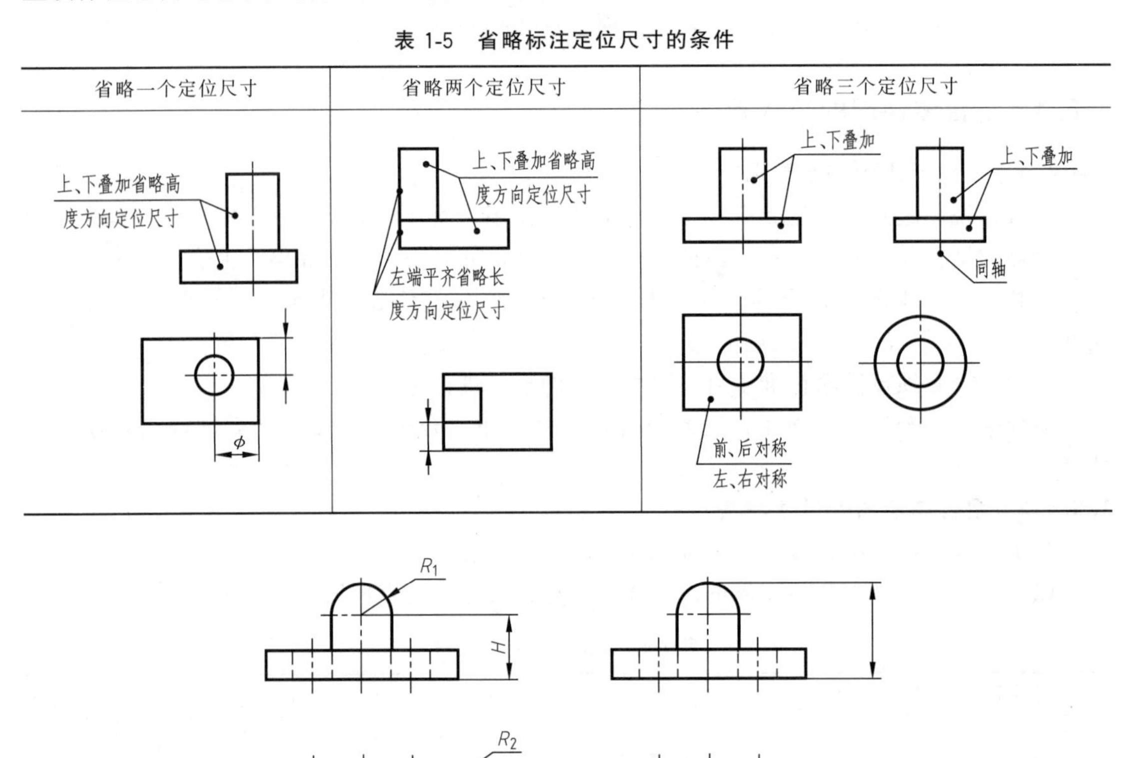

图 1-37　不直接标注总体尺寸示例

1.6.4.3　尺寸标注举例

（1）尺寸标注方法　以图 1-38（a）所示轴承座为例介绍尺寸标注方法。

① 形体分析将组合体分解成 5 个简单部分，参考表 1-4、表 1-5 初步考虑各部分尺寸，如图 1-38（b）所示。注意，图中带括号的尺寸是在另一部分已注出或由计算可得出的重复

尺寸。

② 确定尺寸基准，标注定位尺寸和总体尺寸，如图 1-38（c）所示。

③ 标注各部分定形尺寸，如图 1-38（d）所示。

④ 校核，审查得最后的标注结果，如图 1-38（e）所示。

定形尺寸有几种类型。第一种为自身完整的尺寸，如轴承座上圆筒的两个直径、一个圆柱长度尺寸就确定了它的形状。第二种为与总体尺寸、定位尺寸一起构成完整的尺寸，如底板，其宽即轴承座总宽，底板上的孔有两个定位尺寸；凸台高由总高、轴承高度定位尺寸及轴承孔半径加以确定。第三种为由相邻形体确定的尺寸，如支承板，虽然图上仅注了一个厚度尺寸，但其下端与底板同宽，上端与轴承圆柱相切，因此形状是确定的，但肋板的长却可

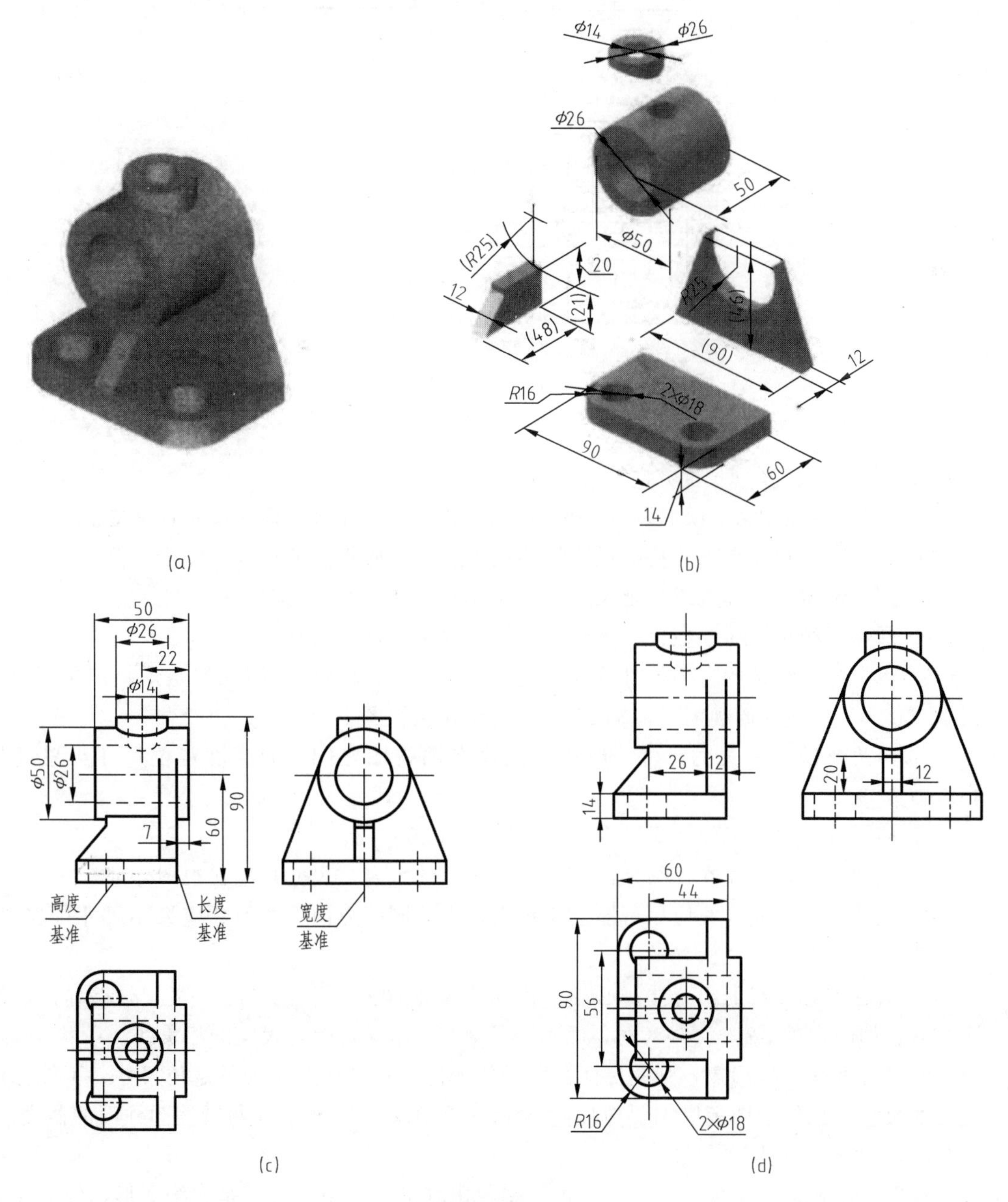

图 1-38

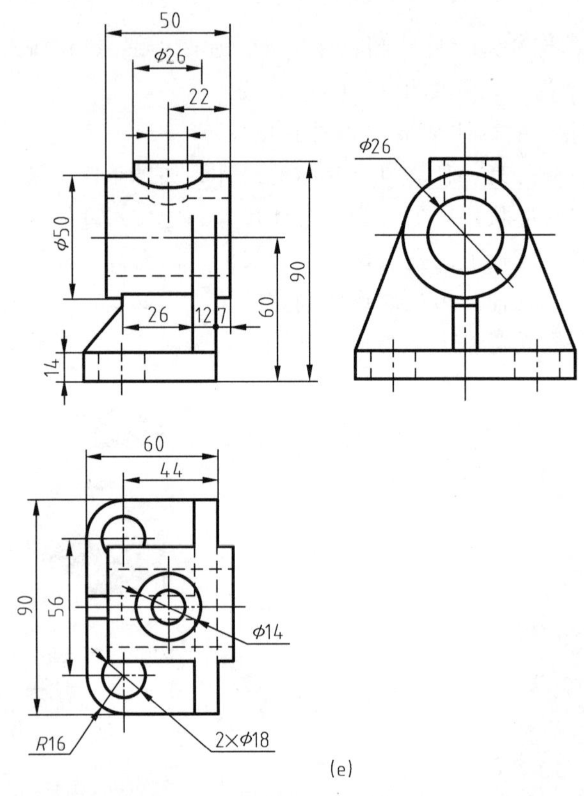

图 1-38 轴承座尺寸标注

由底板长和支承板厚（长度方向）加以确定。

（2）尺寸标注注意事项 为保证组合体视图的清晰与正确，标注尺寸时应注意以下几点。

① 尺寸应尽量注在形状特征最明显的视图上，如底板上的尺寸 90、60。

② 应尽量避免在虚线或其延长线上标注尺寸，如 2×ϕ18 应注在圆上。

③ 圆弧半径尺寸应注在投影为圆弧实形的视图上，如 R16。

④ 表示同一结构的有关尺寸应尽可能集中标注，如底板上圆孔的定形、定位尺寸 2×ϕ18、56、44 均注在俯视图上，ϕ14、ϕ26 均注在主视图上。

⑤ 与两个视图有关的尺寸，应尽可能注在两视图之间，如高度定位尺寸与总高尺寸 60、90。

⑥ 同一方向的连续尺寸应排在一条线上，如 26、12、7。

⑦ 尺寸应尽可能注在视图外部，如图中所注的大多数尺寸都注在视图外部。

⑧ 尺寸线与尺寸界线应尽可能避免相交，为此同一方向上的尺寸应将小尺寸排在里面，大尺寸排在外面，如 ϕ26、50。

⑨ 对具有相贯线的组合体，必须注出相交两形体的定形、定位尺寸，不能对相贯线标注尺寸，如图中的 ϕ26、ϕ50、26，即确定了 ϕ26、ϕ50 两圆柱表面的相贯线。

对具有截交线的形体，则应标注被截形体的定形尺寸和截平面的定位尺寸，不能标注截交线的尺寸，如图中肋板厚 12 与圆筒直径 ϕ50 就确定了肋板表面与圆筒圆柱面的截交线。

1.6.4.4 组合体视图的阅读

读图的主要内容是根据组合体的视图想象出其形状。由于视图是二维图形，组合体表达方案由几个视图组合而成。因此，由视图想象形体时，既要分析每个视图与形体形状的对应关系，又要注意视图间的投影联系。

（1）叠加为主的组合体视图的阅读　叠加式组合体容易被理解为是由一些简单形体按一定的叠加方式形成的。在读图时先把组合体视图分解成若干个简单体视图，通过对各简单体的理解达到对整体的认识。这种方法称为分解视图想象形体法。

【例 1-3】 读图 1-39 所示组合体视图。

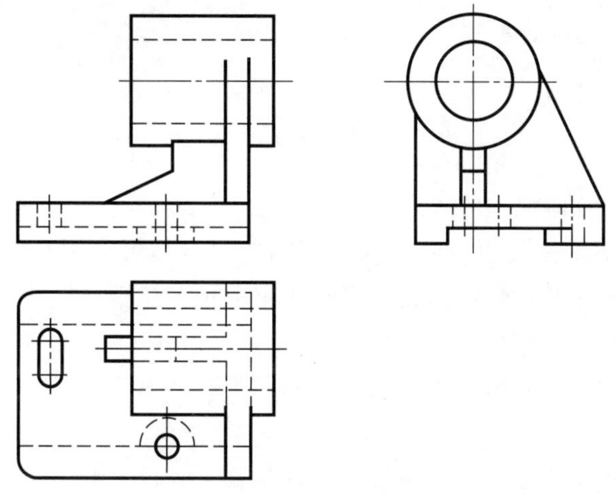

图 1-39　组合体视图

解： 从主视图着手，结合其他视图，容易将组合体视图分解成四个简单体的视图，并想象出它们的形状，如图 1-40 所示。当这些部分都读懂后，对照组合体视图可知各部分在组合体中所处的位置，最后形成对整体的认识，如图 1-41 所示。

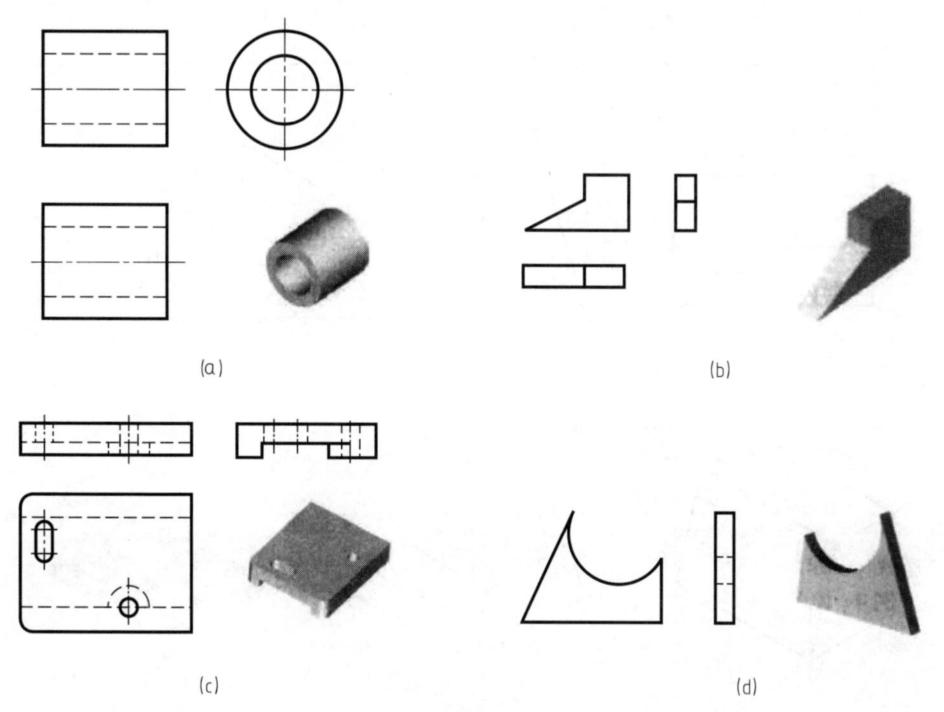

图 1-40　组合体分解

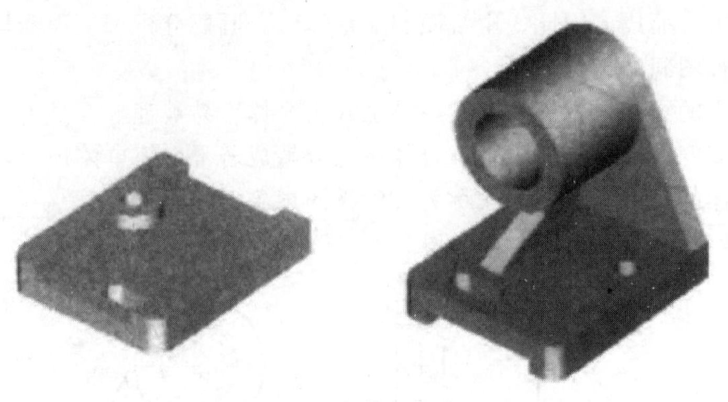

图 1-41　组合体整体直观图

(2) 切割为主的组合体视图的阅读

① 切割法。对外表面主要由平面构成的切割式组合体可应用有关补形体与相关形体的概念，以该组合体最大外形轮廓长、宽、高构建一个长方体箱。在此基础上根据已知视图分析被切割部分的形状来理解组合体的形状。

【例 1-4】 读图 1-42 (a) 所示两视图，想出组合体形状。

解:

(1) 根据组合体总长、总宽、总高构建长方体箱，如图 1-42 (b) 所示。

(2) 由左视图外轮廓可以理解在长方体上前后各切割一块，如图 1-42 (c) 所示。

(3) 由主视图外轮廓可以理解在剩下部分左上角切割一块，如图 1-42 (d) 所示。

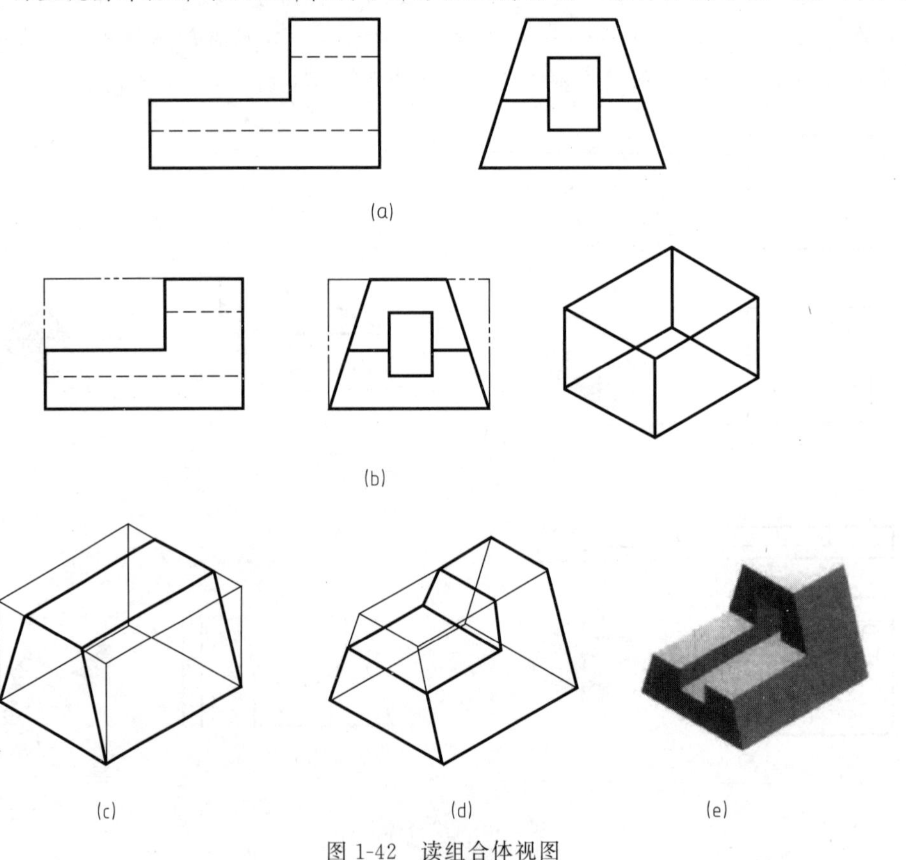

图 1-42　读组合体视图

（4）主视图虚线及左视图上的长方形表明组合体内部切割一个长方体孔，如图 1-42（e）所示。

经三次切割形成了图 1-42（e）所示组合体直观图，理解这一切割过程也就是由视图想象组合体的过程。

② 表面分析法。当组合体被切割部分在视图上不明显时，可根据平面投影特性结合长方体箱分析组合体每一表面的形状和位置，在理解围成组合体各表面形状和位置的过程中，形成对组合体的认识。这种方法称为表面分析法。这种方法的关键是应用平面投影特性在长方体箱内对组合体表面进行构图分析。平面投影特性见表 1-6、表 1-7 和图 1-43。

表 1-6　投影面平行面的投影特性

项目	正平面	水平面	侧平面
空间情况			
投影图			
投影特性	在与平面平行的投影面上，该平面的投影反映实形；其余两个投影分别平行于相应的投影轴，且都具有积聚性		

表 1-7　投影面垂直面的投影特性

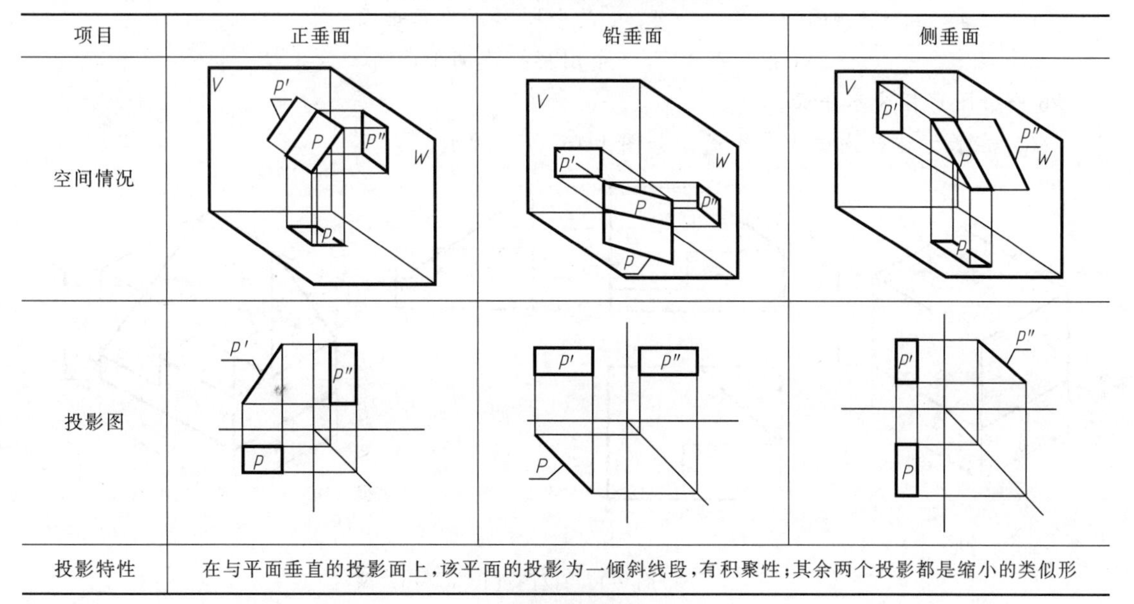

项目	正垂面	铅垂面	侧垂面
空间情况			
投影图			
投影特性	在与平面垂直的投影面上，该平面的投影为一倾斜线段，有积聚性；其余两个投影都是缩小的类似形		

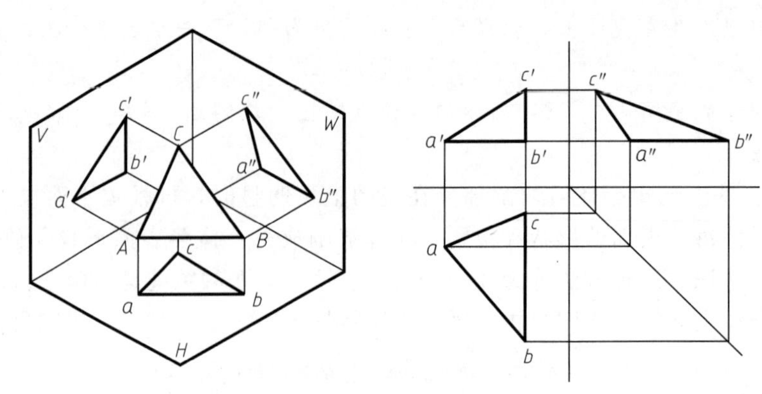

图 1-43　一般位置平面的投影

表 1-6 是投影面平行面的投影特性，表 1-7 是投影面垂直面的投影特性，图 1-43 是一般位置平面的投影。由表 1-6、表 1-7 及图 1-43 可知，在三投影面体系中平面有如下投影特征：投影面平行面有一个视图是图形框（实形）；投影面垂直面有两个视图是图形框（类似形）；一般位置平面有三个视图是图形框（类似形）。

当应用箱形表面分析时，可把这些特征反过来叙述为：只有一个图形框，此面应为平行面（平面平行于图形框所在的投影面）；若有两个图形框，此面应为垂直面（平面垂直于无图形框所在的投影面）；若为三个图形框，此面应为一般位置平面（平面对三个投影面均倾斜）。

【例 1-5】 由图 1-44 所示组合体视图读懂组合体形状。

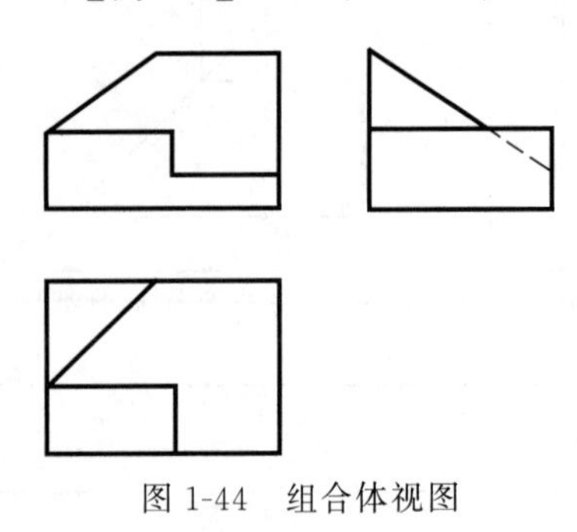

图 1-44　组合体视图

解：

(1) 根据组合体总长、总宽、总高构建一个长方体箱，如图 1-45（a）所示。

(2) 分析每个图形框，如图 1-45（b）所示。

1、1′两个图形框为侧垂面。

2′一个图形框为正平面。

3″一个图形框为侧平面。

4、4″两个图形框为正垂面。

5″一个图形框为侧平面。

6 一个图形框为水平面。

(3) 在长方体箱内画出每个面，如图 1-45（c）所示。

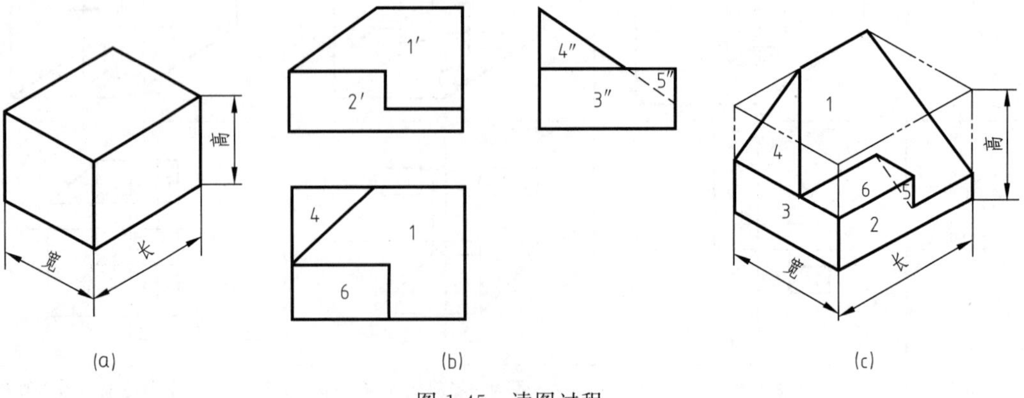

图 1-45　读图过程

1.7　机件的表达方法

国家标准《机械制图　图样画法　视图》(GB/T 4458.1—2002) 中规定了视图表示法，适用于在机械制图中用正投影法绘制的技术图样，该标准规定的图样画法是第一角画法。

根据有关标准规定，用正投影法所绘制的图形称为视图。为了便于看图，视图一般只画出机件的可见部分，必要时才画出其不可见部分。视图分为基本视图、斜视图、局部视图、向视图、剖视图和局部放大图。基本视图已经介绍，下面分别介绍其他视图。

1.7.1　斜视图和局部视图

图 1-46 为压紧杆的三视图，它具有倾斜的结构，其倾斜表面为正垂面，它在左、俯视图上均不反映实形，给绘图和看图带来困难，也不便于标注尺寸。为了表达倾斜部分的实形，沿箭头 A 方向将倾斜部分的结构投射到平行于倾斜表面的新置投影面 H_1 上，如图 1-47 所示。这种将机件向不平行于任何基本投影面的新置投影面投射所得的视图称为斜视图。斜视图通常只要求表达该机件倾斜部分的实形，其余部分不必画出，其断裂边界用波浪线表示，如图 1-48 (a) 中的 A 向斜视图。

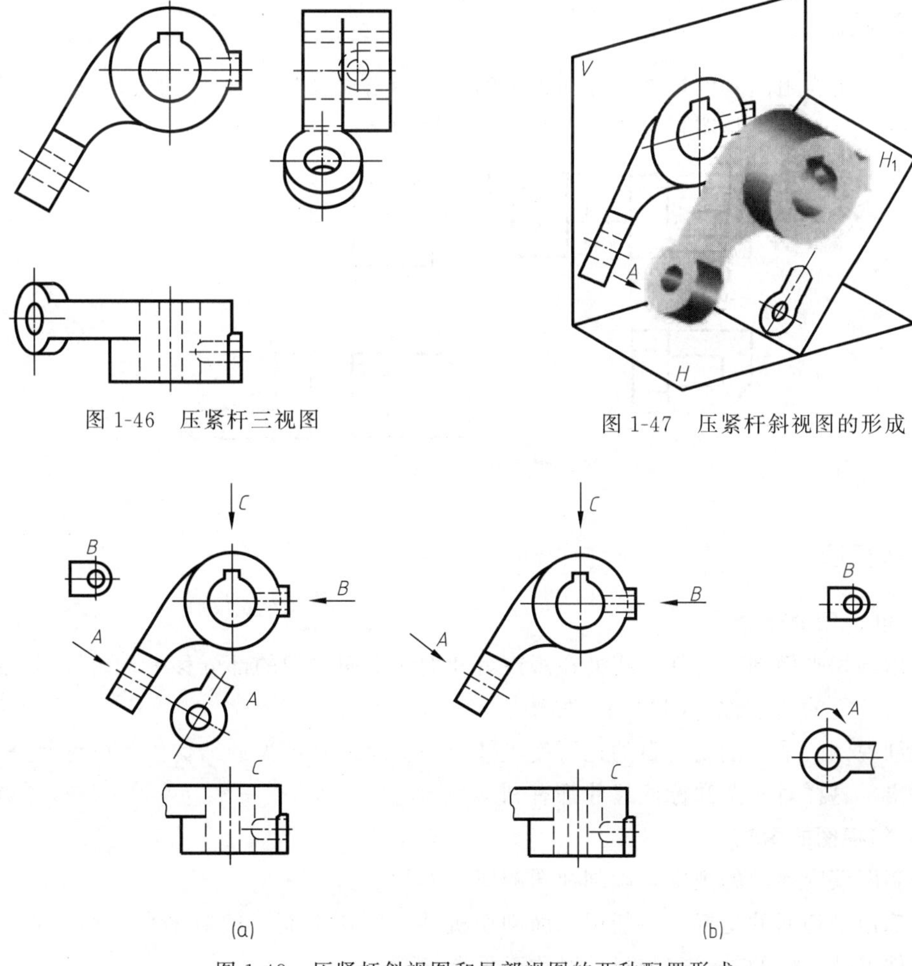

图 1-46　压紧杆三视图

图 1-47　压紧杆斜视图的形成

图 1-48　压紧杆斜视图和局部视图的两种配置形式

绘制 *A* 向斜视图后，俯视图上倾斜表面的投影可以不画，其断裂边界也用波浪线表示。这种只将机件的某一部分向基本投影面投射所得的视图称为局部视图，如图 1-48（a）中的 *B* 向局部视图。该机件右边的凸台也可以用局部视图来表达它的形状，如图 1-48（a）中的 *C* 向局部视图，这样可少画一个右视图。采用一个主视图、一个斜视图和两个局部视图表达该机件，就显得更清楚、更合理。

局部视图和斜视图的断裂边界一般以波浪线表示［如图 1-48（a）中的 *A* 向斜视图、*C* 向局部视图］；但当所表示的局部结构是完整的，且外轮廓线又成封闭时，则波浪线可省略不画［如图 1-48（a）中的 *B* 向局部视图］。

斜视图或局部视图一般按投影关系配置，如图 1-48（a）所示。若这样配置在图纸的布局上不很适宜时，也可以配置在其他适当位置；在不会引起误解时，也允许将斜视图的图形旋转，以便于作图［图 1-48（b）］。显然，图 1-48（b）所示的布局较好。画斜视图时，必须在视图的上方标出视图的名称“×”，并在相应的视图附近用箭头指明投影方向，并注上同样的字母［图 1-48（a）］。旋转后的斜视图，其标注形式为“→×”［图 1-48（b）］，表示该视图名称的大写拉丁字母应靠近旋转符号的箭头端，也允许将旋转角度注写在字母后面。画局部视图时，一般也采用上述标注方式，但当局部视图按投影关系配置，中间又没有其他图形隔开时，可省略标注，如压紧杆的 *B* 向局部视图在图 1-48（b）中就省略标注。

1.7.2 向视图

向视图是可自由配置的视图。在向视图的上方标出“×”（“×”为大写拉丁字母），在相应的视图附近用箭头指明投射方向，并注上同样的字母，如图 1-49 所示。

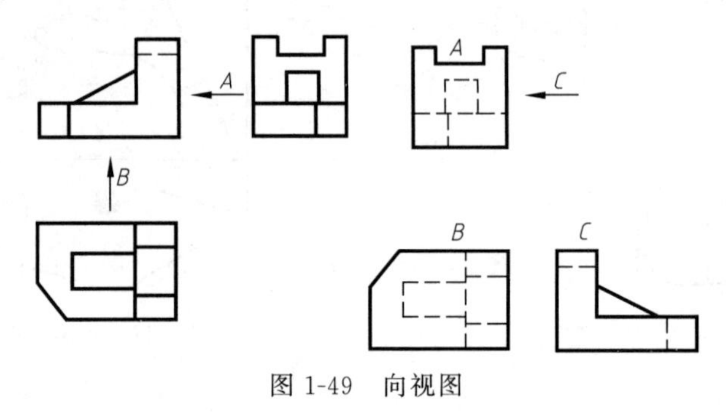

图 1-49 向视图

1.7.3 剖视图

1.7.3.1 剖视图的概念

假想用剖切平面剖开机件，将处在观察者和剖切平面之间的部分移去，而将其余部分向投影面投射所得的图形称为剖视图，如图 1-50（a）所示。而图 1-50（b）所示的主视图即为机件的剖视图。采用剖视的目的是可使机件上一些原来看不见的结构成为可见部分，能用粗实线画出，这样对看图和标注尺寸都有利。

1.7.3.2 剖视图的画法

根据制图国家标准的规定，画剖视图的要点如下。

（1）确定剖切面的位置　一般用平面剖切机件。剖切平面一般应平行于相应的投影面，并通过机件上孔、槽的轴线或与机件对称面重合。

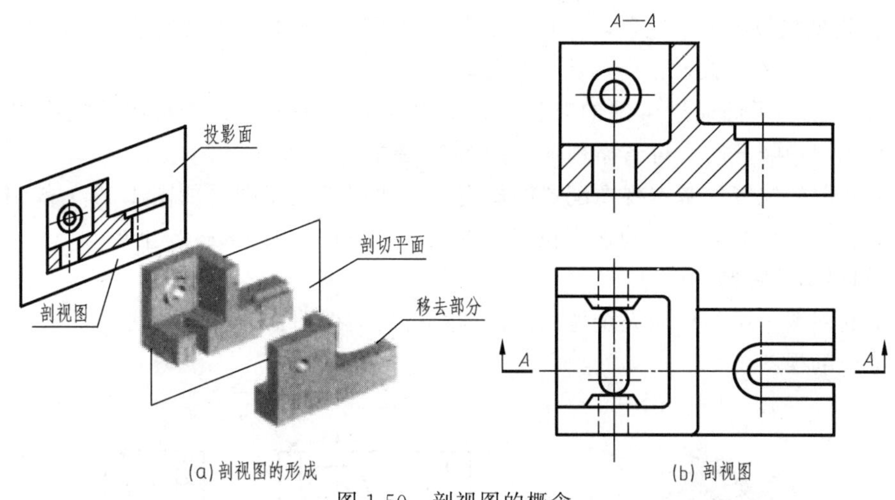

(a) 剖视图的形成　　(b) 剖视图

图 1-50　剖视图的概念

（2）剖视图画法　用粗实线画出剖切平面与机件实体相交的截断面轮廓及其后面的可见轮廓线，机件后部的不可见轮廓线一般省略不画。

（3）剖面区域的表示法　剖视图中剖切面与物体的接触部分称为剖面区域。不需在剖面区域中展示材料类别时，可采用剖面线表示。剖面线应以适当角度的细实线绘制，最好与主要轮廓或剖面区域的对称线成 45°角，并且同一机件的各个视图的剖面线方向和间隔必须一致，如图 1-51 所示。

（4）剖视图的标注　为了便于看图，一般应在剖视图上方用字母标注视图的名称“×—×”；在相应的视图上用剖切符号表示剖切位置，其两端用箭头表示投射方向，并注上同样的字母，如图 1-52（b）中的 *B*—*B* 剖视。剖切符号为断开的粗实线，线宽为 $(1\sim1.5)d$，尽可能不要与图形轮廓线相交，剖视图在下列情况下可省略或简化标注。

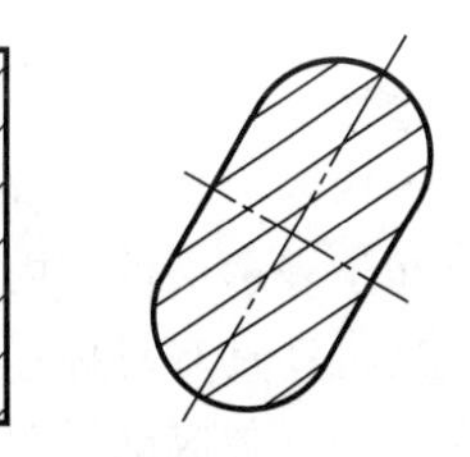
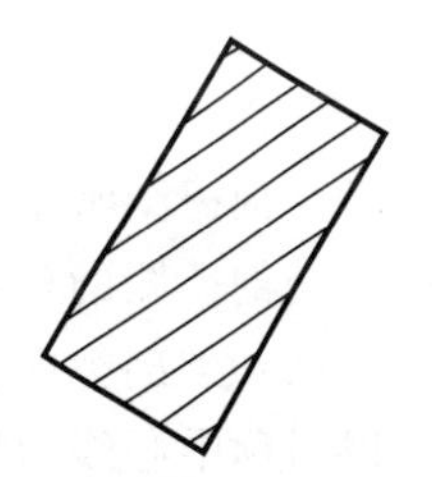

图 1-51　剖面线的画法

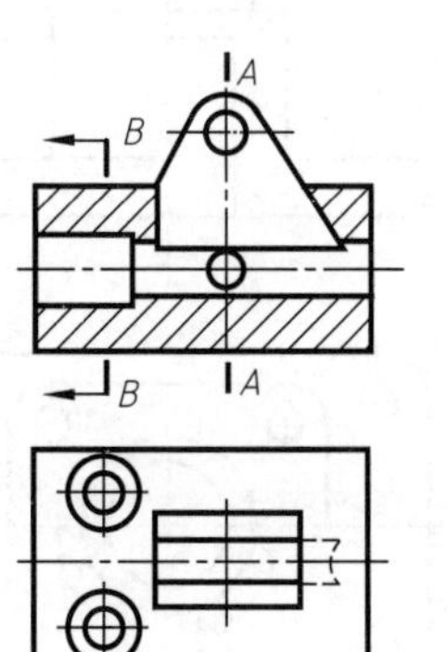

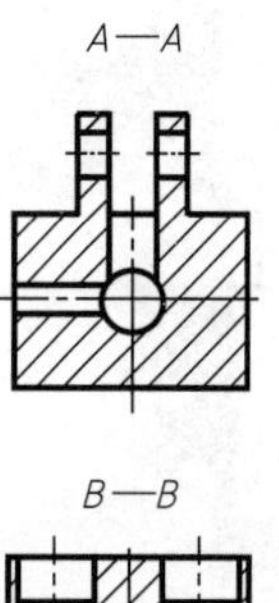

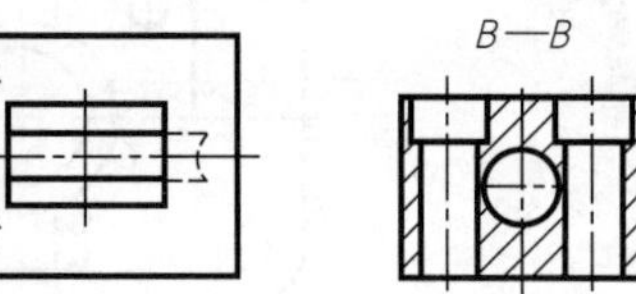

(a)　　(b)

图 1-52　用几个剖视图表达定位块

① 当剖视图按投影关系配置，中间又没有其他图形隔开时，可省略箭头，如图 1-52（b）中的 A—A 剖视，表示投射方向的箭头被省略了。

② 当单一剖切平面通过机件的对称平面或基本对称平面，且剖视图按投影关系配置，中间又无其他图形隔开时，可省略标注，如图 1-52 中的主视图。

（5）剖视图的配置　基本视图配置的规定同样适用于剖视图［如图 1-52（b）中的 A—A 剖视，必要时允许配置在其他适当位置，如图 1-52（b）中的 B—B 剖视］。

1.7.3.3　剖视图的种类

（1）全剖视图　用剖切面完全地剖开机件所得的剖视图称为全剖视图。图 1-53 中的主、左视图都是全剖视图。

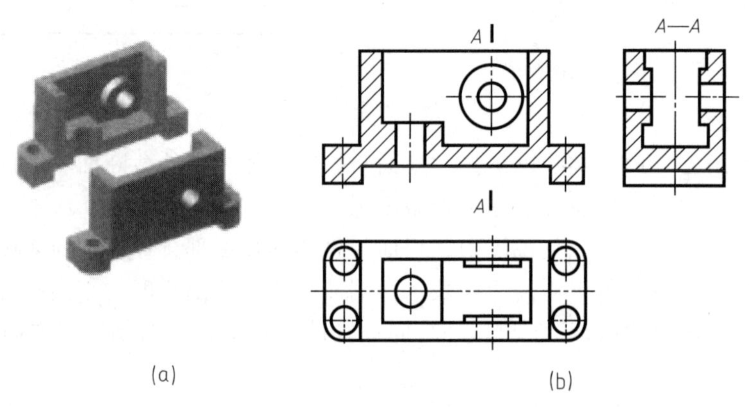

图 1-53　全剖视图的画法

全剖视图常用来表达内形比较复杂的不对称机件。外形简单的机件也可用全剖视图表达。全剖视图的重点在于表达机件的内形，其外形可用其他视图表达清楚。

（2）半剖视图　当机件具有对称平面时，在垂直于对称平面的投影面上投影所得的图形可以对称中心线为界，一半画成剖视图，另一半画成视图，这种剖视图称为半剖视图，如图 1-54 所示。半剖视图适合于内外形状都需在同一视图上有所表达，且具有对称平面的机件。

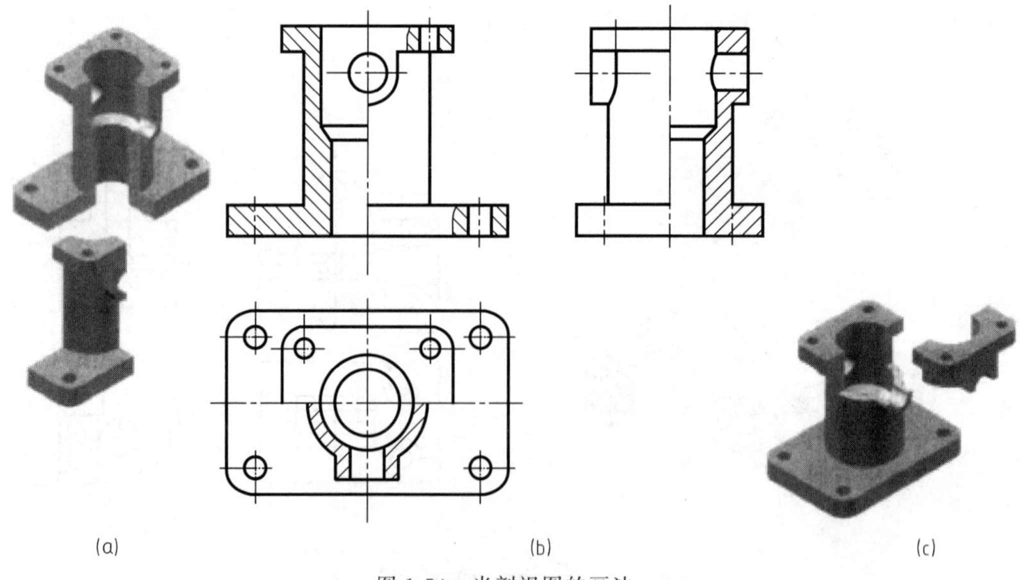

图 1-54　半剖视图的画法

当机件形状接近对称，且不对称部分已有图形表达清楚时，也可采用半剖视图，如图 1-55 所示。

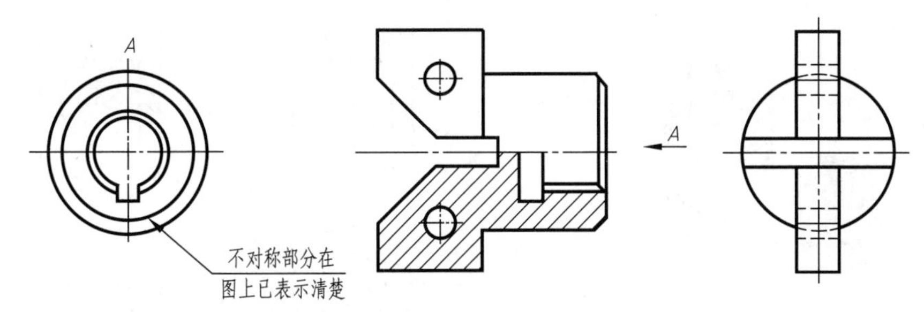

图 1-55 机件形状接近对称也可画成半剖视图

半剖视图的标注与全剖视图的标注完全相同。如图 1-54（b）中主、左视图符合省略标注条件而不加标注，剖视图 $A—A$ 的剖切符号省略了箭头。

画半剖视图时应注意以下几点。

① 由于机件对称，剖视图部分已将内形表达清楚，所以在视图部分表达内形的虚线不必画出。

② 半个剖视图与半个视图必须以点画线为分界，如机件棱线与图形对称中心线重合时则应避免使用半剖视。

（3）局部剖视图 用剖切平面局部剖开机件所得到的剖视图称为局部剖视图。图 1-56（a）所示箱形机件，主视图如采用全剖视则凸台的外形得不到表达。形体左右不对称，不符合半剖视条件。现采用局部剖视即可达到既表达箱体内腔又保留凸台外形的效果。底板上的小孔也画成局部剖视，如图 1-56（b）所示。

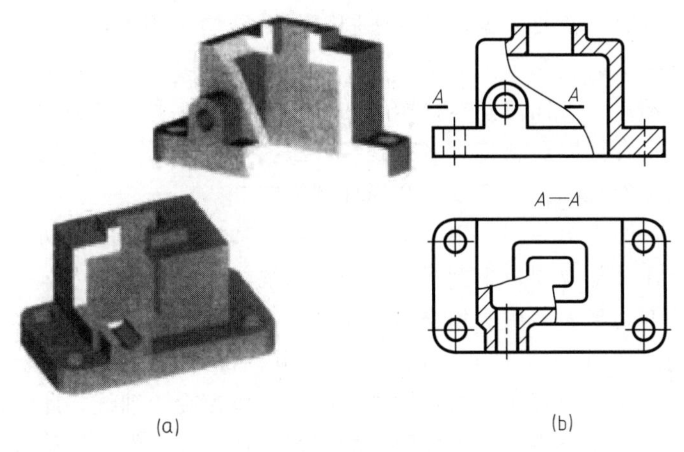

图 1-56 局部剖视图的画法

俯视图以局部剖视表达凸台上小圆孔与箱体内腔相通及箱体的壁厚。由此可见，局部剖视是一种比较灵活的兼顾内外形的表达方法。局部剖视图采用的剖切平面位置与剖切范围可根据表达范围的需要而决定。

画局部剖视图时应注意以下几点。

① 局部剖视图要以波浪线表示内形与外形的分界。波浪线要画在机件的实体上，不能超出视图的轮廓线，也不应在轮廓线的延长线上或与其他图线重合，如图 1-57 所示的正误

对比［图 1-57（b）是正确的图形，图 1-57（c）主视图上箭头所指处的波浪线和俯视图上箭头所指的空白处有错］。

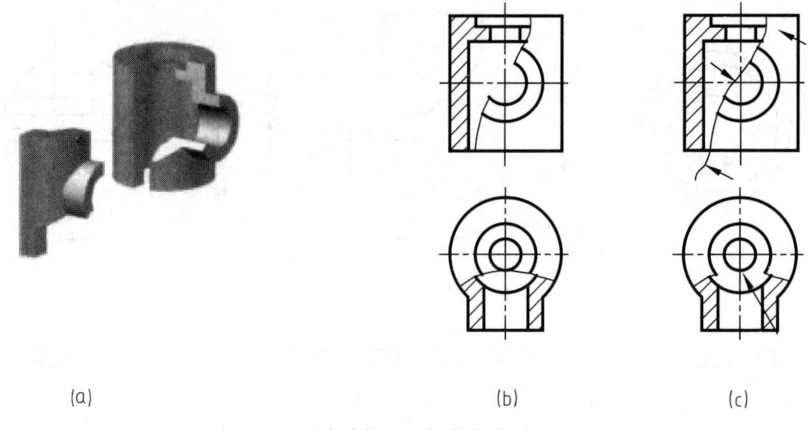

图 1-57 局部剖视图中波浪线的画法

② 局部剖视图在剖切位置明显时一般不标注。若剖切位置不在主要形体对称位置，为清楚起见也可按图 1-56（b）所示标注剖切符号和图名“*A*—*A*”。

③ 局部剖视图一般的使用场合：不对称机件上既需要表达其内形又需要保留部分外形轮廓时，如图 1-56（b）中的主视图；表达机件上孔眼、凹槽等某一局部的内形，如图 1-54（b）、图 1-57（b）所示。

④ 正确使用局部剖视，可使表达简练、清晰。但在同一个图上局部剖视图不宜使用过多，以免图形过于零碎。

1.7.3.4 剖切平面与剖切方法

作机件的剖视图时，常要根据机件的不同形状和结构选用不同的剖切平面和剖切方法。国家标准规定，剖切平面包括单一剖切平面、两相交的剖切平面、几个平行的剖切平面、组合的剖切平面以及不平行于任何基本投影面的剖切平面等多种。由此相应地产生了单一剖、旋转剖、阶梯剖、复合剖以及斜剖等多种剖切方法。不论采用哪一种剖切平面及其相应的剖切方法，均可画成全剖视图、半剖视图和局部剖视图。

（1）单一剖切平面和单一剖　用一个平行于某一基本投影面的剖切平面剖开机件的方法称为单一剖。如上述全剖视图、半剖视图与局部剖视图所列举的均为单一剖。

（2）两相交的剖切平面　用两相交的剖切平面（交线垂直于某一基本投影面）剖开机件的方法称为旋转剖。如图 1-58（a）所示的机件，其内部结构需要用两个相交的剖切平面剖开才能显示清楚，且又可把两相交的剖切平面的交线作为旋转轴线。此时，就可采用旋转剖的方法画其剖视图。具体作法为：先按假想的剖切位置剖开机件，然后将被剖切平面剖开的结构及其有关部分旋转到与选定的投影面平行再进行投射，如图 1-58（b）所示。采用旋转剖的方法画剖视图时，必须用剖切符号表示剖切位置并加以标注，同时画出箭头表示投射方向。如按投影关系配置，中间又无其他图形隔开时，允许省略箭头，图 1-58（b）即属此种情况。

用旋转剖方法画剖视图时应注意：采用旋转剖的方法画剖视图时，在剖切平面后面的其他结构，一般按原来位置画出。

（3）几个平行的剖切平面　用几个平行的剖切平面剖开机件的方法称为阶梯剖。如图

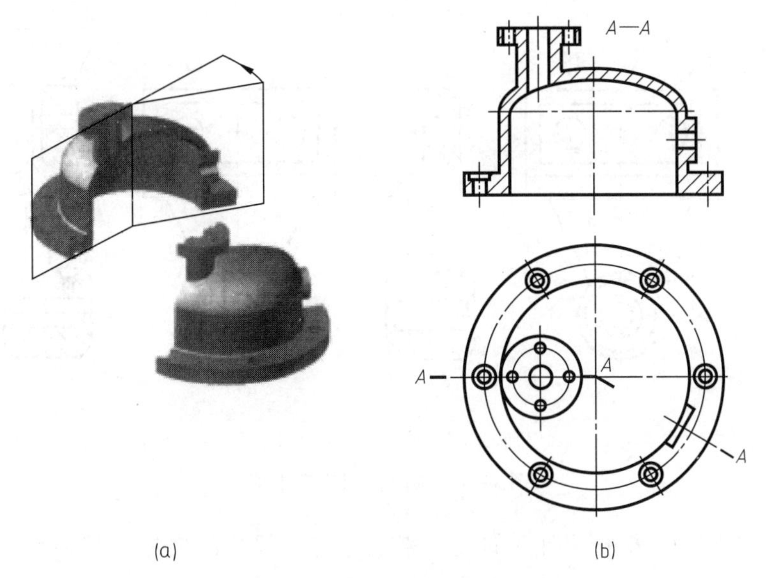

图 1-58　旋转剖视图的画法

1-59 所示的机件，其内部结构需要用两个相互平行的平面加以剖切才能兼顾，此时就可采用阶梯剖的方法来画其剖视图，如图 1-60 所示。选用阶梯剖画剖视图时，必须在剖切的起讫及转折处用剖切符号表示剖切位置，并注写相同的字母（当转折处位置有限，又不会引起误解时，允许省略），在起讫两端画出箭头表示投射方向，同时在剖视图的上方加以标注，当按投影关系配置，中间又无其他图形隔开时，可以省略箭头。

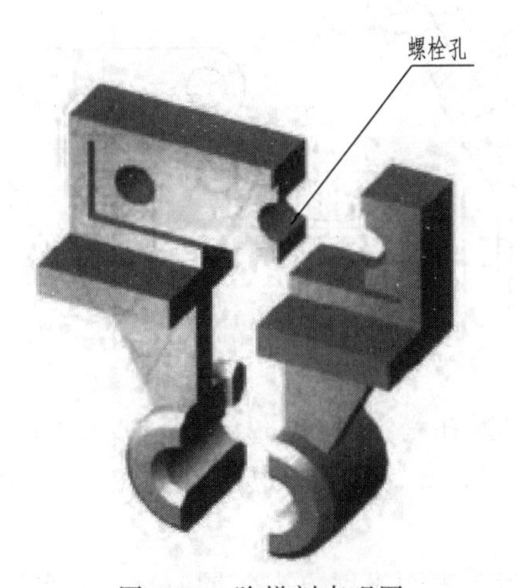

图 1-59　阶梯剖直观图

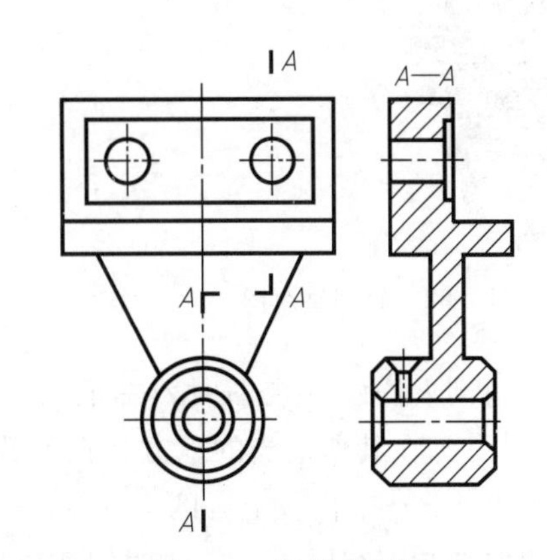

图 1-60　阶梯剖视图

用阶梯剖方法画剖视图时应注意（图 1-61）以下几点。

① 阶梯剖采用的剖切平面相互平行，但应在适当的位置转折。在剖视图中不应画出平行剖切面之间的直角转折处轮廓的投影。

② 采用阶梯剖的方法画剖视图时，一般应避免剖切出不完整要素，只有当两个要素在图形上具有公共对称中心线或轴线时，才允许以中心线为界各画一半。

（4）不平行于任何基本投影面的剖切平面　当采用此类剖切平面剖开机件时称为斜剖，

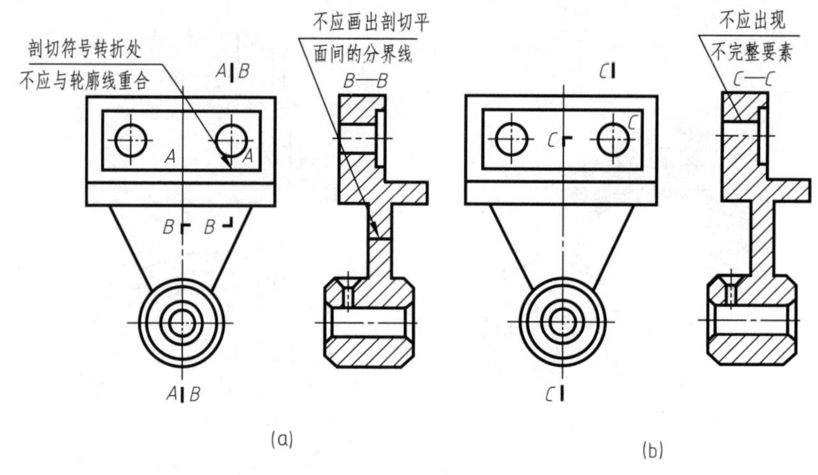

图 1-61　画阶梯剖注意事项

如图 1-62 所示的机件就采用了斜剖的方法来表达有关部分的内形，其剖视如图 1-63 中的 B—B。

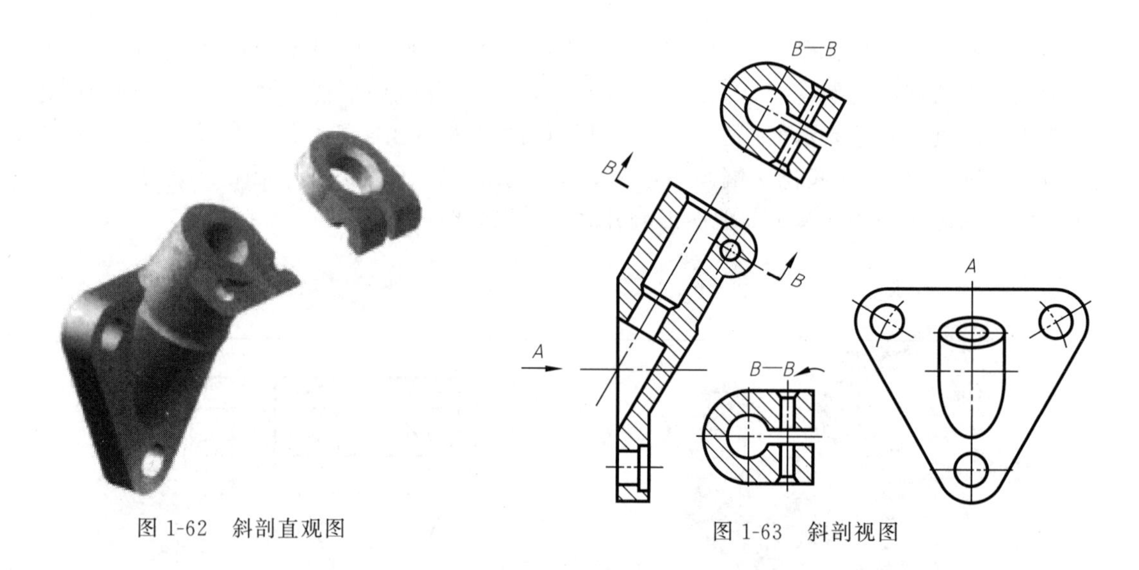

图 1-62　斜剖直观图

图 1-63　斜剖视图

采用斜剖方法画剖视图时，一般按投影关系配置在箭头所指的方向，如图 1-63 中的 B—B，也可画在其他适当的地方，在不致引起误解时，允许将图形转平，如图 1-63 中也可用下方的 B—B←来代替上方的 B—B。

采用斜剖画剖视图时，应注明剖切位置，并用箭头表明投射方向，同时标注其名称。对于图形旋转的剖视图，图名形式为"×—×←"。

1.7.3.5　剖视图的阅读方法

剖视图的图形与剖切方法、剖切位置和投射方向有关。因此，读图时首先要了解这三项内容。在此基础上可按下述基本方法进行读图。

（1）分层次阅读

① 剖切面前的形状。剖切面前的形状是指观察者和剖切面之间被假想移去的那一部分形状。理解这一部分形状有利于对物体整体概貌的认识。对全剖视图，可根据全剖视图外围

轮廓和表达方案中所配置的其他视图来理解被移去的那一部分形状，如图 1-64 所示。而对半剖视图、局部剖视图，则可采用恢复外形视图的方法补出剖切面前的那部分形状的投影，再联系其他视图，将移去部分读懂，如图 1-65、图 1-66 所示。

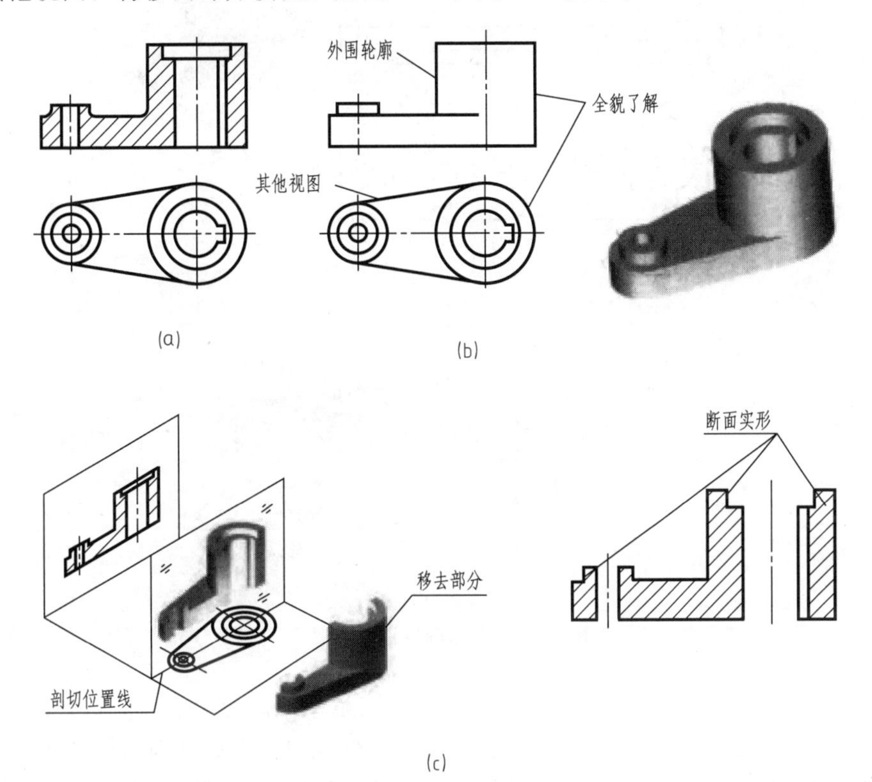

图 1-64　全剖视图的阅读

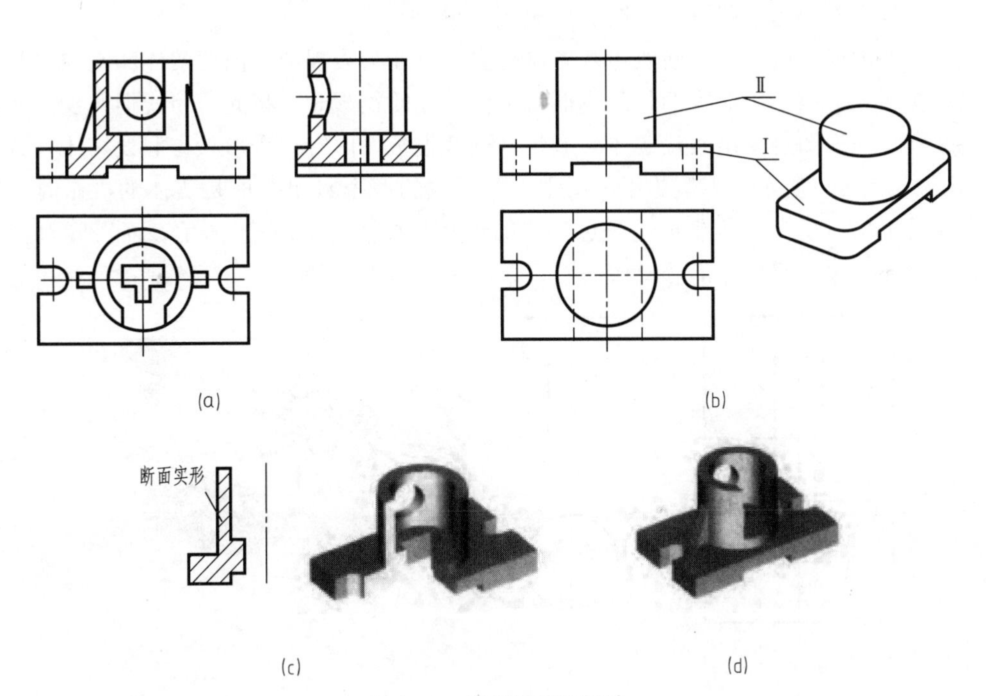

图 1-65　半剖视图的阅读

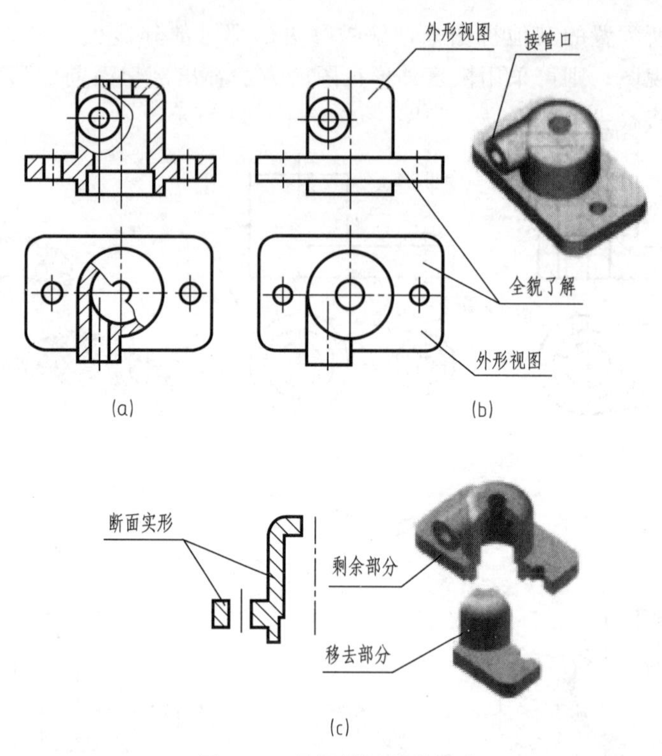

图 1-66　局部剖视图的阅读

② 剖切面上的断面实形。在断面上画剖面线，表示剖切面切到机件的材料部分。因此，断面形状表达了剖切面与机件实体部分相交的范围。剖视图上没有画剖面线的地方是机件内部空腔的投影或是剩余部分中某些形体的投影。因此，根据断面可以判断在某一投射方向下机件上实体和空腔部分的范围，如图 1-64～图 1-66 所示。

(2) 机件内腔的阅读　如前所述，形体与空间是互为表现的，因此实体和空腔也是相对的。在剖视图上，当无剖面线的封闭线框为机件内腔的投影时，将此封闭线框假设为实体的投影。结合其他视图想象出假设实体的形状，再考虑机件内有一个形状与假设实体一致的空腔。如图 1-67 (a) 所示，当假想主视图中无剖面线的两个封闭线框是实体的投影时，结合俯视图［图 1-67 (b)］不难想象出假想实体的形状，如图 1-67 (c) 所示。而实际机件就相当于在其内部挖去假想形体部分形成内腔，如图 1-67 (d) 所示。

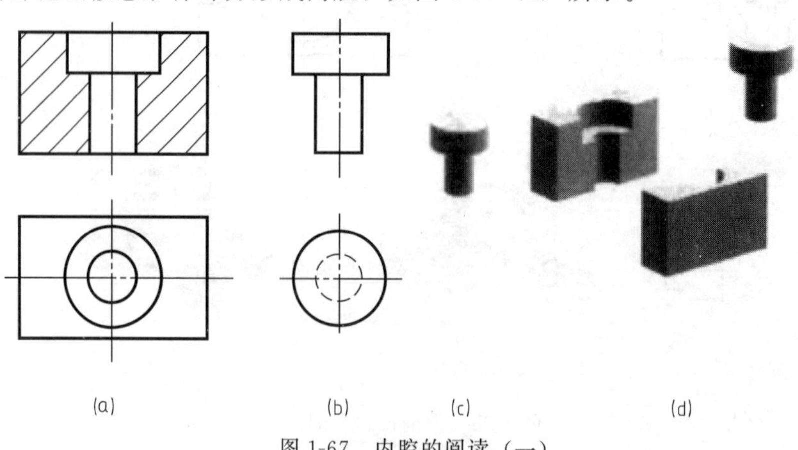

图 1-67　内腔的阅读（一）

按上述分析方法可知，图 1-68（a）所示机件的内腔应如图 1-68（c）所示。

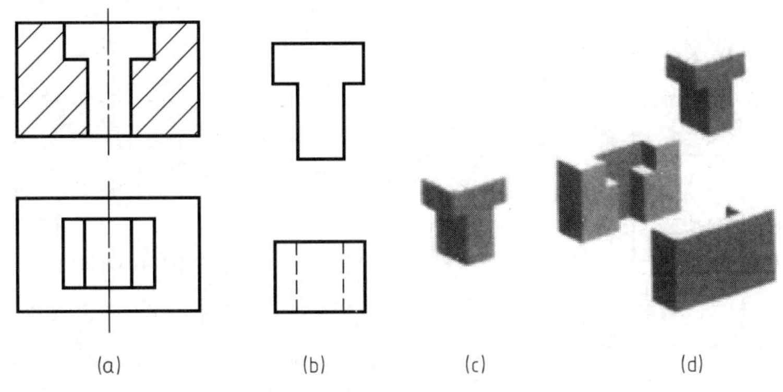

图 1-68　内腔的阅读（二）

（3）剖视图的阅读举例　阅读图 1-69 所示的机件。

① 由剖视图种类与对剖视图标注的规定可知，主视图为全剖视图，剖切平面通过物体前后对称面。俯视图剖切位置由主视图上 $A—A$ 处的粗短画标明。从图形上分析，俯视图为半剖视图。左视图亦为半剖视图，因其符合省略标注条件，故图上未注明剖切位置，显然剖切面为通过机件内孔轴线的侧平面。三个剖视图按投影关系配置，故各个剖视图的投射方向是明显的。

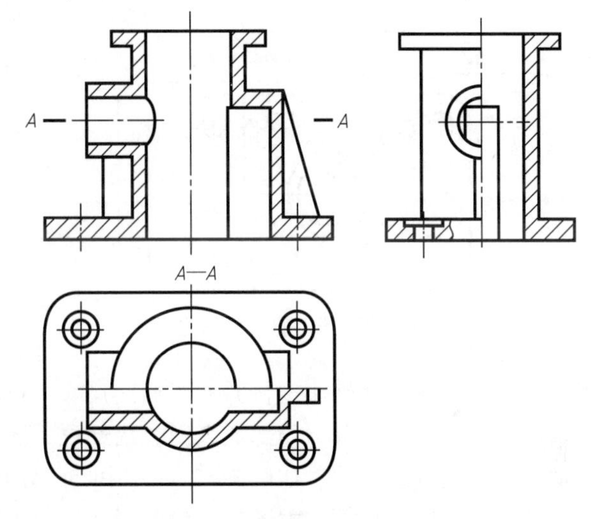

图 1-69　剖视图的阅读示例

② 按照分层次阅读的方法，可恢复机件的外形视图，如图 1-70 所示。

③ 应用组合体视图阅读方法，根据机件的外形视图想象其整体外貌，如图 1-70 所示。

④ 按照各剖切面的位置，结合机件内腔阅读方法想象内形结构形状，如图 1-71 所示。

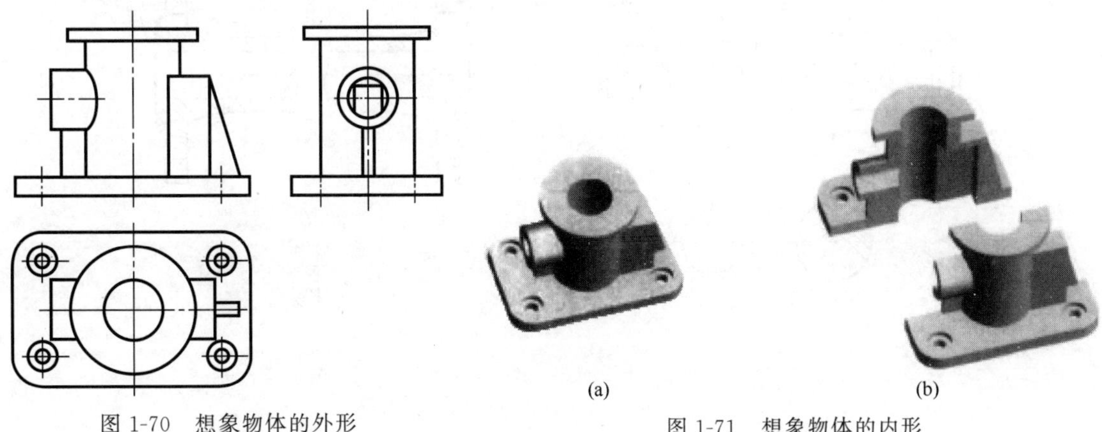

图 1-70　想象物体的外形

图 1-71　想象物体的内形

1.7.3.6 剖视图上的尺寸标注

在剖视图上标注尺寸，除了用到1.6.4中组合体的尺寸标注所介绍的方法外，另外还有一些特点。下面通过实例进行分析讨论。

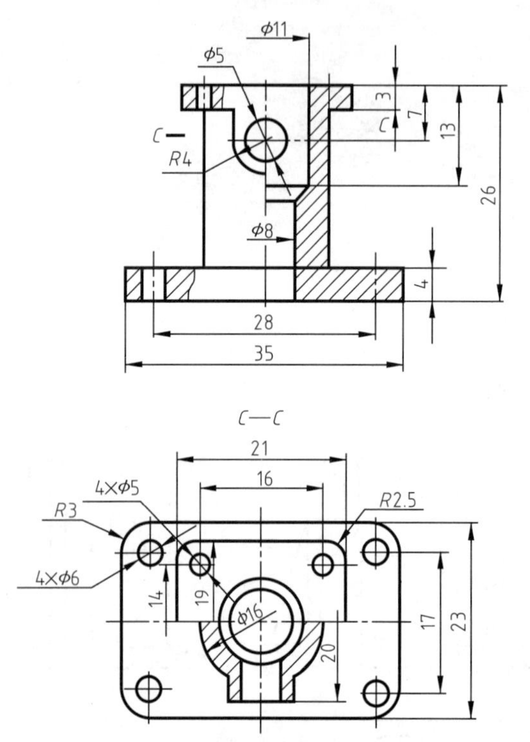

图1-72 剖视图上的尺寸标注

分析图1-72所示的机件所标注的尺寸可以看出四个特点：一是由于采用半剖视，一些原来不宜注在虚线上的内部尺寸，现在都可以注在实线上了，如主视图中的$\phi11$、$\phi8$等尺寸；二是采用半剖视后，主视图中的尺寸$\phi11$、$\phi8$及俯视图中的尺寸14、19仅在一端画出箭头指到尺寸界线，另一端略超过对称轴线或对称中心线，不画箭头；三是俯视图中标注顶板四个小孔及底板四个沉孔的尺寸，不但注明孔的大小，同时写出孔的数量；四是如在中心线中注写尺寸数字时，应在注写数字处将中心线断开，如俯视图中的尺寸$\phi8$。

1.7.4 局部放大图

机件上的一些细小结构，在视图上常由于图形过小而表达不清，或标注尺寸有困难，宜将过小图形放大。如图1-73（a）所示的机件，其上Ⅰ、Ⅱ部分为结构较细小的沟槽。为了清楚地表达这些细小结构并便于标注尺寸，可将该部分结构用大于原图形所采用的比例单独画出，这种图形称为局部放大图。局部放大图可以画成视图、剖视图或断面，它与被放大部分的表达方式无关。如图1-73（a）中，两处局部放大图都采用了断面，与被放大部分的表达方式不同。局部放大图应尽量配置在被放大部位的附近。

绘制局部放大图时，一般应用细实线圈出被放大部位。当同一机件上有几个被放大的部

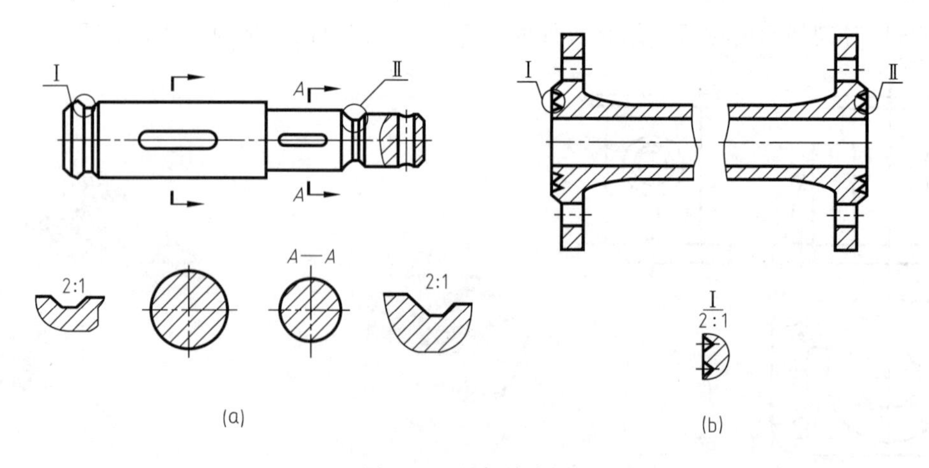

图1-73 局部放大图

分时，必须用罗马数字依次标明被放大的部位，并在局部放大图的上方标注出相应的罗马数字和所采用的比例。如图 1-73（b）所示，当同一机件上不同部位的局部放大图，其图形相同或对称时，只需画出一个。当机件上被放大部分仅一个时，在局部放大图的上方只需注明所采用的比例。

1.8 断　　面

1.8.1 断面的基本概念

假想用剖切平面将机件某处切断，仅画出截断面的图形称为断面，如图 1-74 所示。为了表达清楚机件上某些常见结构的形状，如肋板、轮辐、孔槽等，可配合视图画出这些结构的断面图。图 1-75 就是采用断面配合主视图表达轴上键槽和销孔的形状，这样表达显然比剖视更简明。

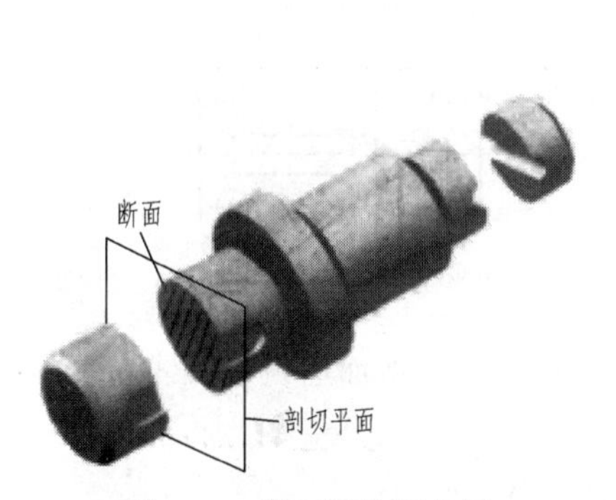

图 1-74　断面图的概念图

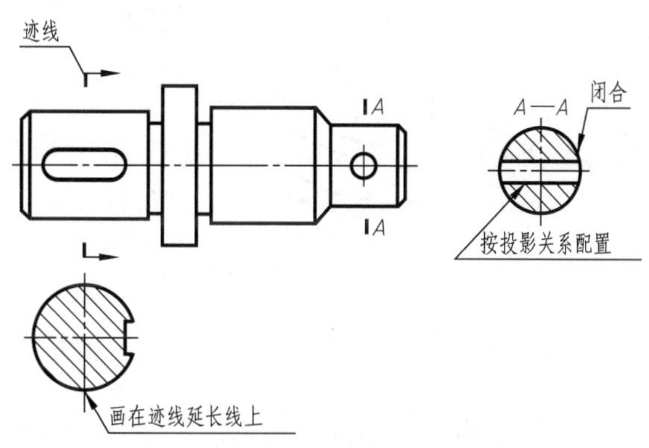

图 1-75　断面图

1.8.2 断面的种类和画法

断面分为移出断面和重合断面两种。

（1）移出断面　画在视图轮廓外面的断面称为移出断面。这种断面的轮廓线用粗实线绘制。移出断面可以画在剖切平面迹线延长线上，剖切平面迹线延长线是剖切平面与投影面的交线，如图 1-75 所示。断面图还可以按投影关系配置，图 1-75 反映销孔的断面图。当断面图形对称时，可将移出断面画在视图的中断处，如图 1-76 所示。

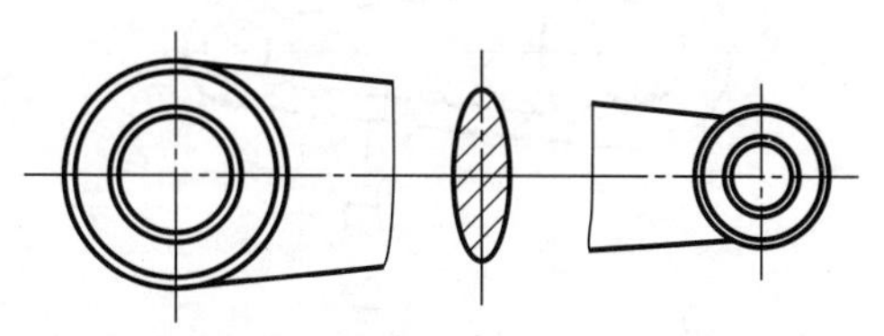

图 1-76　断面画在视图中断处

在一般情况下，断面仅画出剖切面与物体接触部分的形状，但当剖切平面通过回转面形成的孔或凹坑的轴线时，这些结构均按剖视绘制，即画成闭合图形，如图 1-75 中的断面的销孔处。又如图 1-77（a）所示，如将图 1-77（a）中的断面 $A—A$ 画成图 1-77（b）所示的图形，则是错误的。

当剖切平面通过非圆孔，导致出现完全分离的两个断面时，则这些结构也应按剖视绘制，如图 1-78 所示。

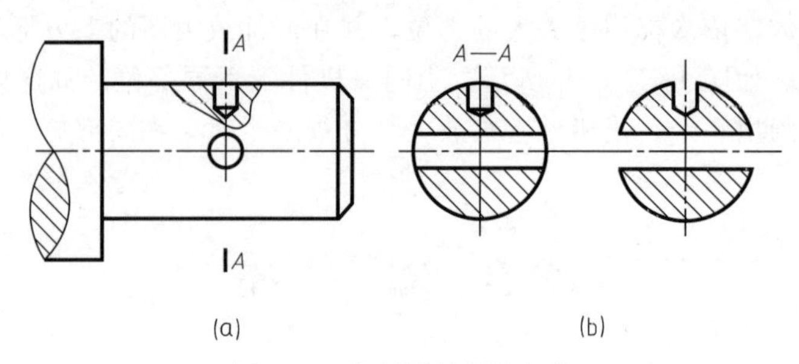

图 1-77　按剖视绘制的机件

为了正确地表达结构的断面形状，剖切平面一般应垂直于物体轮廓线或回转面的轴线，如图 1-79 所示。

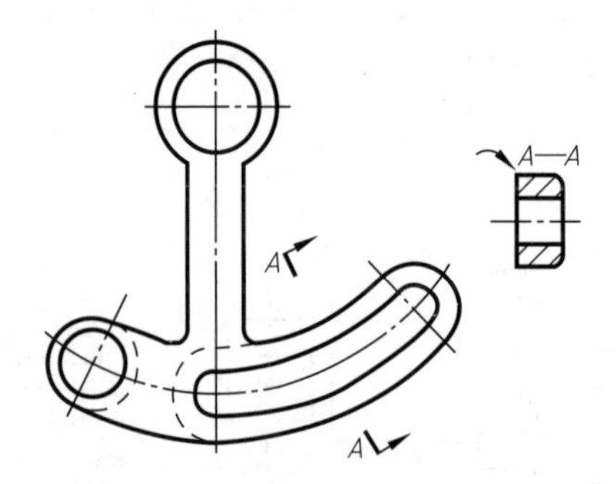

图 1-78　断面图形分离时的画法

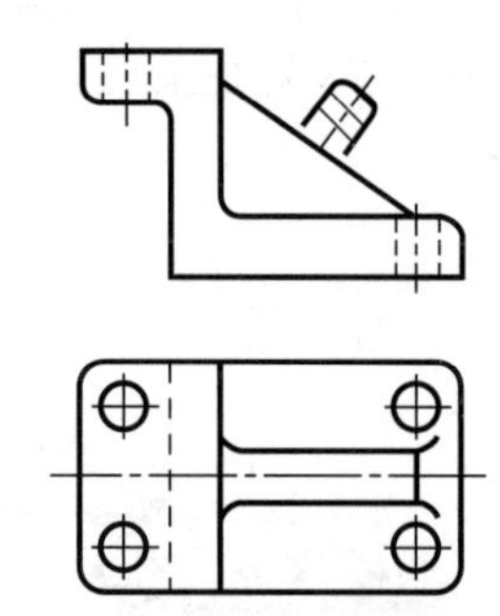

图 1-79　剖切平面应垂直于物体的主要轮廓线

若两个或多个相交剖切面剖切，所得的移出断面可画在一个剖切面迹线延长线上，但中间应断开，如图 1-80 所示。

在特殊情况下，允许剖切平面不垂直于轮廓线，如图 1-81 所示。

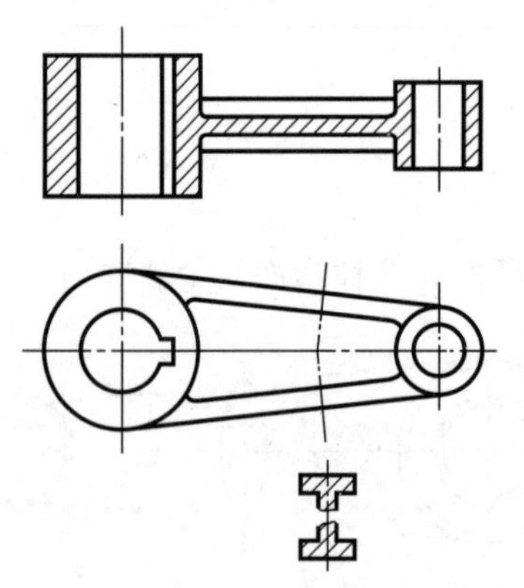

图 1-80　相交平面切出的移出断面

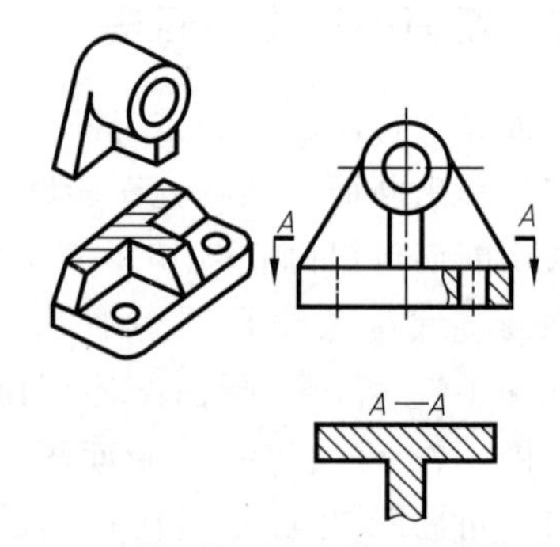

图 1-81　剖切平面不垂直于轮廓线的情况

移出断面的标注与剖视的标注基本相同，即一般用剖切符号与字母表示剖切平面的位置和名称，用箭头表示投射方向，并在断面图上方标出相应的名称“×—×”，如图 1-81 中的 *A*—*A* 断面所示。在下列情况中可省略标注。

① 配置在迹线延长线上的不对称移出断面可省略字母，如图 1-75 中所反映的键槽断面。

② 配置在迹线延长线上的对称移出断面以及按投影关系配置的移出断面均可省略箭头，

如图 1-75 中所反映的销孔断面。

③ 配置在剖切平面迹线延长线上的对称移出断面可省略标注，如图 1-75 中的断面若配置在迹线延长线上，则可省略标注。

④ 配置在视图中断处的移出断面应省略标注，如图 1-76 所示。

（2）重合断面　图 1-82（a）所示的机件，其中间连接板和肋的断面形状采用两个断面来表达［图 1-82（b）］。由于这两个结构剖切后的图形较简单，将断面直接画在视图内的剖切位置上，并不影响图形的清晰，且能使图形的布局紧凑。这种重合在视图内的断面称为重合断面。肋的断面在这里只需表示其端部形状，因此只需画出端部的局部图形，习惯上可省略波浪线。重合断面的轮廓线用细实线绘制。当视图中的轮廓线与重合断面的图形重叠时，视图中的轮廓线仍应连续画出，不可间断，如图 1-82（b）、（c）所示的重合断面。

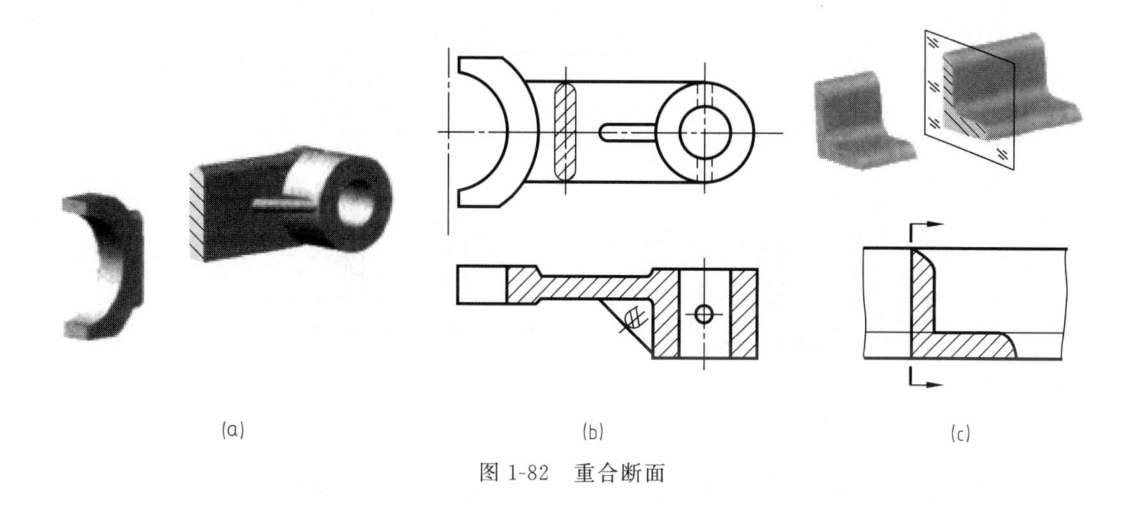

图 1-82　重合断面

由于重合断面直接画在视图内的剖切位置处，因此标注时可一律省略字母。对称的重合断面可不必标注［图 1-82（b）］，不对称的重合断面只要画出剖切符号与箭头，如图 1-82（c）所示。

1.9　简化画法和规定画法

1.9.1　肋、轮辐及薄壁等的规定画法

对机件的肋、轮辐及薄壁等，如按纵向剖切，这些结构都不画出剖面符号，而用粗实线将它与其邻接部分分开，如图 1-83 的主视图所示，这样可更清晰地显示机件各形体间的结构。但当这些结构不按纵向剖切时，仍应画剖面符号，如图 1-83 中的俯视图所示。

当机件回转体上均匀分布的肋、轮辐、孔等结构不处于剖切平面上时，可将这些结构旋转到剖切平面上画出，如图 1-84、图 1-85 所示。

1.9.2　相同要素的画法

（1）当机件具有若干相同结构（槽、孔等）并按一定规律分布时，只要画出几个完整的结构，其余用细实线连接，在图中则必须注明该结构的总数，如图 1-84 和图 1-86（a）所示。

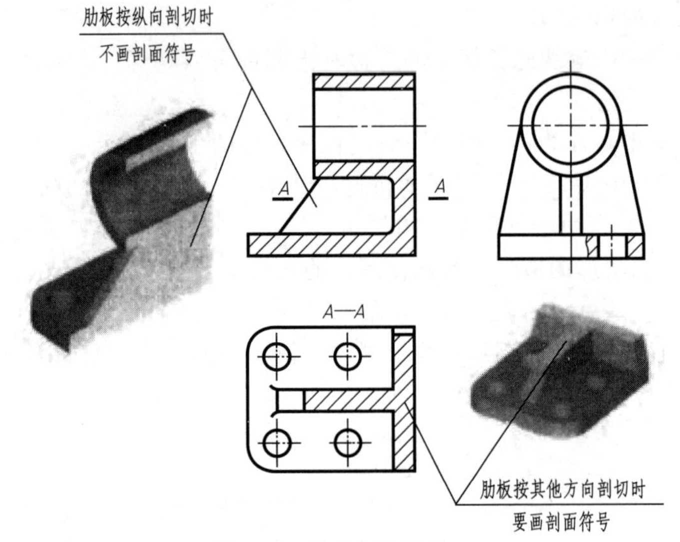

图 1-83　肋的剖视画法

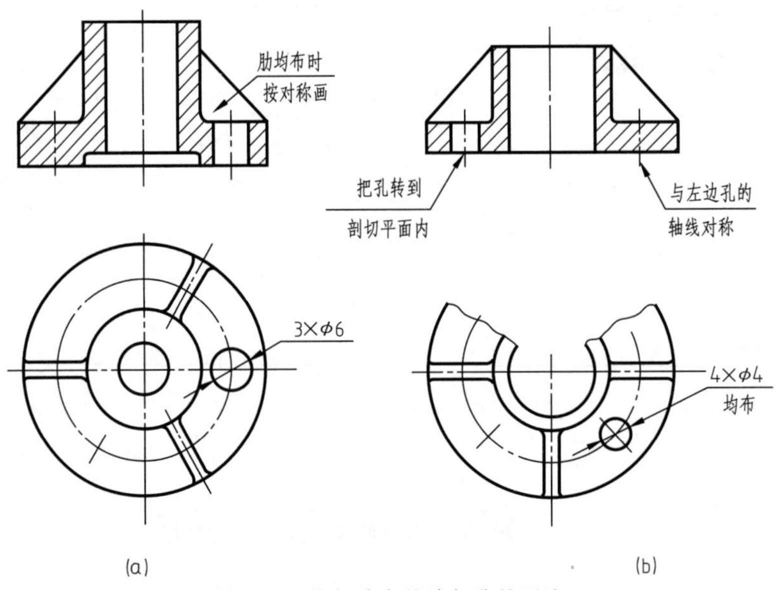

图 1-84　均匀分布的肋与孔的画法

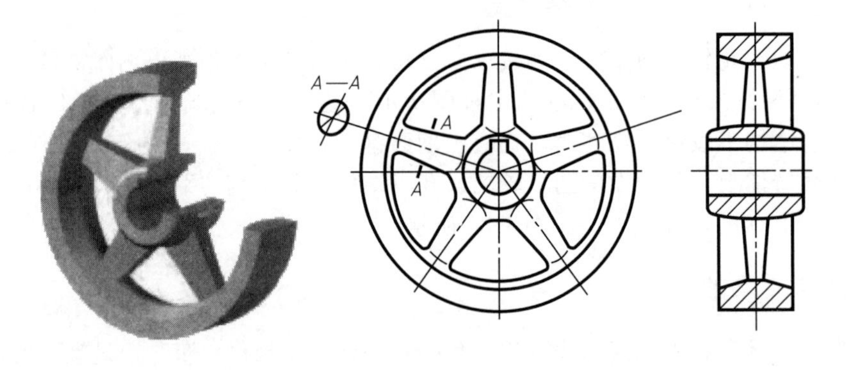

图 1-85　轮辐的简化画法

（2）若干直径相同且成规律分布的孔，可以仅画出一个或几个，其余用点画线表示其中心位置，在图中应注明孔的总数，如图 1-86（b）所示。

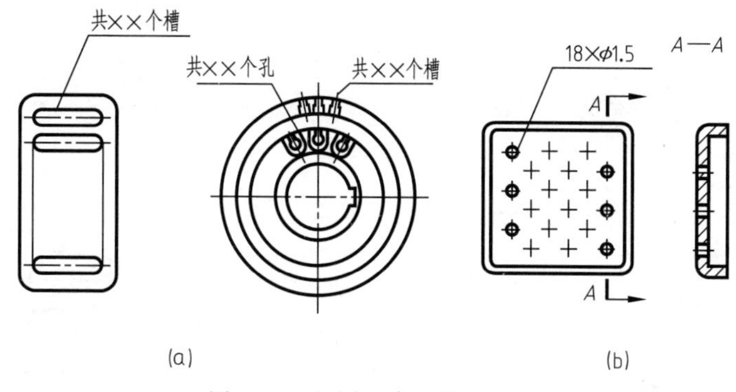

图 1-86　相同要素的简化画法

1.9.3　对称机件视图的简化画法

在不致引起误解时，对于对称机件的视图可只画一半或四分之一，并在对称中心线的两端画出两条与其垂直的平行细实线，如图 1-87 所示。

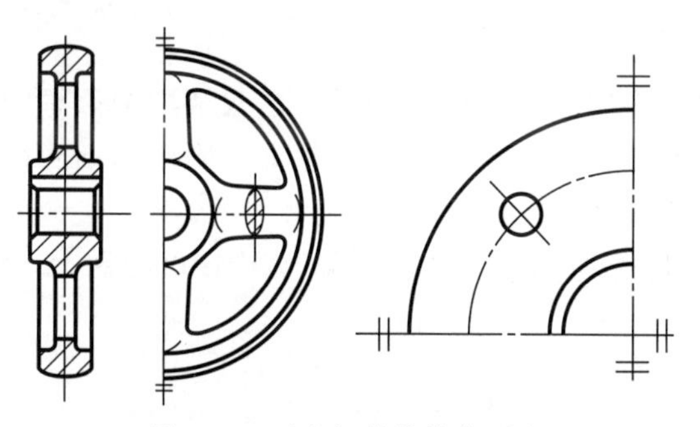

图 1-87　对称机件的简化画法

1.9.4　断开画法

较长的杆件，如轴、杆、型材、连杆等，其长度方向形状一致或按一定规律变化的部分，可以断开后缩短绘制，如图 1-88 所示。

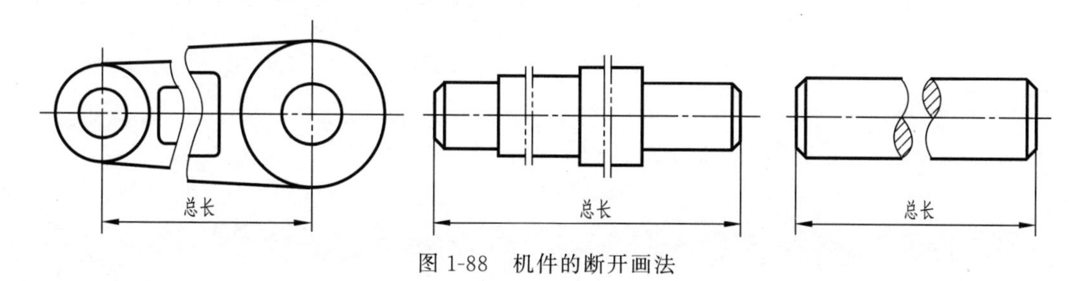

图 1-88　机件的断开画法

1.9.5　其他简化画法和规定画法

（1）与投影面倾斜角度小于或等于 30°的圆或圆弧，其投影可用圆或圆弧代替，如

图 1-89 所示。

（2）当图形不能充分表达平面时，可用平面符号（相交的两细实线）表示小平面，如图 1-90 所示。

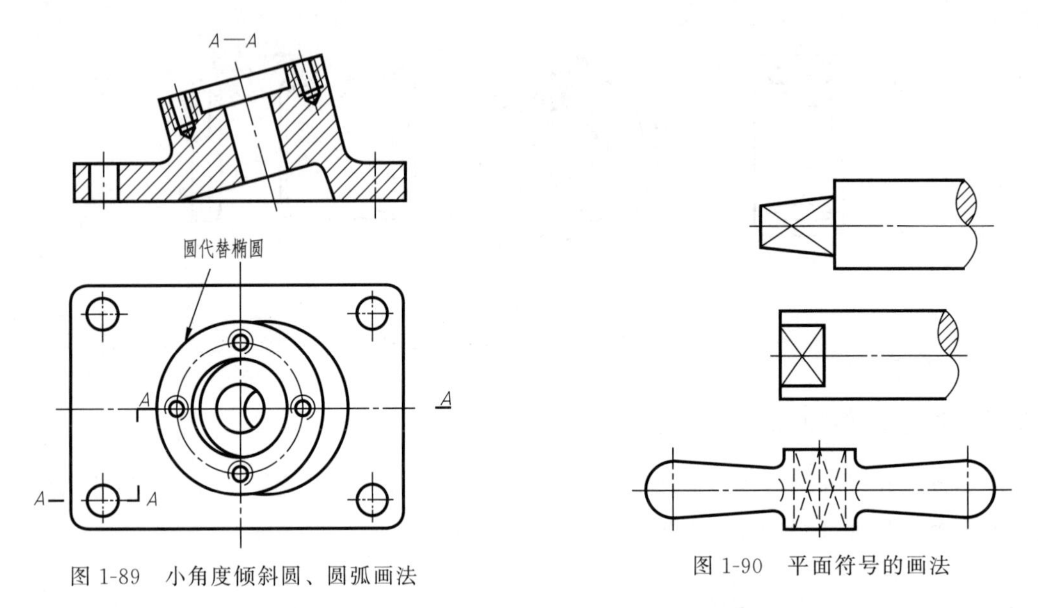

图 1-89　小角度倾斜圆、圆弧画法

图 1-90　平面符号的画法

（3）在需要表示位于剖切平面前的结构时，这些结构按假想的轮廓线（双点画线）绘制，如图 1-91 所示。机件上的滚花部分，可在轮廓线附近用细实线示意画出，并在图上或技术要求中注明具体要求，如图 1-92 所示。

（4）圆形法兰和类似机件上均匀分布的孔可按图 1-93 绘制。

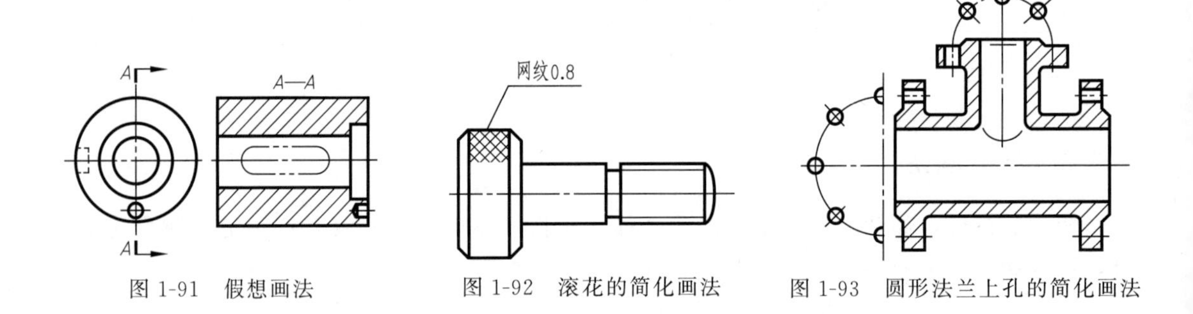

图 1-91　假想画法

图 1-92　滚花的简化画法

图 1-93　圆形法兰上孔的简化画法

第2章　化工设备图

2.1 概　述

化工设备是指用于化工生产过程中的合成、分离、干燥、结晶、过滤、吸收、澄清等生产单元的装置和设备，典型的化工设备有反应釜、塔器、换热器、容器等。化工产品生产过程的正常运转、产品质量和产量的控制和保证，离不开各种化工设备的使用和正常运转。化工设备的选配必须通过对整个化工生产过程的详细计算、设计、加工、制造和选配，要适应化工生产需要。

化工设备图是表达化工设备的结构、形状、大小、性能和制造、安装等技术要求的工程图样，是制造、安装、检修化工设备的重要指导性文件。由于化工设备的特殊性，在化工设备图中除了要遵守《机械制图》有关国家标准规定外，还有化工设备图特有的规定及内容，增加了一些规定画法和简化画法以满足化工设备特定的技术要求以及严格的图样管理的需要，形成了我国化工行业的绘图体系和相关标准。

本章讨论化工设备图的有关基本规定、标题栏、明细栏、技术特性表、管口表、修改表以及图纸目录、图面安排、绘图原则等内容。

2.2 化工设备图的基本知识

化工设备图图样分类如图 2-1 所示。

(1) 装配图　表示化工设备的全貌、组成和特性的图样。它是表达设备各主要部分的结构特征、装配和连接关系、特征尺寸、外貌尺寸、安装尺寸及外连接尺寸，并写明技术要求、技术特性等技术资料的图纸。

(2) 部件图　表示可拆式或不可拆部件的结构、尺寸，所属零部件之间的关系，技术要求和技术特性等内容的图样。

(3) 零件图　表示化工设备零件的形状、尺寸及加工、热处理、检验等技术资料的图样。

(4) 零部件图　由零件图、部件图组成的图样。

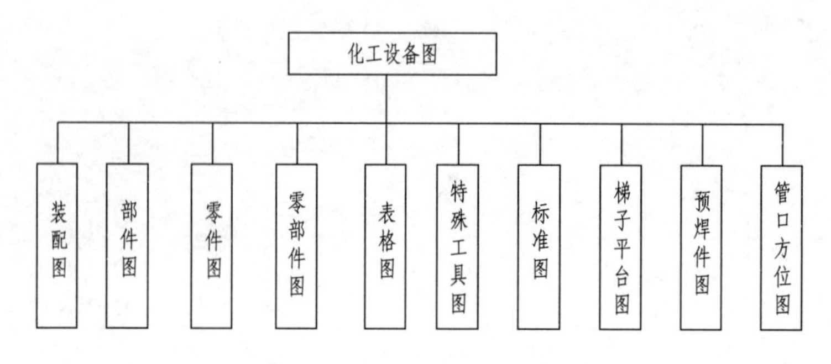

图 2-1 化工设备图图样分类

（5）表格图 用表格表示的多个形状相同、尺寸大小不同的零件、部件或设备的图样。

（6）特殊工具图 表示设备安装、试压和维修时使用的特殊工具的图样。

（7）标准图（或通用图） 由国家有关主管部门和各设计单位编制的，经过生产考验，结构成熟，能重复使用的系列化零件、部件或设备的图样。

（8）梯子平台图 表示支承于设备外壁上的梯子、平台结构的图样。

（9）预焊件图 表示设备外壁上保温、梯子、平台、管线支架等安装前在设备外壁上需预先焊接的零件的图样。

（10）管口方位图 表示设备管口、支耳、人孔吊柱、板式塔降液板、换热器折流板缺口位置、地脚螺栓、接地板、梯子、铭牌等方位的图样。

2.3 化工设备图的表达特点

2.3.1 化工设备的结构特点

化工设备图的视图特点是由化工设备的结构特点所决定的。因此，首先必须了解化工设备的基本结构与特点。由于化工设备的种类繁多，按使用场合及其功能分为容器、换热器、塔器和反应器四种典型设备，如图 2-2 所示。

不同种类的化工设备，其结构、大小、形状不同，选用的零部件也不完全一致，但不同设备的结构却有若干共同的特点。现以图 2-3 所示的容器为例说明如下。

（1）化工设备主体多为回转体 化工设备中有许多化工容器要求承受一定压力，制造方便，其主壳体（壳体、封头）常采用以回转体为主，且尤以圆柱体居多，如图 2-3 中所示的筒体。

（2）开孔多 为满足化工工艺要求，方便贮存介质的流入、流出，观察和清理、检修，以及温度、压力的测量，常在设备主体上开一些孔和接管口，以连接管道和装配各种零部件。如图 2-3 中所示，容器顶盖有 1 个人孔和 1 个接管口，筒体上则有液面计的 4 个接管口。

（3）焊接结构多 化工设备中各部分零部件之间的连接广泛采用焊接的方法。如图 2-3 中的筒体由钢板弯卷后焊接成形，筒体与封头、接管口、支座、人孔等的连接也都采用焊接结构。因此，大量采用焊接结构是化工设备一个突出的特点。

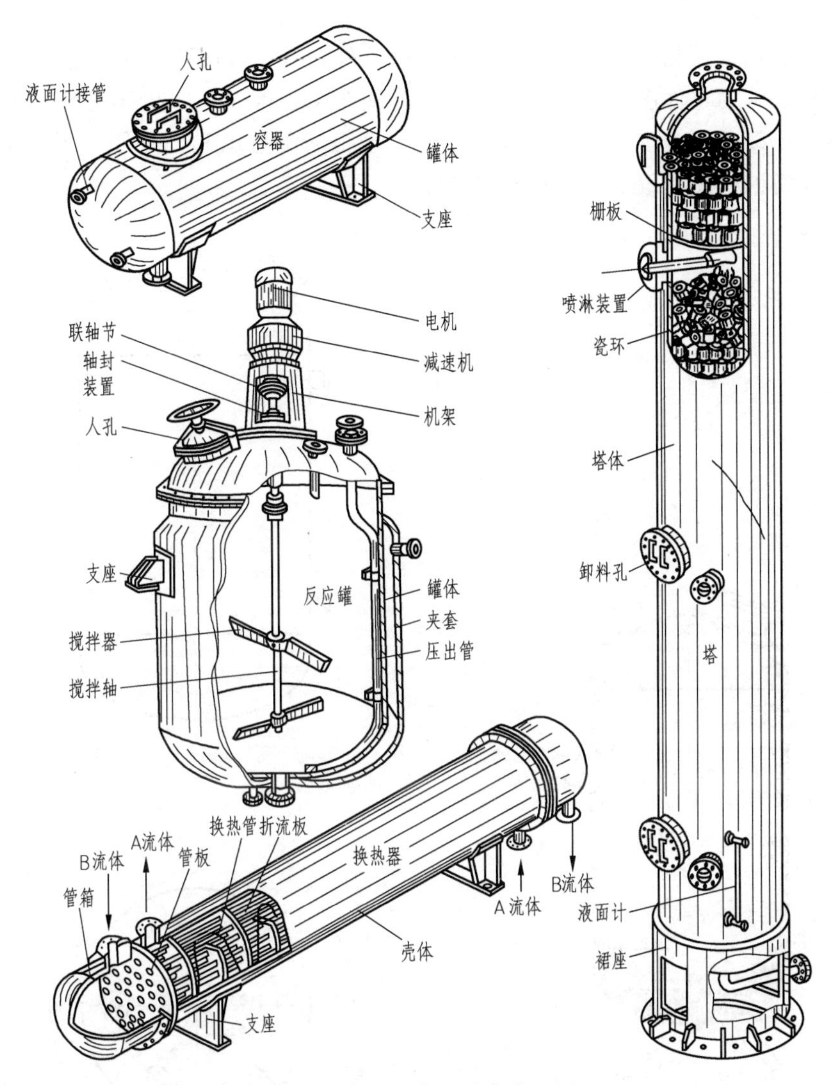

图 2-2　常见的化工设备直观图

(4) 标准化、通用化、系列化零部件多　为了制造方便，化工设备常采用较多的通用化和标准化的零部件。如图 2-3 中的封头、法兰，是标准化的零部件。常用的化工零部件的结构尺寸可在相应的手册中查到。

(5) 各部分结构尺寸相差悬殊　有些化工设备特别是塔设备、卧式容器的外形尺寸与容器壁厚及其他细部结构的尺寸相差悬殊。

2.3.2　化工设备图的视图特点

化工设备图的表达特点，是由化工设备的结构特点所决定的。基于上述原因，在化工设备的表达方法上形成了相应的图示特点。

(1) 视图配置灵活　由于化工设备的主体结构多为回转体，通常采用两个基本视图，立式设备一般为主、俯视图，卧式设备一般为主、左视图，就可以表达设备的主体结构。当设备较高或较长时，由于图幅有限，俯、左（右）视图难以与主视图按投影关系配置时，可以将其布置在图纸的空白处，注明视图的名称，也允许画在另一张图纸上，分别在两张图纸上注明视图关系即可。

某些结构简单，在装配图上易于表达清楚的零件，其零件图可直接画在装配图中适当位置，注明件号××的零件图。如果幅面允许，装配图中还可以画一些其他图，如支座底板尺寸图、容器的单线条结构示意图、管口方位图、气柜的配置图和标尺图、零件的展开图等。总之，化工设备的视图配置及表达比较灵活。

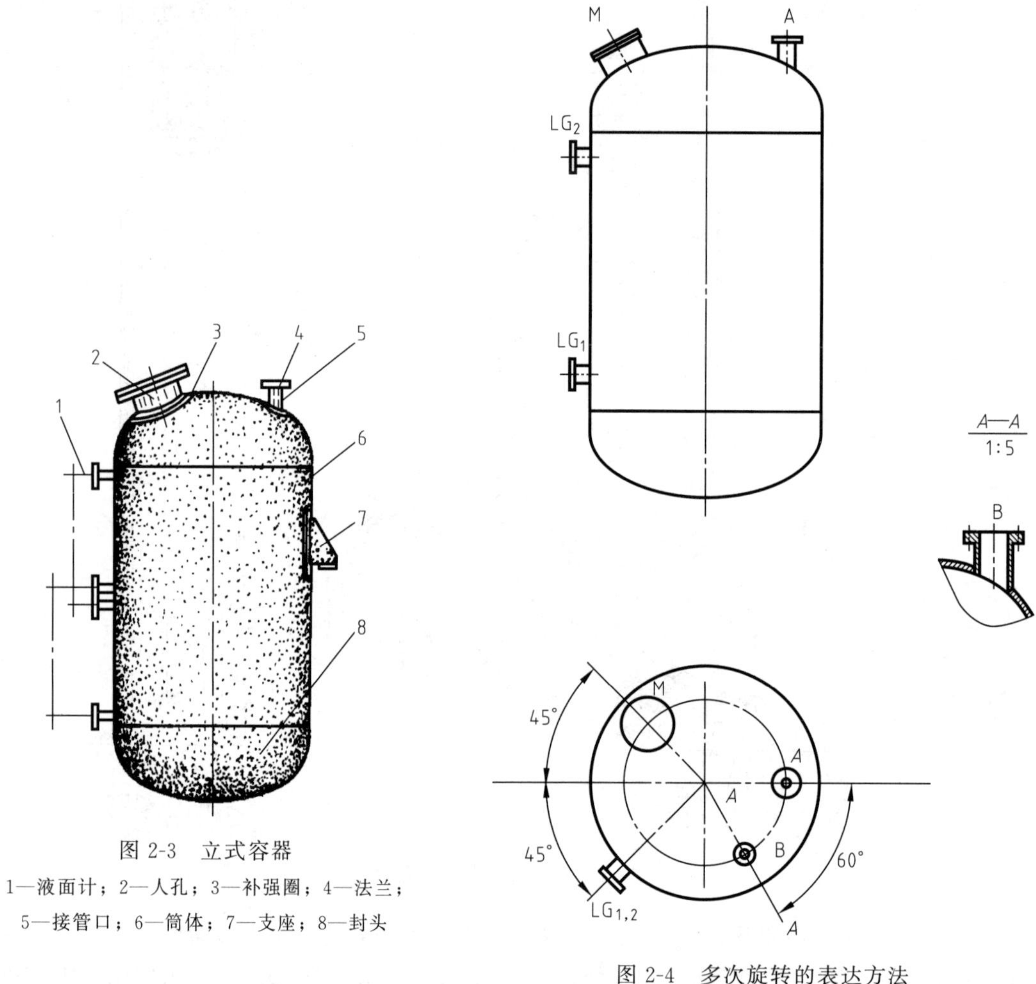

图 2-3 立式容器

1—液面计；2—人孔；3—补强圈；4—法兰；5—接管口；6—筒体；7—支座；8—封头

图 2-4 多次旋转的表达方法

LG—液面计；M—人孔；A—接管口；B—接管

(2) 多次旋转的表达方法 由于化工设备多为回转体，设备壳体周围分布着各种管口或零部件，为在主视图上清楚地表达它们的结构形状、装配关系和轴向位置，常采用多次旋转的表达方法。即假想将设备上处于不同周向方位的一些接管、孔口或其他结构，分别旋转到与主视图所在的投影面平行的位置，然后画出其视图或剖视图。如图 2-4 中所示，人孔是假想按逆时针方向旋转 45°之后在主视图上画出的；而液面计是假想按顺时针方向旋转 45°后在主视图上画出来的。

需要注意的是，多接管口旋转方向的选择，应避免各零部件的投影在主视图上造成重叠现象。对于采用多次旋转后在主视图上未能表达的结构，如图 2-4 中接管，无论顺时针还是逆时针旋转到与正投影面平行时，都将与人孔或接管口的结构相重叠，因此，只能用其他的局部剖视图来表示，如图中 $A—A$ 旋转的局部剖视。

另外，在基本视图上采用多次旋转的表达方法时，表示剖切位置的剖切符号及剖视图的名称都允许不予标注。但这些结构的周向方位要以俯视图或管口方位图为准，为了避免混乱，同一结构在不同视图中应用相同的英文字母编号，如图 2-4 中的主视图所示。

(3) 细部结构的表达方法　由于化工设备的各部分结构尺寸相差悬殊，按缩小比例画出的基本视图中，很难将细部结构都表达清楚。因此，化工设备图中较多地使用局部放大图和夸大画法来表达这些细部结构并标注尺寸。

局部放大图，俗称节点图，设备的焊接接头及法兰连接面等尤为常用。用局部放大的方法表达细部结构，可画成局部视图、剖视图等形式。放大的比例尽可能选择推荐值，也可以自选，但都要标注。标注的内容包括局部放大图的编号（罗马数字）、比例，如图 2-5 所示。

夸大画法，化工设备图的总体比例缩小后，设备和管道的壁厚、垫片、管板等细部很难在图样中表达清楚。通常缩小成单线条。为了阅读方便，在既不改变这些结构实际尺寸又不至于引起误解的前提下，在图样中可以作适当的夸大，即画成双线条。夸大画法在化工设备图中经常用到。

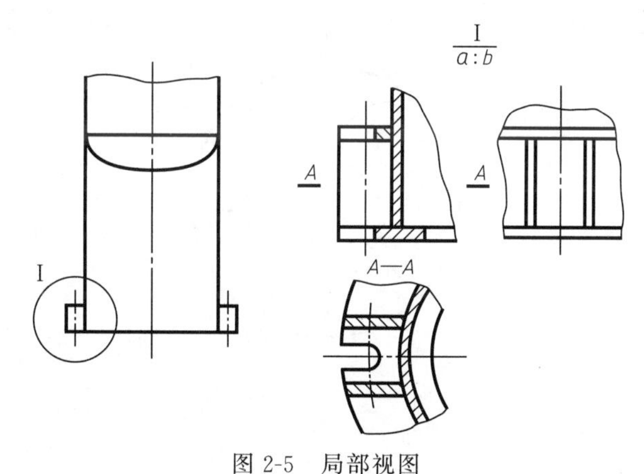

图 2-5　局部视图

(4) 断开画法、分层画法及整体图　对于过高或过长的化工设备，如塔、换热器及贮罐等，为了采用较大的比例清楚地表达设备结构和合理地使用图幅，常使用断开画法（图 2-6），即用双点画线将设备中重复出现的结构或相同结构断开，使图形缩短，简化作图。

对于较高的塔设备，如果使用了断开画法，其内部结构仍然未表达清楚时，则可将某塔节（层）用局部放大的方法表达，即分层画法（图 2-7）。若由于断开画法和分层画法造成设备总体形象表达不完整时，可用缩小比例、单线条画出设备的整体外形图或剖视图。在整体图上，应标注总高尺寸、各主要零部件的定位尺寸及各管口的标高尺寸。塔盘应按顺序从下至上编号，且应注明塔盘间尺寸。

(5) 管口方位的表达方法　化工设备壳体上众多的管口和附件方位的确定，在安装、制造等方面都是至关重要的，有的设备图中已将各管口的方位表达清楚了（立式设备的俯视图、卧式设备的左视图）。当化工设备仅用一个基本视图和一些辅助视图就已将其基本结构形状表达清楚时，往往用管口方位图来表达设备的管口及其他附件分布的情况（图 2-8）。

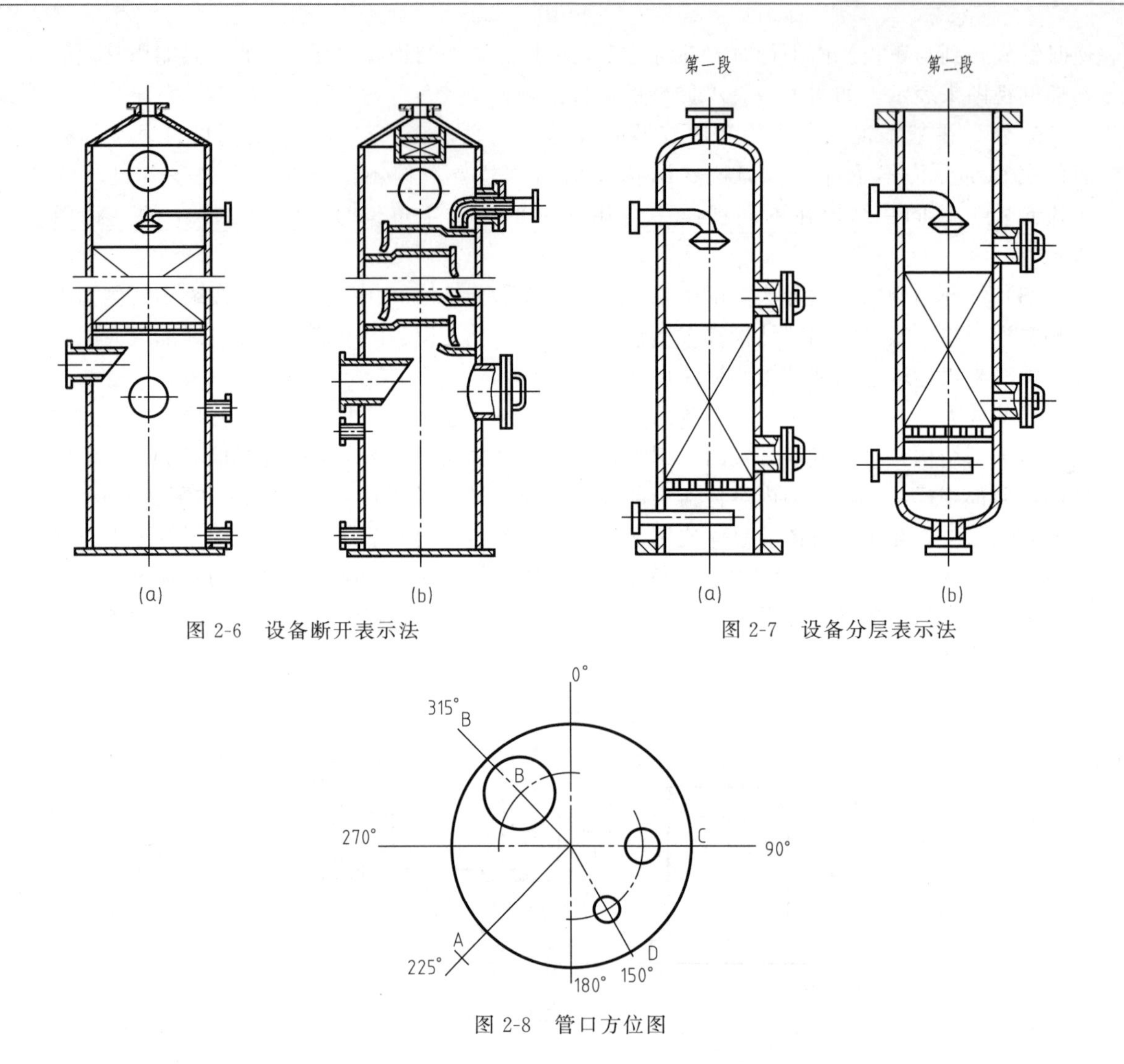

图 2-6　设备断开表示法

图 2-7　设备分层表示法

图 2-8　管口方位图

2.4　化工设备图的简化画法

化工设备图中，除可以采用机械制图国家标准制定的简化画法和规定画法外，还根据化工设备设计和生产的需要，补充了若干简化画法。

2.4.1　装配视图中管法兰的简化画法

(1) 一般连接面形式法兰，在化工设备中，法兰密封面常有平面、凹凸、榫槽等形式，对这些一般连接面形式的法兰，不必分清法兰类型和密封面形式，一律简化成如图 2-9 所示的形式。对于它的类型、密封面形式、焊接形式等均在明细栏和管口表中标出。

(2) 对于特殊形式的管法兰（如带有薄衬层的管法兰），需以局部剖视图表示，如图 2-10 所示。

2.4.2　装配图中螺栓孔及法兰连接螺栓等的简化画法

(1) 螺栓孔在图形上用中心线表示，可省略圆孔的投影，如图 2-11 (a) 所示。

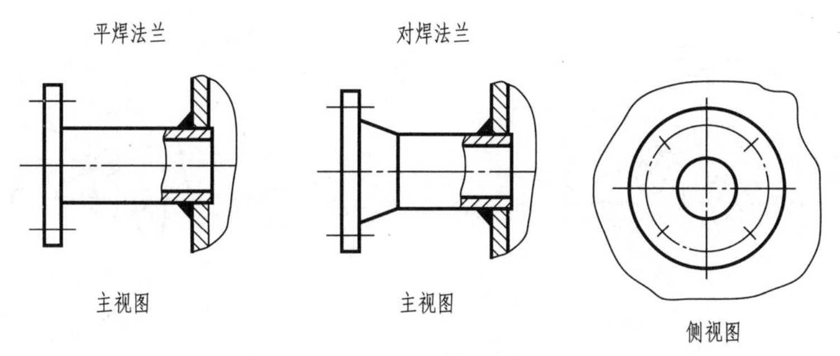

图 2-9 管法兰简化画法

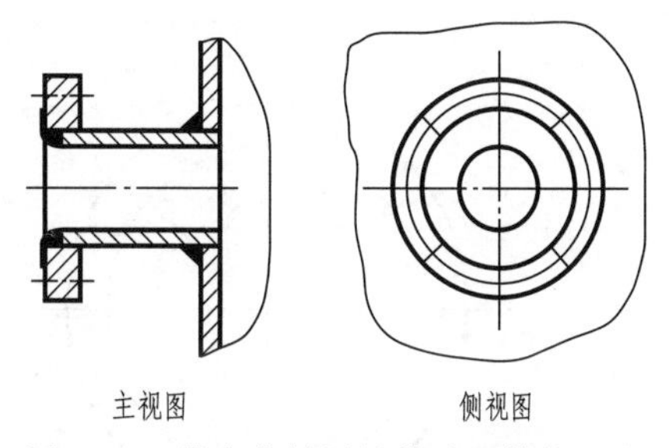

图 2-10 带有薄衬层的管法兰简化画法

（2）一般法兰的连接螺栓、螺母、垫片，可用粗实线画出简化符号“×、+”表示，如图 2-11（b）所示。

（3）同一种螺栓孔或螺栓连接，在俯视图中至少画两个，以表示方位（跨中或对中分布）。

2.4.3 多孔板孔眼的简化画法

（1）换热器中按规则排列的管板、折流板或塔板上的孔眼，可简化成如图 2-12（a）所示的画法。细实线的交点为孔眼中心。为表达清楚也可画出几个孔眼并注上孔径、孔数和间距尺寸。孔眼的倒角和开槽、排列方式、间距、加工情况，应用局部放大图表示。图中的“+”为粗实线，表示管板上定距杆螺孔位置。该螺孔与周围孔眼的相对位置、排列方式、孔间距、螺孔深度等尺寸和加工情况等，均应用局部放大图表示。

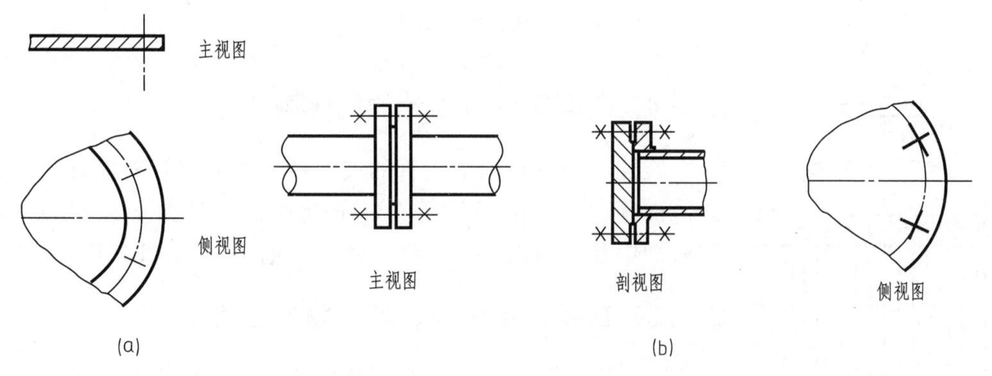

图 2-11 螺栓及螺栓法兰连接简化画法

（2）多孔板上的孔眼，按同心圆排列时，可简化成如图 2-12（b）所示的画法。

（3）对孔数要求不严的多孔板（如隔板、筛板等），不必画出孔眼连心线，可按图 2-12（c）所示方法表示。但必须用局部放大图表示孔眼的尺寸、排列方法和间距。剖视图中多孔板孔眼的轮廓线可不画出，如图 2-12（d）所示。

（4）规则排列的管束中密集的管子按一定规律排列时，在装配图中可只画出其中的一根或几根管子，其余的管子用中心线表示。如图 2-13 所示热交换器中的管子就是按此画法画出的。

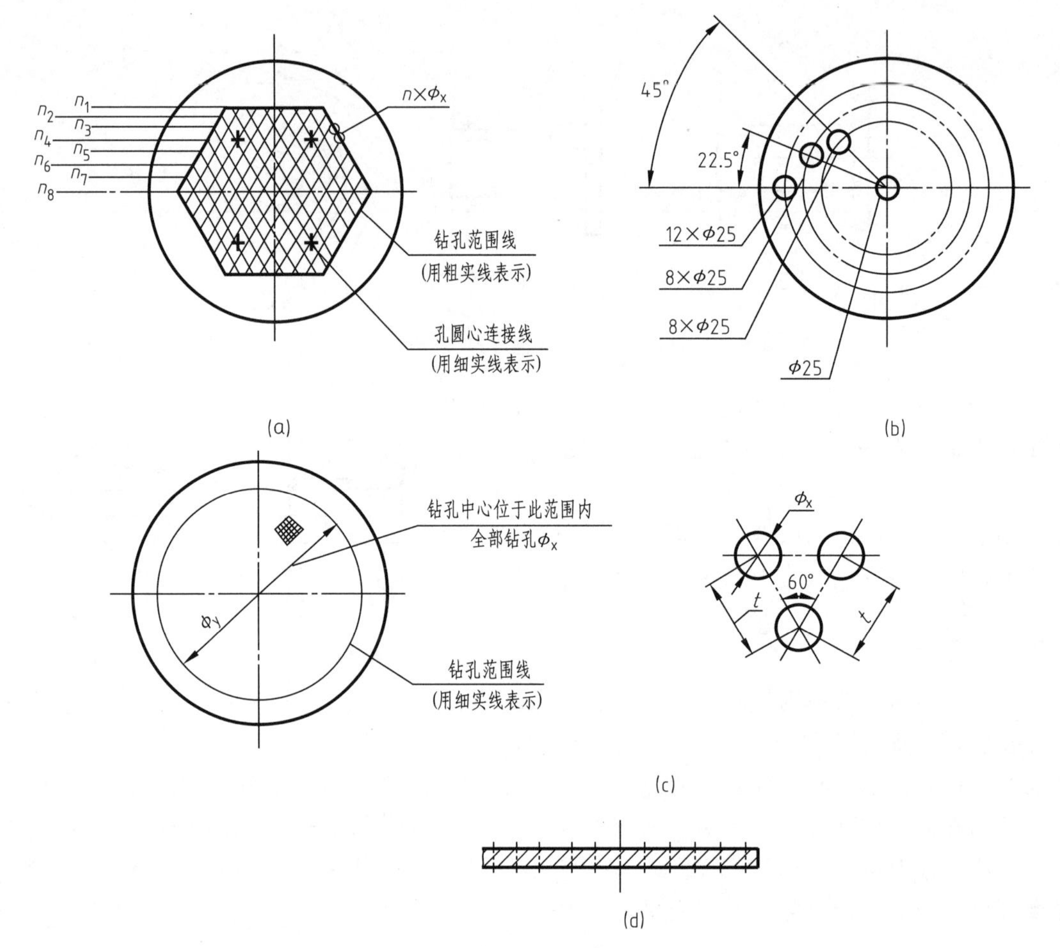

图 2-12 多孔板孔眼简化画法

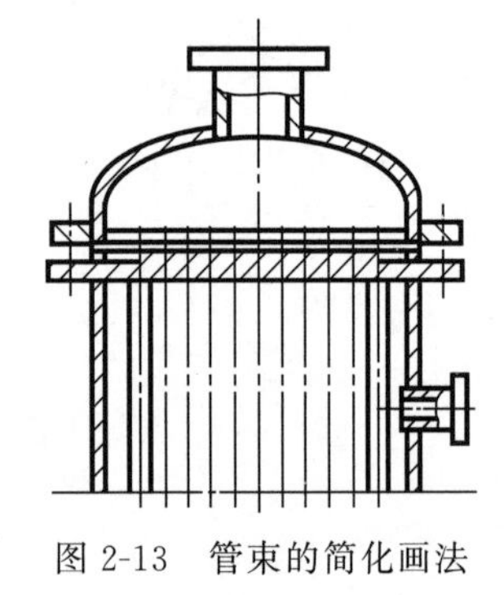

图 2-13 管束的简化画法

2.4.4 装配图中液面计的简化画法

装配图中带有两个接管的液面计（如玻璃管液面计、双面板式液面计、磁性液面计等）的简化画法，如图 2-14（a）所示。带有两组和两组以上液面计的画法，如图 2-14（b）所示。

2.4.5 剖视图中填料、填充物的画法

（1）同一规格、材料和同一堆放方法的填充物（如瓷环、木格条、玻璃棉、卵石和沙砾等）的画法，如图 2-15（a）所示，在剖视图中，可用相交的细实单线表示，同时注写有关的尺寸和文字说明（规格和堆放方法）。

（2）装有不同规格或同一规格、不同堆放方法的填充物，必须分层表示，分别注明填充物的规格和堆放方法，如图 2-15（b）所示。

（3）填料箱填料（金属填料或非金属填料）的画法，如图 2-15（c）所示。

其他简化画法参考中华人民共和国行业标准《化工设备设计文件编制规定》（HG/T 20668—2000）。

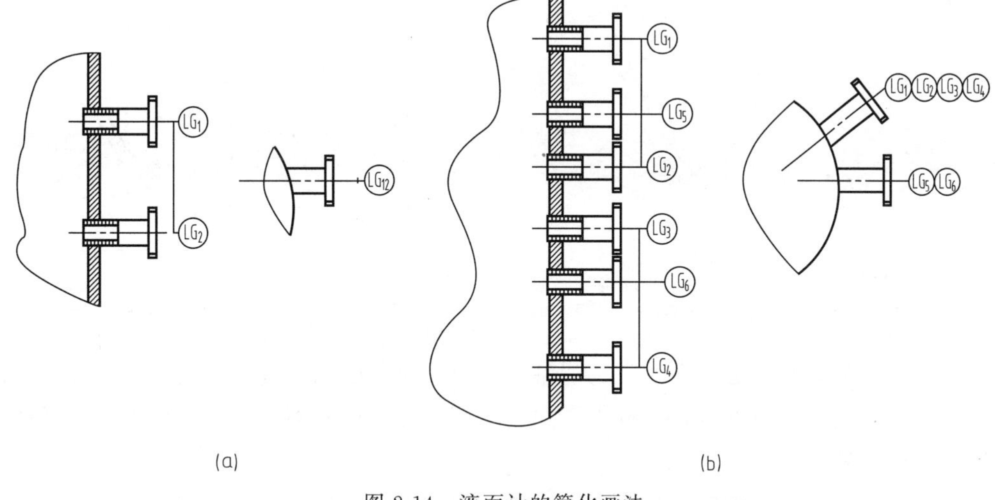

图 2-14 液面计的简化画法

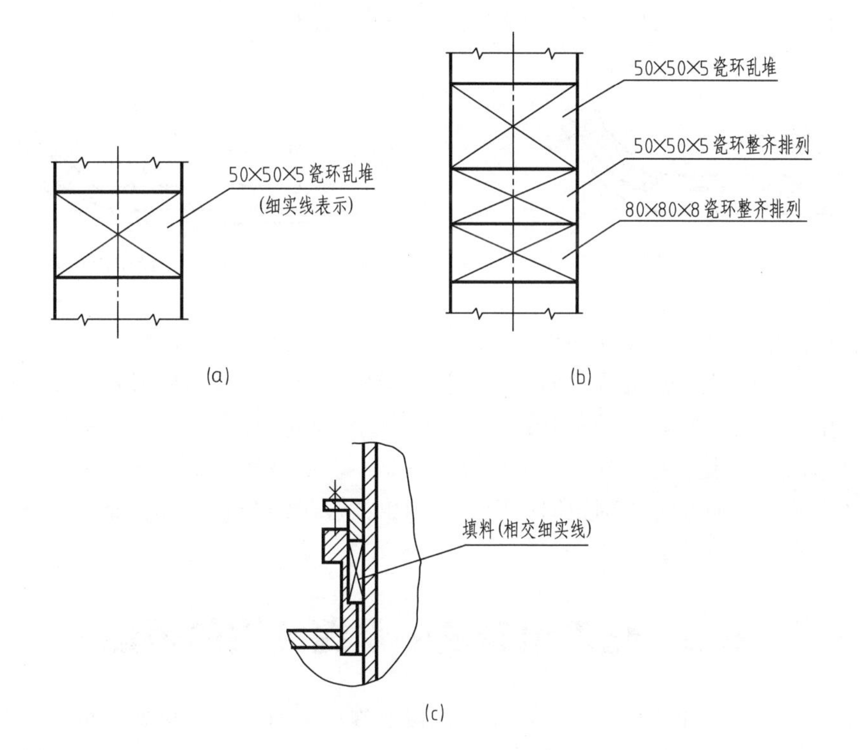

图 2-15 填充物的简化画法

2.4.6 设备涂层、衬里剖面的画法

(1) 薄涂层（指搪瓷、涂漆、喷镀金属及喷涂塑料等）的表示方法如图 2-16 所示。在图样中不编件号，仅在涂层表面侧画与表面平行的粗点画线，并标注涂层内容，详细要求可写入技术要求。

(2) 薄衬层（指衬橡胶、衬石棉板、衬聚氯乙烯薄膜、衬铅、衬金属板等）的表示方法如图 2-17 所示。如衬有两层或两层以上相同或不相同材料的薄衬层时，仍可按图 2-17 所示，只画一根细实线。

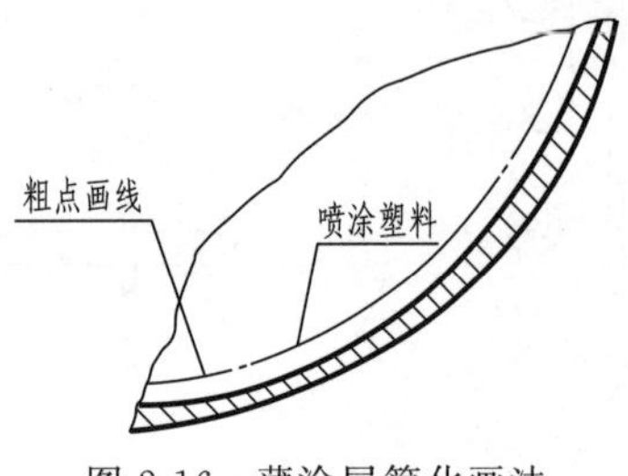

图 2-16　薄涂层简化画法

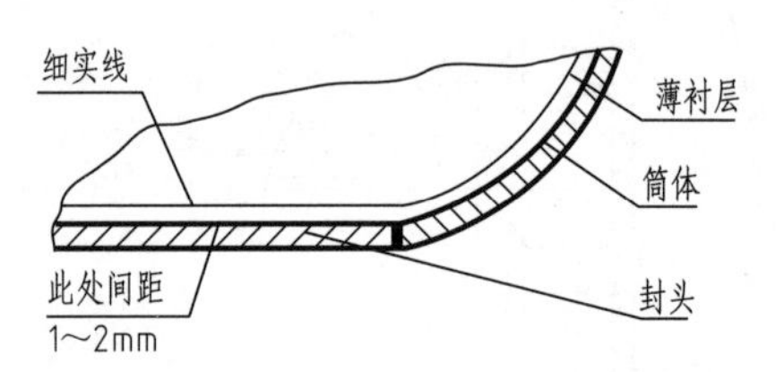

图 2-17　薄衬层简化画法

当衬层材料相同时，必须在明细栏的备注栏内注明厚度和层数，只编一个件号。当衬层材料不相同时，应分别编件号，在放大图中表示其结构，在明细栏的备注栏内注明每种衬层材料的厚度和层数。

（3）厚涂层（指涂各种胶泥、涂混凝土等）的表示方法如图 2-18 所示。

（4）厚衬层（指衬耐火砖、衬耐酸板、衬辉绿岩板和衬塑料板等）的表示方法如图 2-19 所示。

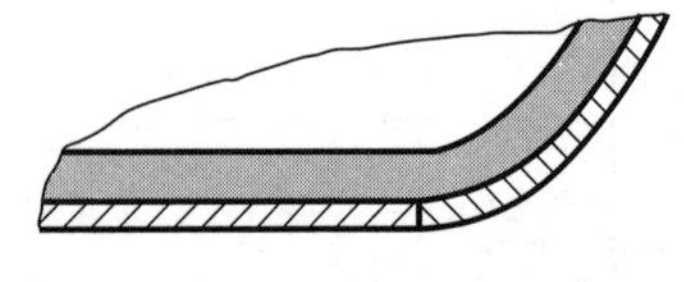

图 2-18　厚涂层简化画法

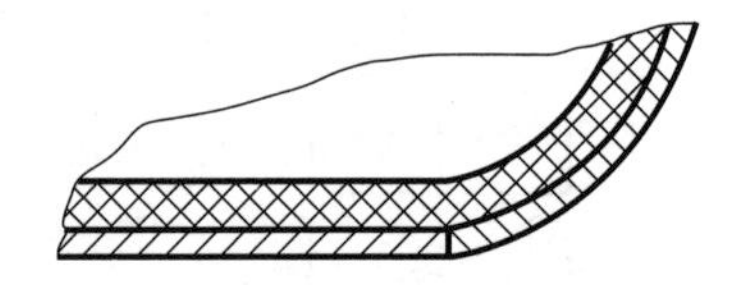

图 2-19　厚衬层简化画法

另外，标准图、复用图或外购件（如减速机、浮球液面计、搅拌桨叶、填料箱、电动机、油杯、人孔、手孔等）可按主要尺寸按比例画出表示其特性的外形轮廓线（粗实线）。

装配图中，在已有一俯视图的情况下，如欲再用剖视图表示设备中间某一部分的结构时，允许只画出需要表示的部分，其余部分可省略。例如高塔设备已有一俯视图表示了各管口、人孔及支座等，而在另一剖视图中则可只画出欲表示的分布装置，而将按投影关系应绘制出的管口、支座等省略。

2.5　化工设备图中焊缝结构的表达

焊接是一种不可拆卸连接。它是将需要连接的零件，通过在连接处加热熔化金属得到结合的一种加工方法。焊接的方法和种类很多，有电弧焊、氩弧焊、气焊、电渣焊等，化工设备制造中最常采用的是电弧焊。由于焊接具有工艺简单、连接强度高、结构重量轻等优点，被广泛应用于化工设备制造行业中。工件焊接后所形成的接缝称为焊缝。

在图样上表达焊缝应按照国家标准《技术制图　焊缝符号的尺寸、比例及简化表示法》（GB/T 12212—2012）和《焊缝符号表示法》（GB/T 324—2008）对焊缝的画法、符号、尺寸标注等规定，将焊接件的结构、焊接的方式、焊缝的形状和尺寸通过示意图、符号或必要的文字表示清楚。

在选用各种形式的接头时，应合理选择坡口角度、钝边高度、根部间隙等结构尺寸，以利于坡口加工及焊透，减少各种焊接缺陷（如裂纹、未熔合、变形等）产生的可能性。

2.5.1　焊缝的类型

常见的焊缝形式有对接焊缝和角接焊缝，其焊接接头形式有对接接头、搭接接头、角接接头和 T 形接头，如图 2-20 所示。

在化工设备中，它们分别用于不同的连接部位。如筒节和筒节、筒体和封头的连接采用对接形式，如图 2-21（a）所示；悬挂式支座的垫板和筒体连接为搭接形式，如图 2-21（b）所示；接管和管法兰以及鞍式支座中则分别使用角接和 T 字接形式，如图 2-21（c）、（d）所示。

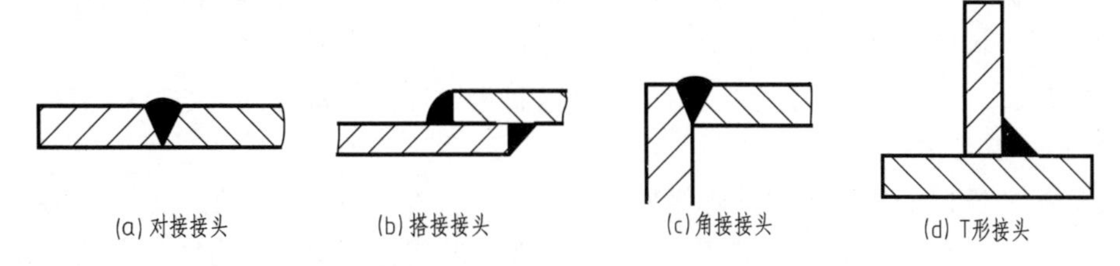

图 2-20　常见的焊接接头形式

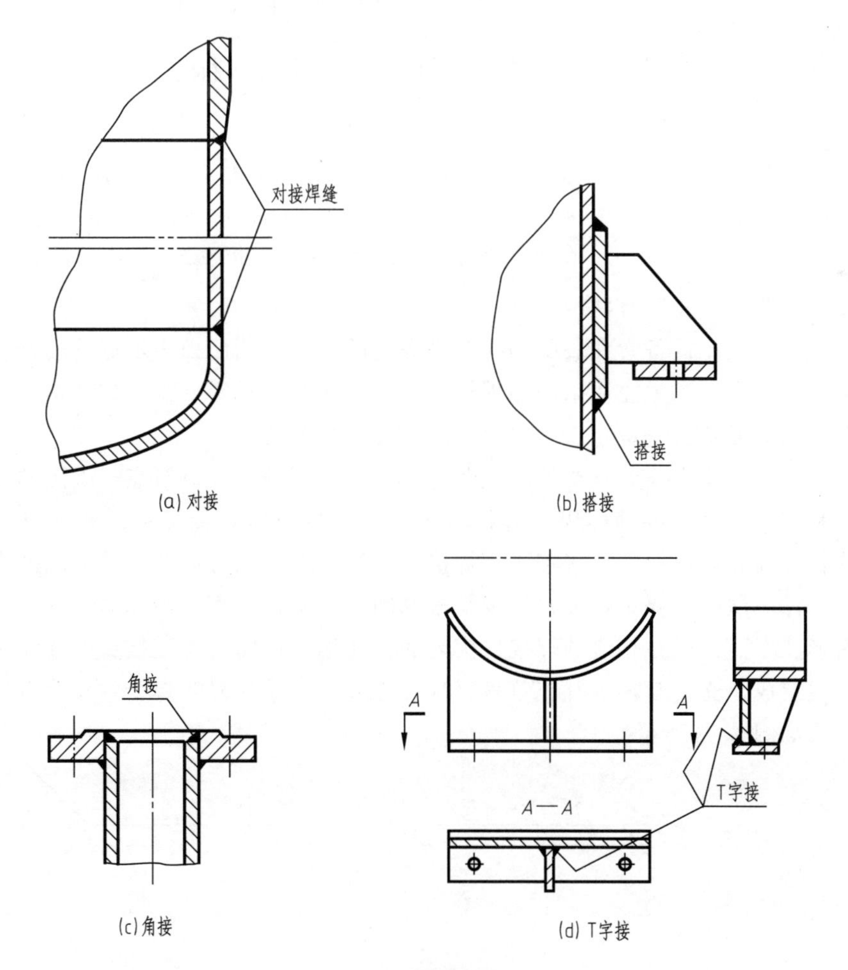

图 2-21　焊接接头形式应用

2.5.2 容器焊接接头设计

（1）压力容器焊接接头设计的基本原则　压力容器焊接接头设计有如下基本原则：焊缝填充金属尽量少；焊接工作量尽量少，且操作方便；合理进行坡口设计，使之有利于坡口加工及焊透，减少各种焊接缺陷（如裂纹、未熔合、变形等）产生的可能；有利于施焊防护（即尽量改善劳动条件）；复合钢板的坡口应有利于降低过渡层焊缝金属的稀释率，尽量减少复层的稀释量；按照等强度原则，焊条或焊丝强度应不低于母材强度；焊缝外形应尽量连续、圆滑，以减少应力集中。

（2）容器焊接接头的坡口设计　焊接接头的坡口设计是焊接结构设计的重要内容。坡口形式是指被焊两金属件相连接处预先被加工成的结构形式，一般由焊接工艺本身来决定。化工设备图中，焊接坡口的基本形式和尺寸可以参照《气焊、焊条电弧焊、气体保护焊和高能束焊的推荐坡口》（GB/T 985.1—2008）和《钢制化工容器结构设计规定》（HG/T 20583—2019）执行。

焊接接头的坡口形式为了保证焊接质量，一般需要在焊件的接边处，预制成各种形式的坡口，如X形、V形、U形等，图2-22是V形坡口形式。图中钝边高度 p 是为了防止电弧烧穿焊件，间隙 b 是为了保证两个焊件焊透，坡口角度 α 则是为了使焊条能伸入焊件的底部。

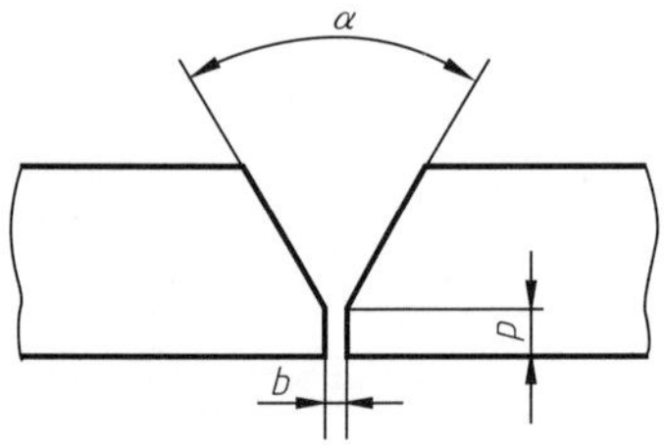

图2-22　坡口基本尺寸

2.5.3 焊接接头的画法和标注

化工设备图中焊接接头的画法应符合《技术制图　焊缝符号的尺寸、比例及简化表示法》（GB/T 12212—2012）和《焊缝符号表示法》（GB/T 324—2008），其标注内容应包括接头形式、焊接方法、焊缝结构尺寸和数量。焊接接头的画法按其重要程度一般有两种。

（1）对于常、低压设备，在装配图视图中焊缝的画法采用涂黑表示焊缝的剖面。图中可不标注，但需在技术要求中注明采用的焊接方法以及接头形式等要求，如“本设备采用焊条电弧焊，焊接接头形式按HG/T 20583—2019规定”字样。

（2）对于中、高压设备的重要焊缝或非标准形式的焊缝，应以节点放大图的方式详细表示焊缝结构和有关尺寸。如筒体纵环焊接接头、接管与筒体焊接接头、支座与筒体焊接接头、换热器管板与壳体连接的焊接接头等焊接接头结构形式均应以节点放大图的方式表示出来。焊缝的标注应注明三要素：坡口角度、根部间隙及钝边高度。当焊缝尺寸较小时，允许不画出剖面形状，而是以在相应的焊接接头处的标注加以说明。焊接接头的标注一般由基本符号和指引线组成，必要时加上补充符号、焊接方法的数字代号和焊缝的尺寸符号。焊接接头的标注格式如图2-23所示。

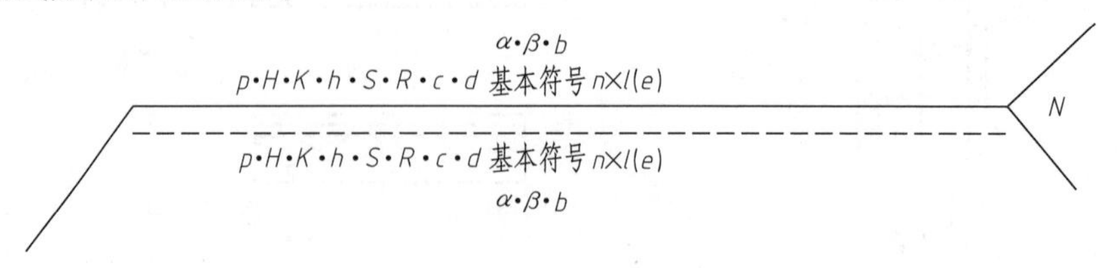

图2-23　焊接接头的标注格式

图中基本符号的表示方法参见 GB/T 324—2008，尺寸符号的含义见表 2-1。

表 2-1　尺寸符号

符号	名　称	示　意　图	符号	名　称	示　意　图
δ	工作厚度	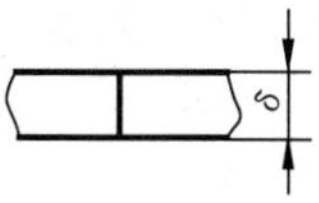 δ	c	焊缝宽度	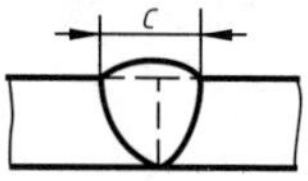 c
α	坡口角度	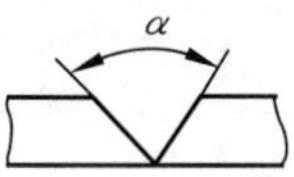 α	K	焊脚尺寸	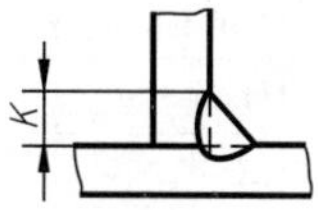 K
β	坡口面角度	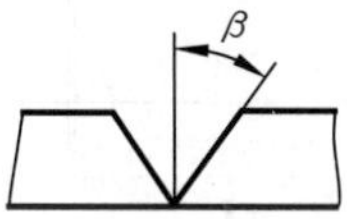 β	d	点焊：熔核直径 塞焊：孔径	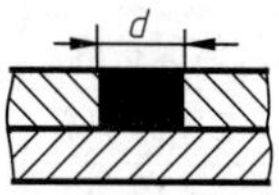 d
b	根部间隙	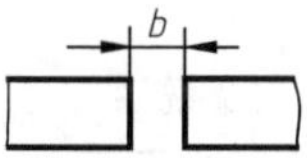 b	n	焊缝段数	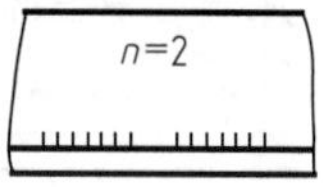 $n=2$
p	钝边高度	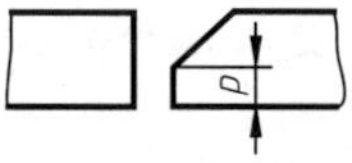 p	l	焊缝长度	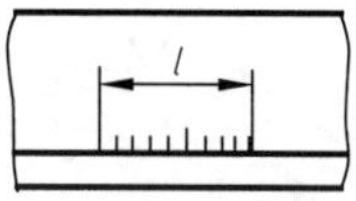 l
R	根部半径	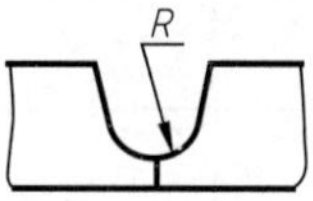 R	e	焊缝间距	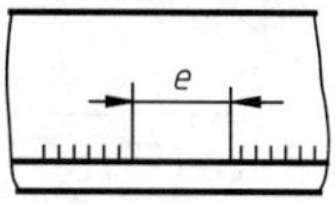 e
H	坡口深度	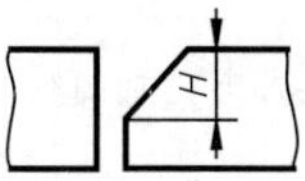 H	N	相同焊缝数量	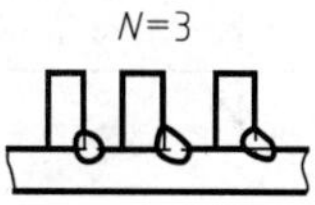 $N=3$
S	焊缝有效厚度	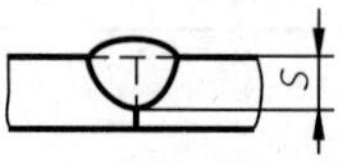 S	h	余高	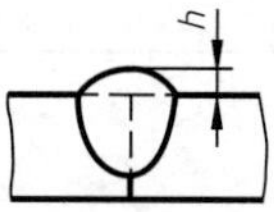 h

指引线由箭头线和两条基准线构成，箭头线用细实线绘制，两条基准线一条为实线，一条为虚线，实基准线一端与箭头线相连。焊缝的指引线画法如图 2-24 所示。

焊接方法一般在技术要求中以文字说明，但也可以用数字代号表示（表 2-2），将其标注在指引线的尾部。

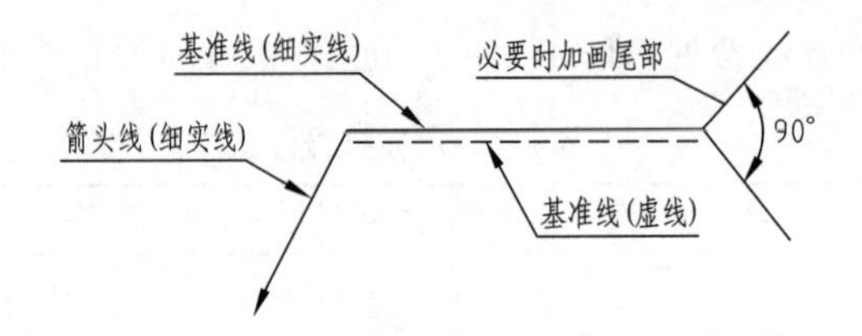

图 2-24　焊缝的指引线画法

表 2-2　焊接方法的数字代号

焊接方法	数字代号	焊接方法	数字代号	焊接方法	数字代号
电弧焊	1	电阻焊	2	摩擦焊	42
无气体保护电弧焊	11	点焊	21	电子束焊	51
焊条电弧焊	111	缝焊	22	激光焊	52
埋弧焊	12	气焊	3	铝热焊	71
熔化极气体保护焊	13	氧-乙炔焊	311	电渣焊	72
非熔化极气体保护焊	14	压力焊	4	硬钎焊	91
等离子弧焊	15	超声波焊	41	软钎焊	94

常见焊接接头标注及说明见表 2-3。

表 2-3　常见焊接接头标注及说明

标注示例	说　明
70° 6 111	焊条电弧焊，V 形焊缝，坡口角度 70°，焊缝有效高度 6mm
4	角焊缝，焊脚高度 4mm，在现场沿工件周围焊接
5	角焊缝，焊脚高度 5mm，三面焊接
5 12×80(10)	断续双面角焊缝，焊脚高度 5mm，共 12 段焊缝，每段 80mm，间距 10mm
5	在箭头所指的另一侧焊接，连续角焊缝，焊脚高度 5mm

2.6　化工设备图的绘制

2.6.1　概述

化工设备图的绘制方法和步骤与机械制图大致相似，但因化工设备图的内容和要求有其特殊之处，故它的绘制方法也有相应的差别。

化工设备图的绘制有两种依据：一是对已有设备进行测绘，这种方法主要应用于仿制引进设备或对现有设备进行革新改造；二是依据化工工艺设计人员提供的设备设计条件单进行设计和绘制。本节主要介绍设计过程中绘制化工设备装配图（简称化工设备图）的有关要求和方法步骤。化工设备的零部件图，因与一般机械的零部件图类同，不再述及。

2.6.1.1　设备设计条件单

设备设计条件单是进行化工设备设计时的主要依据。表 2-4 为一张液氨贮槽的设备设计条件单。条件单列出了该设备的全部工艺要求，一般包含以下内容。

（1）设备简图　用单线条绘成的简图，表示工艺设计所要求的设备结构形式、尺寸、设备上的管口及其初步方位等。

（2）设计参数及要求　列表给出工艺要求，如设备操作压力和温度、介质及其状态、材质、容积、传热面积、搅拌器形式、功率、转速、传动方式以及安装、保温等各项要求。

（3）管口表　列表注明各管口的符号，公称尺寸和压力，连接面形式、用途等。

设备设计条件单的格式目前尚无统一规定，表 2-4 为某设计院所用的一种格式，供参考。

2.6.1.2　设备机械设计

设备设计人员依据上述设备设计条件单提供的工艺要求，对设备进行机械设计，包括下列工作。

（1）参考有关图样资料，进行设备结构设计。

（2）对设备进行机械强度计算，以确定主体壁厚等有关尺寸。

（3）常用零件的选型设计。

作好上述必要的准备工作后，方可着手绘制化工设备图。在画图过程中，还要对某些部分的详细结构不断完善，才能画出一张符合要求的化工设备图。

2.6.1.3　绘制化工设备图的步骤

绘制化工设备图的步骤大致如下。

（1）选择视图表达方案、绘图比例和图面安排。

（2）绘制视图。

（3）标注尺寸及焊缝代号。

（4）编写零部件件号和管口符号。

（5）填写明细栏和管口表。

（6）填写设计数据表，编写图面技术要求。

（7）填写标题栏。

（8）校核、审定。

2.6.2　选定表达方案、绘图比例和图面安排

化工设备种类很多，但常见的典型设备主要是容器、反应器、塔器、换热器等。由它们的基本结构组成分析得出其共同的结构特点是：主体（筒体和封头）以回转体为多，主体上管口（接管口）和开孔（人孔、视镜）多，焊接结构多，薄壁结构多，结构尺寸相差悬殊，通用零部件多。这些结构特点使化工设备的视图表达有其特殊之处。

表 2-4　液氨贮槽的设备设计条件单

条件内容修改							
修改标记	修改内容	签字	日期	修改标记	修改内容	签字	日期
简图说明						比例	

参考图			容器条件图		
设计参数及要求					
	容器内(壳程)	夹套(管)内(管程)		容器内(壳程)	夹套(管)内(管程)
工作介质 名称	液氨		腐(磨)蚀速率		
工作介质 组分			设计寿命		
工作介质 密度/(kg/m³)	0.61(常温下)		壳体材料	Q345R	
工作介质 特性	中度危害		内件材料		
工作介质 黏度/Pa·s			衬里防腐要求		
工作压力/MPa	1.6		保温材料 名称		
设计压力/MPa	2.16		保温材料 厚度/mm		
安全装置 位置/形式			保温材料 容重/(kg/m³)		
安全装置 规格/数量					
安全装置 开启(爆破)压力/MPa			基本风压/Pa		
			地震基本烈度		
			场地类别		
工作温度/℃	42.5		催化剂容积/密度		
设计温度/℃	50		搅拌转速/(r/min)		
环境温度/℃			电机功率/kW		
壁温/℃			密闭要求		
全容积/m³	5.6		操作方式及要求		
操作容积/m³	充装系数 0.85		静电接地		
传热面积/m²			安装检修要求		
换热管	规格：　根数：　排列方式：		管口方位	按本图	
折流板/支承板	数量：　缺边位置与高度：		其他要求		

接管表

符号	公称尺寸	公称压力	连接尺寸标准	连接面形式	用途	符号	公称尺寸	公称压力	连接尺寸标准	连接面形式	用途
A	50	25	HG/T 20592—2009	FM	液氨进口	H	15	25	HG/T 20592—2009	FM	放空口
B	20	25	HG/T 20592—2009	FM	回流进液口	J	50	25	HG/T 20592—2009	FM	液氨出口
$C_{1\text{-}2}$	80	25	HG/T 20592—2009	FM	电控液位计接口	$K_{1\text{-}2}$	20	25	HG/T 20592—2009	FM	液位计接口
D	32	25	HG/T 20592—2009	FM	压力平衡口	M	450	25	/	/	人孔
E	15	25	HG/T 20592—2009	FM	放油口	P	32	25	HG/T 20592—2009	M	排污口
F	25	25	HG/T 20592—2009	FM	压力表接口						
G	32	25	HG/T 20592—2009	FM	安全阀口						

专业	设计	校核	审核	日期	位号/台数		工程名称	
工艺					液氨贮槽		设计项目	
管道							设计阶段	
电控							条件编号	
					设计图号			

2.6.2.1　选择视图表达方案

与绘制机械装配图相同，在着手绘制化工设备图之前，首先应确定其视图表达方案，包括选择主视图、确定视图数量和表达方法。在选择化工设备图的视图方案时，应考虑到化工设备的结构特点和图示特点。

（1）选择主视图　拟定表达方案，首先应确定主视图。一般应按设备的工作位置，选用最能清楚地表达各零部件间装配和连接关系、设备工作原理及设备的结构形状的视图作为主视图。

主视图一般采用全剖视的表达方法，并结合多次旋转的画法，将管口等零部件的轴向位置及其装配关系、连接方法等表达出来。

（2）确定其他基本视图　主视图确定后，应根据设备的结构特点，确定基本视图数量及选择其他基本视图，用以补充表达设备的主要装配关系、形状、结构等。

由于化工设备主体以回转体为多，所以一般立式设备用主、俯两个基本视图，卧式设备则用主、左两个基本视图。俯（或左）视图也可配置在其他空白处，但需在视图上方标明图名。俯（左）视图常用以表达管口及有关零部件在设备上的周向方位。

（3）选择辅助视图和各种表达方法　在化工设备图中，常采用局部放大图、×向视图等辅助视图及剖视图、断面等各种表达方法来补充基本视图的不足，将设备中零部件的连接、管口和法兰的连接、焊缝结构以及其他由于尺寸过小无法在基本视图上表达清楚的装配关系和主要结构形状都表达清楚。

2.6.2.2　确定绘图比例、选择图幅、安排图面

视图表达方案确定后，就需确定绘图比例，选择图纸幅面大小，并进行图面安排。

（1）绘图比例　按照设备的总体尺寸选定绘图比例。绘图比例一般应选用国家标准《技术制图》（GB/T 14690—1993）规定的比例，但根据化工设备的特点，基本视图的比例还常有1∶5、1∶10等，以1∶10为多，局部视图则常用1∶2和1∶5。

一张图上若有些图形（如局部放大图、剖视图的局部图形等）与基本视图的绘图比例不同时，必须分别注明该图形所用比例。其标注方法如$\frac{\text{I}}{1:5}$、$\frac{A—A}{2:1}$，即在视图名称的下方注出比例，中间用水平细实线隔开。若图形不按比例绘制时，则在标注比例的部位，注上“不按比例”的字样。图样的比例见表2-5。

（2）图纸幅面　化工设备图样的图纸幅面应按国家标准《技术制图》（GB/T 14689—2008）的规定选用。依设备特点，可允许选用加长A2等图幅。图纸幅面大小应根据设备总体尺寸结合绘图比例相互调整选定，并考虑视图数量、尺寸配置、明细栏大小、技术要求等各项内容所占的范围及它们的间隔等因素来确定，力求使全部内容在幅面上布置得匀称、美观。

表2-5　图样的比例

原值比例	1∶1
缩小比例	（1∶1.5）　1∶2　（1∶2.5）　（1∶3） （1∶4）　1∶5　（1∶6）　1∶10 （1∶1.5×10^n）　1∶2×10^n　（1∶2.5×10^n）　（1∶3×10^n）　（1∶4×10^n）　1∶5×10^n （1∶6×10^n）　1∶1×10^n
放大比例	2∶1　（2.5∶1）　（4∶1）　5∶1 1×10^n∶1　2×10^n∶1　（2.5×10^n∶1） （4×10^n∶1）　5×10^n∶1

注：n为整数。

（3）图面安排　按设备的总体尺寸确定绘图比例和图纸幅面，画好图框，接着就要进行图面安排。一张化工设备的装配图通常包含有以下内容：视图、主标题栏、主签署栏、质量及盖章栏、明细栏、管口表、设计数据表、技术要求、注、制图签署栏、会签栏等。它们在图幅中的位置安排格式如图 2-25 所示。

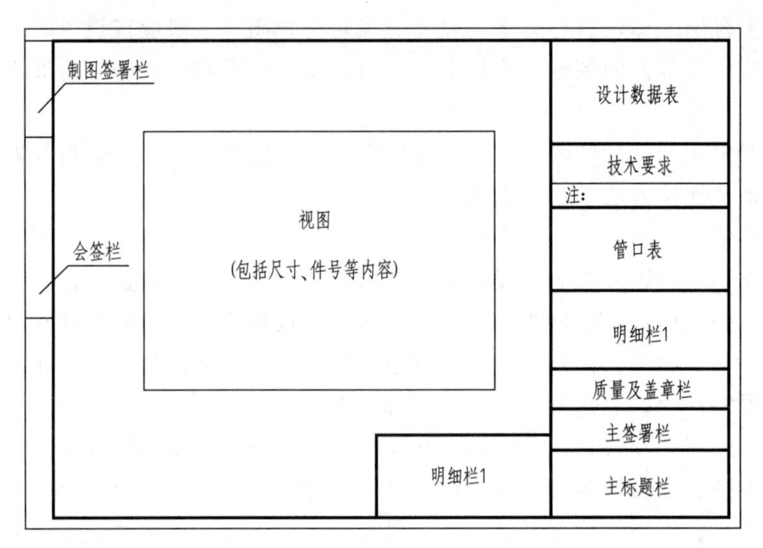

图 2-25　图面安排

2.6.3　视图的绘制

视图是图样的主要内容，因此绘制视图是绘制化工设备图的最重要的环节。根据化工设备图的特点，视图绘制一般应按下列原则进行：先定位（画轴线、对称线、中心线、作图基准线），后定形（画视图）；先画基本视图，后画其他视图；先画主体（筒体、封头），后画附件（接管等）；先画外件，后画内件；最后画剖面符号、书写标注等。

（1）视图的布置　按先定位、后定形的原则，在绘制视图时，首先要在图幅上布置各视图的位置，即按照选定的视图表达方案，先用设备中心线、支座底线等主要基准线布置基本视图的位置，再用接管中心线或其他作图基准线定出各个支座、接管等的位置以及辅助视图的位置。

视图在图面上应做到布置合理。既考虑到各视图所占的范围及其间隔，又考虑到给标注尺寸、零部件编号留有余地；同时兼顾明细栏、技术要求等所占的范围大小，避免图面疏密不匀。

首先要布置好基本视图的位置，其他视图，如局部放大图等，应选择适当比例并尽量布置在基本视图被放大部位的附近。当辅助视图的数量较多时，也可集中画在基本视图的右侧或下方，并应依次排列整齐。总之，整个图面力求布置得匀称、美观，从而使画出的图形协调、清晰和醒目。

需注意的是，化工设备图中除主视图外，其他视图在幅面中一般都可灵活安排。例如视图布置可如图 2-26 所示。

（2）画视图　画视图应先从主视图画起，有时要与左（俯）视图配合一起画，因为某些零部件在主视图上的投影要由它在左（俯）视图上的位置决定。初步画完基本视图后，再画

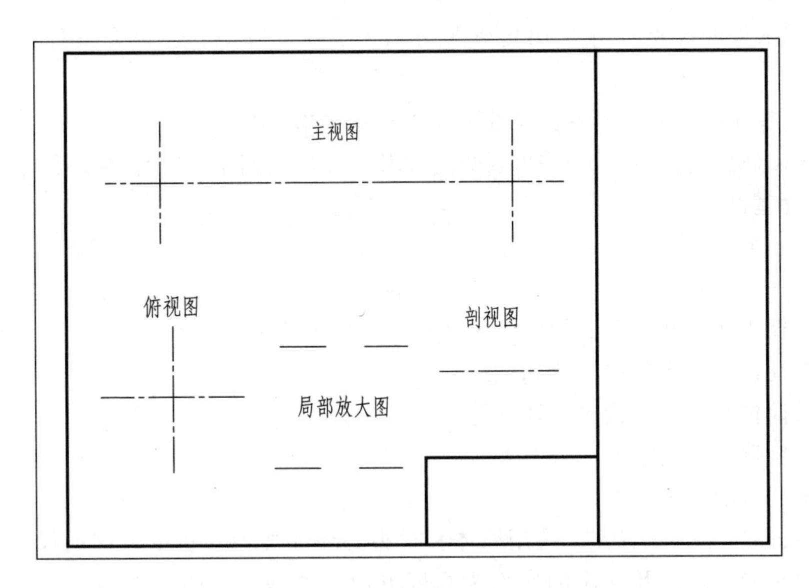

图 2-26　视图布置

必要的局部放大图等辅助视图，并加画剖面符号、焊缝符号等。

（3）校核　在上述视图画好后，应按照设备设计条件单认真校核，待修正无误后，才算完成视图的绘制工作。

2.6.4　尺寸和焊缝代号的标注

化工设备图的尺寸和焊缝代号的标注，除遵守国家标准《技术制图　焊缝符号的尺寸、比例及简化表示法》（GB/T 12212—2012）和《焊缝符号表示法》（GB/T 324—2008）的有关规定外，还应结合化工设备的特点，做到正确、完整、清晰、合理，以满足化工设备制造、安装、检验的需要。

2.6.4.1　尺寸种类

与机械装配图相同，化工设备图需要标注一组必要的尺寸，以反映设备的大小规格、装配关系，主要零部件的结构形状，及设备的安装定位等，一般应标注以下几类尺寸。

（1）规格性能尺寸　规格性能尺寸是反映化工设备的规格、性能、特征及生产能力的尺寸，这些尺寸是设计时确定的，是设计、了解和选用设备的依据。如贮槽、反应罐内腔容积尺寸（筒体的内径、高度或长度尺寸）、换热器传热面积尺寸（列管长度、直径及数量）等。

（2）装配尺寸　装配尺寸是表示设备各零部件间相对位置和装配关系的尺寸，是装配工作中的重要依据。如各接管的定位尺寸，液面计位置尺寸，支座的定位尺寸，塔器的塔板间距，换热器的折流板、管板间的定位尺寸等。

（3）安装尺寸　安装尺寸是设备安装在基础或其他构件上所需要的尺寸，如安装螺栓、地脚螺栓应注出孔的直径和孔间距。

（4）外形尺寸　外形尺寸是表示设备的总长、总高、总宽（或外径）的尺寸，用以估计设备所占的空间，供设备在包装、运输、安装及厂房设计时使用。

（5）其他尺寸　根据需要应注出的其他尺寸，一般有以下几种。

① 设计计算确定而在制造时必须保证的尺寸，如主体壁厚、搅拌轴直径等。

② 通用零部件的规格尺寸，如接管尺寸（ϕ32×3.5）、瓷环尺寸（外径×高度×壁厚）等。

③ 不另绘零件图的零件的有关尺寸，如人孔的规格尺寸。

④ 焊缝的结构形式尺寸，一些重要焊缝在其局部放大图中，应标注横截面的形状尺寸。

2.6.4.2 尺寸基准

化工设备图的尺寸标注，首先应正确地选择尺寸基准，然后从尺寸基准出发，完整、清晰、合理地标注上述各类尺寸。选择尺寸基准的原则是既要保证设备的设计要求，又要满足制造、安装时便于测量和检验。常用的尺寸基准有以下几种。

（1）设备筒体和封头的中心线和轴线。

（2）设备筒体和封头焊接时的环焊缝。

（3）设备容器法兰的端面。

（4）设备支座的底面。

图 2-27（a）所示卧式容器，选用筒体和封头的环焊缝为其长度方向的尺寸基准，选用设备筒体和封头的中心线及支座的底面为高度方向尺寸基准。图 2-27（b）所示立式设备，则以容器法兰的端面及筒体和封头的环焊缝为高度方向尺寸基准，图中的容器法兰端面为光滑密封面，若密封面形式是凹凸面或楔槽面时，选取的尺寸基准面应如图 2-28 所示。

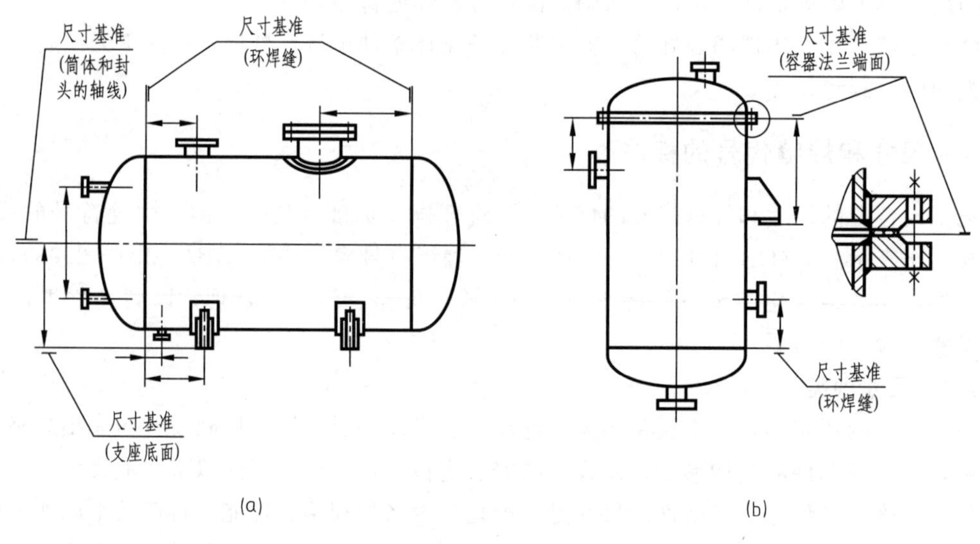

图 2-27 容器图例

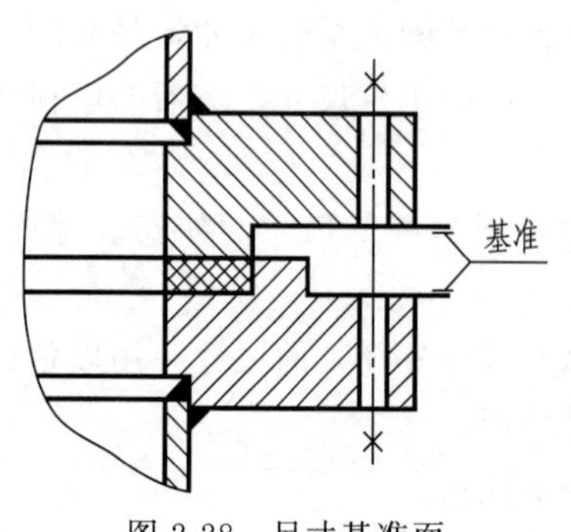

图 2-28 尺寸基准面

2.6.4.3 几种典型结构的尺寸注法

（1）筒体尺寸　一般标注内径、壁厚和高度（或长度）。若筒体由钢管制成，则标注外径。

（2）封头尺寸　一般标注壁厚和封头高（包括直边高度）。

（3）管口尺寸　标注规格尺寸和伸出长度。

① 规格尺寸。直径×壁厚（无缝钢管为外径，卷焊钢管为内径），图中一般不标注。

② 伸出长度。管口在设备上的伸出长度，一般是标注

管法兰端面到接管中心线和相接零件（如筒体和封头）外表面交点间的距离。

当设备上所有管口的伸出长度都相等时，图上可不标注，而在附注中写明“所有管口伸出长度为××mm”。若仅部分管口的伸出长度相等时，除在图中注出不等的尺寸外，其余可在附注中写明“除已注明者外，其余管口的伸出长度为××mm”。

（4）夹套尺寸　一般注出夹套筒体的内径、壁厚、弯边圆角半径和弯边角度。

（5）填充物（瓷环、浮球等）　一般只标注总体尺寸（筒体内径、堆放高度），并注明堆放方法和填充物规格尺寸。

2.6.4.4　标注顺序及其他规定注法

（1）尺寸标注的顺序，一般按特性尺寸、装配尺寸、安装尺寸、其他必要的尺寸，最后是外形尺寸的顺序进行标注。

（2）除外形尺寸、参考尺寸外，不允许标注成封闭链形式。外形尺寸、参考尺寸常加括号或“～”符号。

（3）个别尺寸不按比例时，常在尺寸数字下加画一条细实线以示区别。

2.6.4.5　焊缝代号的标注

化工设备图的焊缝，除了按有关规定画出其位置、范围和剖面形状外，还需根据国家标准的有关规定代号，确切、清晰地标注出对焊缝的要求。

2.6.5　零部件件号和管口号

为了便于读图和装配以及生产管理工作，化工设备图中所有零部件都应编号，并编制相应的零部件明细栏。

2.6.6　编写零部件件号

2.6.6.1　件号的标注方法

化工设备图中零部件的件号可按国家标准《机械制图》中的有关规定标注。零部件件号的标注要求是清晰、醒目，将件号排列整齐、美观。

（1）件号表示方法如图 2-29 所示，由件号数字、件号线、引线三部分组成。件号线长短应与件号数字宽相适应，引线应自所表示零件或部件的轮廓线内引出。件号数字字体尺寸

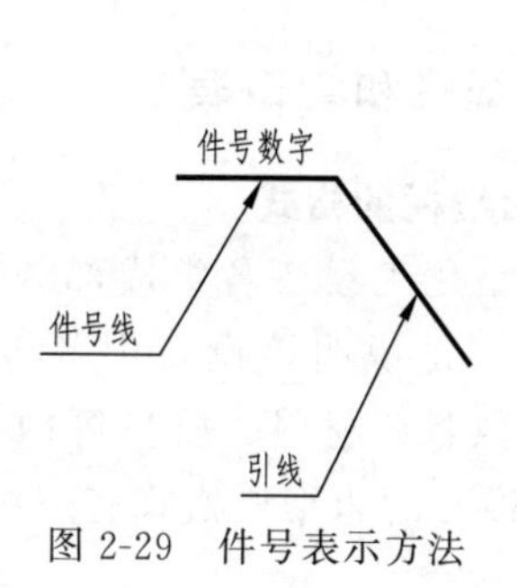

图 2-29　件号表示方法

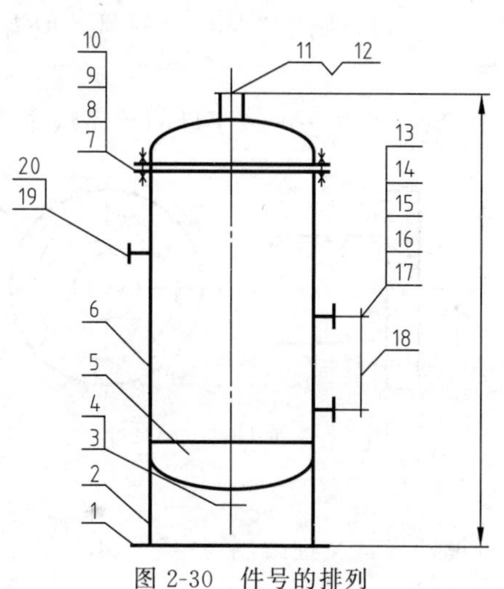

图 2-30　件号的排列

常用 5 号，件号线、引线均为细线。引线不能相交，若通过剖面线时，引线不能与剖面线平行，必要时引线可曲折一次。

(2) 一组紧固件（如螺栓、螺母、垫片等）或装配关系清楚的零件组以及另有局部放大图的一组零部件件号，可共用一条引出线，但在局部放大图上应将零部件件号分开标注。

(3) 件号应尽量编排在主视图上，一般从主视图的左下方开始，按顺时针或逆时针方向连续顺序编号，整齐排列在水平和垂直方向上，尽量保持间隔均匀，并尽可能编排在图形左侧和上方以及外形尺寸的内侧。件号若有遗漏或需增添时，则另在外圈编排补足。件号的排列如图 2-30 所示。

2.6.6.2 件号的编写原则

(1) 编写序号

① 化工设备图中所有零部件都必须编写序号，同一结构、规格和材料的零部件，无论数量多少和装配位置不同，均编成同一件号，并且一般只标注一次。

② 直接组成设备的零部件（如薄衬层、厚衬层、厚涂层等），不论有无零部件图，均需编写件号。

③ 外购部件作为一种部件编号。

④ 部件装配图中若沿用设备装配图中的序号，则在部件图上编件号时，件号由两部分组成，一为该部件在设备装配图中的部件件号，一为部件中的零件或二级部件的顺序号，中间用横线隔开。例如，某部件在设备装配图中件号为 4，在其部件装配图中的零件（或部件）的编号则为 4-1、4-2 等，若有二级以上部件的零件件号，则按上述原则依次加注顺序号。

(2) 编写管口符号　为清晰地表达开孔和管口位置、规格、用途等，化工设备图上应编写管口符号和与之对应的管口表。

① 管口符号的标注如图 2-31 所示，由带圈的管口符号组成。装配图中，圈径为 8mm，管口符号用大写英文字母，字体尺寸为 5 号。

② 管口符号一律注写在各视图中管口的投影附近或管口中心线上，以不引起管口相混淆为原则。同一接管在主、左（俯）视图上应重复注写。

③ 规格、用途及连接面形式不同的管口，需单独编号；而规格、用途及连接面形式完全相同的管口，则编为同一个符号，但需在符号的右下角加注阿拉伯数字以示区别，如 A_1、A_2 等。

④ 管口符号一般以字母的顺序从主视图的左下方开始，按顺时针方向沿垂直和水平方向依次标注，其他视图（或管口方位图）上的管口符号，则应按主视图中对应符号注写。

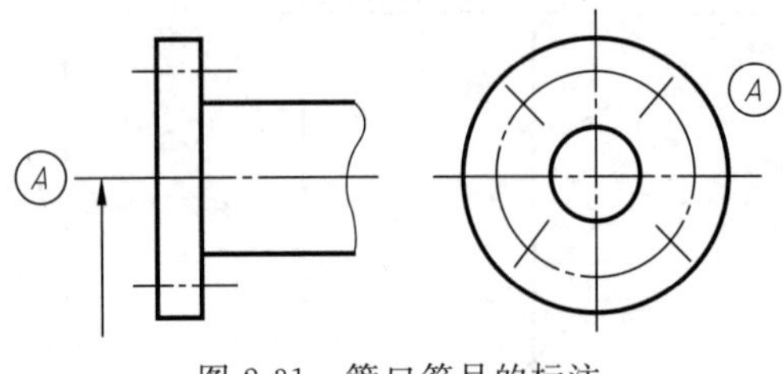

图 2-31　管口符号的标注

2.6.7 明细栏和管口表

2.6.7.1 明细栏的格式

明细栏是化工设备各组成部分（零部件）的详细目录，是说明该设备中各零部件的名称、规格、数量、材料、质量等内容的清单。《化工设备设计文件编制规定》（HG/T 20668—2000）中推荐的明细栏格式有三种，分别适用于不同情况。

（1）明细栏 1　明细栏 1 用于总图、装配图、部件图、零部件图及零件图。其内容、格式及尺寸如图 2-32 所示。

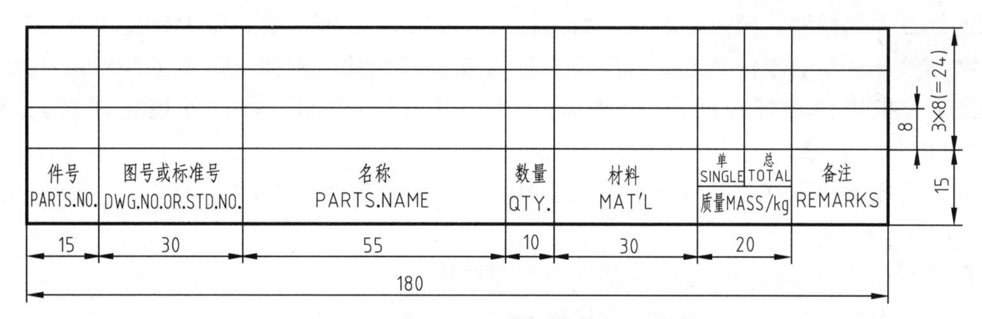

图 2-32　明细栏 1

（2）明细栏 2　明细栏 2 用于部件图、零部件图及零件图，即通常所说的简单标题栏。其内容、格式及尺寸如图 2-33 所示。

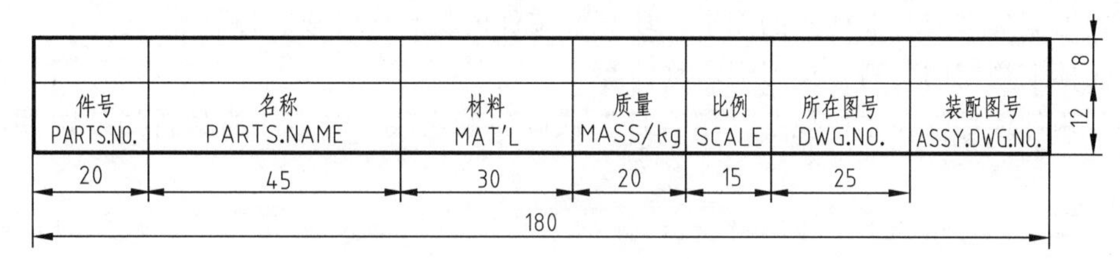

图 2-33　明细栏 2

（3）明细栏 3　明细栏 3 用于管口零件明细栏。其内容、格式及尺寸如图 2-34 所示。

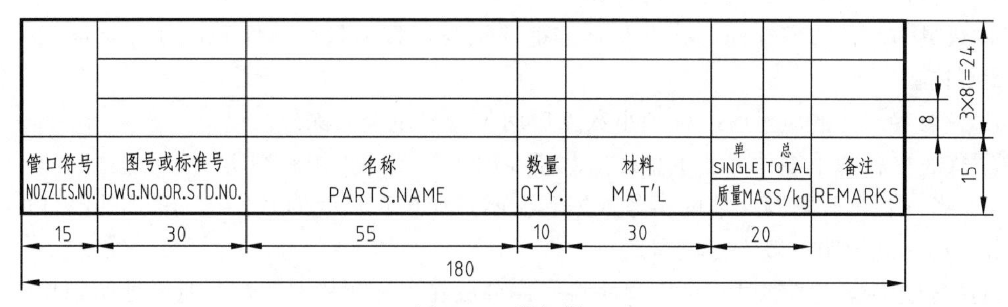

图 2-34　明细栏 3

在《化工设备设计文件编制规定》（HG/T 20668—2000）中新增管口零件明细栏，这是因为管口零件特别是塔设备的管口零件很多，而设计中管口尺寸常修改，当有一个尺寸修改时将引起明细栏和图面的一系列变更，修改工作量大，易产生错误，为了简化修改工作，将所有管口零件作为一个部件编入装配图中，以一个单独的部件图存在，当管口尺寸或零件修改时只需在这张部件图的明细栏上进行修改，这样就大大简化了修改工作，减少管口零件统计汇总引起的错误，同时使装配图的明细栏篇幅减少，便于图面布置。

2.6.7.2　明细栏 1 的填写

（1）件号栏　明细栏中件号应与图中零部件件号一致，并由下向上依序逐件填写。

（2）图号或标准号栏

① 填写零部件图的图号，不绘图样的零部件此栏空着不填。

② 填写标准零部件的标准号，若材料不同于标准的零部件，此栏空着不填。

③ 填写通用图图号。

（3）名称栏　应采用公认和简明的提法填写零部件或外购件的名称和规格。

① 标准零部件按标准规定填写，如“封头 $DN1000\times10$”“填料箱 $PN6$、$DN50$”等。

② 不绘零件图的零件在名称后应列出规格及实际尺寸。例如：筒体 $DN1000$，$\delta=10$，$H=2000$（指以内径标注时）；筒体 $\phi1020\times10$，$H=2000$（指以外径标注时）；垫片 $\phi1140/\phi1030$，$\delta=3$。

③ 外购零部件按有关部门规定的名称填写，如“减速机 BLD4-3-23-F”。

（4）数量栏

① 填写设备中属同一件号的零部件的全部件数。

② 填写大量木材或填充物时，数量以 m^3 计。

③ 填写各种耐火砖、耐酸砖以及特殊砖等材料时，其数量应以块计或以 m^3 计。

④ 填写大面积的衬里材料如铝板、橡胶板、石棉板、金属网等时，其数量应以 m^2 计。

（5）材料栏

① 按国家标准或行业标准的规定，填写各零件的材料代号或名称。

② 无标准规定的材料，按习惯名称注写。

③ 外购件或部件在本栏填写“组合件”或画斜细实线。对需注明材料的外购件，此栏仍需填写。

④ 大型企业标准或外国标准材料，标注名称时应同时注明其代号。必要时，尚需在“技术要求”中作一些补充说明。

（6）质量栏

① 质量栏分为单和总两项，均以 kg 为单位。

② 数量为多件的零部件，单重及总重都要填写；数量只有一件时，可将质量直接填入总质量栏内。

③ 一般零部件的质量应准确到小数点后两位（贵重金属除外）。

④ 普通材料的小零件，若重量轻、数量少时可不填写，用斜细实线表示。

（7）备注栏　只填写必要的参考数据和说明，如接管长度的“$L=150$”、外购件的“外购”等，如无须说明一般不必填写。

当件号较多位置不够时，可按顺序将一部分放在主标题栏左边，此时该处明细栏 1 的表头中各项字样可不重复。

2.6.7.3　管口表的格式

管口表是说明设备上所有管口的用途、规格、连接面形式等内容的表格，在《化工设备设计文件编制规定》（HG/T 20668—2000）中推荐的管口表格式如图 2-35 所示。管口表一般画在明细栏上方。

2.6.7.4　管口表的填写

（1）符号栏　按英文字母的顺序由上而下填写，且应与视图中管口符号一一对应。当管口规格、用途、连接面形式完全相同时，可合并为一项。

（2）公称尺寸栏

① 按管口的公称直径填写。无公称直径的管口，按管口实际内径填写，如椭圆孔填写“椭长轴×短轴”，矩形孔填写“长×宽”。

② 带衬管的接管，按衬管的实际内容填写；带薄衬里的钢接管，按钢接管的公称直径

管口表							
符号	公称尺寸	公称压力	连接标准	法兰形式	连接面形式	用途或名称	设备中心线至法兰面距离
A	250	2	HG 20615	WN	平面	气体进口	660
B	600	2	HG 20615	/	/	人孔	见图
C	150	2	HG 20615	WN	平面	液体进口	660
D	50×50	/	/	/	平面	加料口	见图
E	椭300×200	/	/	/	/	手孔	见图
F_{1-2}	15	2	HG 20615	WN	平面	取样口	见图

15　15　15　25　20　20　40

180

5　10　8　8×n+10

图 2-35　管口表

填写，若无公称直径，则按实际内容填写。

（3）连接标准栏

① 此栏填写对外连接管口的连接法兰标准。

② 不对外连接管口，如人孔、视镜等，在此栏内不予填写，用斜细实线表示。

③ 用螺纹连接的管口，在此栏内填写螺纹规格，如“M24”“G3/4”等。

（4）连接面形式栏　填写管口法兰的连接面形式，如平面、槽面、凹面等。螺纹连接填写“内螺纹”或“外螺纹”。不对外连接管口的此栏用斜细实线表示。

（5）用途或名称栏　应填写管口的标准名称、习惯用名称或简明的用途术语。标准图或通用图中的对外连接管口在此栏中用斜细实线表示。

（6）设备中心线至法兰面距离栏　设备中心线至法兰密封面距离已在此栏内填写，在图中不需注出。如需在图中标注则需填写“见图”的字样。

2.6.7.5　质量及盖章栏（装配图用）

设备质量是设备订货、土建安装等的重要资料，在《化工设备设计文件编制规定》（HG/T 20668—2000）中专设设备质量栏，并集中表示，将它放在与盖章栏同样明显的位置上。

（1）内容、格式及尺寸（图 2-36）　设备净质量的“其中”栏可以按需增加或减少。

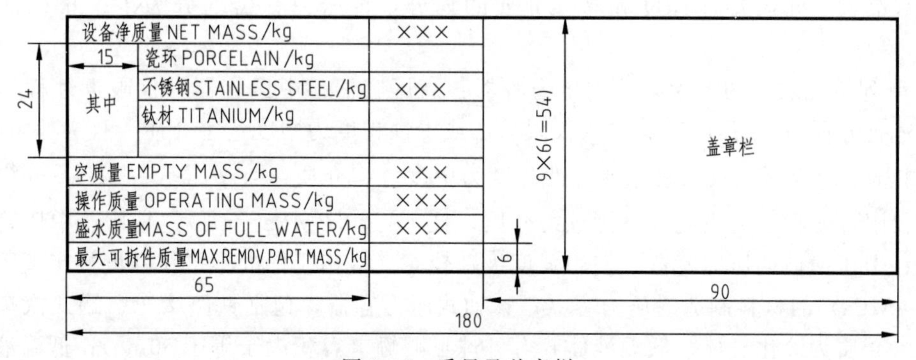

图 2-36　质量及盖章栏

（2）填写

① 设备净质量。表示设备所有零部件、金属和非金属材料质量的总和。当设备中有特殊材料如不锈钢、贵金属、催化剂、填料等，应分别列出。

② 设备空质量。为设备净质量、保温材料质量、防火材料质量、预焊件质量、梯子平台质量的总和。

③ 操作质量。设备空质量与操作介质质量之和。

④ 盛水质量。设备空质量与盛水质量之和。

⑤ 最大可拆件质量。如U形管管束或浮头换热器浮头管束质量等。

⑥ 盖章栏。按有关规定盖单位的压力容器设计资格印章。

2.6.8 设计数据表和图面技术要求

为了适应化工行业的发展及方便国际交流与合作，国内化工设备专业所采用的相关标准在不断修订更新。在《化工设备设计文件编制规定》（HG/T 20668—2000）中，将原标准中的技术特性表改为设计数据表，并明确规定为表示设计数据和通用技术要求的表。通用性的技术要求尽量数据表格化，使图样表达更加清晰、明确，有利于提高设计质量。对设计数据表中尚未包括的一般或特殊技术要求，需用文字条款的形式作详尽补充。

2.6.8.1 设计数据表

化工设备设计数据表是化工设备设计图样中重要的组成部分。该数据表是把设计、制造与检验各环节的主要技术数据、标准规范、检验要求汇于表中，为化工设备的设计、制造、检验、使用、维修、安全管理提供了一整套技术数据和资料。

（1）格式及尺寸　《化工设备设计文件编制规定》（HG/T 20668—2000）中推荐的设计数据表的格式及尺寸如图2-37所示。表中字体尺寸：汉字3.5号，英文2号，数字3号。表格数量 n 按需确定。

（2）填写内容及方法　设计数据表应包括三个方面的内容：规范、设计参数、制造与检验要求。图2-37适用于换热器，其内容设计者可按需要增减，其余结构类型设备的填写内容由设计者按需确定。

① 规范。即设计、制造与检验标准，应根据容器类型、材料类别等实际情况选择标注规范的标准号或代号，当规范、标准无代号时注全名。如钢制卧式压力容器，应填写《固定式压力容器安全技术监察规程》（TSG 21—2016）、《钢制卧式容器》（JB/T 4731—2005）。

② 压力容器类别。按《固定式压力容器安全技术监察规程》确定，根据压力容器的压力等级、品种、介质毒性程度和易燃介质的划分，将压力容器划分为Ⅰ、Ⅱ和Ⅲ类压力容器。

a. 下列情况之一的，为第Ⅲ类压力容器：高压容器；中压容器（仅限毒性程度为极度和高度危害介质）；中压贮存容器（仅限易燃或毒性程度为中度危害介质，且 $p_V \geqslant 10\text{MPa} \cdot \text{m}^3$）；中压反应容器（仅限易燃或毒性程度为中度危害介质，且 $p_V \geqslant 0.5\text{MPa} \cdot \text{m}^3$）；低压容器（仅限毒性程度为极度和高度危害介质，且 $p_V \geqslant 0.2\text{MPa} \cdot \text{m}^3$）；高压、中压管壳式余热锅炉；中压搪玻璃压力容器；使用强度级别较高（指相应标准中抗拉强度规定值下限大于等于540MPa）的材料制造的压力容器；移动式压力容器，包括铁路罐车、罐式汽车和罐式集装箱（介质为液化气体、低温液体）等；球形贮罐（容积大于等于 50m^3）；低温液体贮存容器（容积大于 5m^3）。

b. 下列情况之一的，为第Ⅱ类压力容器（上述a条规定的除外）：中压容器；低压容器（仅限毒性程度为极度和高度危害介质）；低压反应容器和低压贮存容器（仅限易燃介质或毒性程度为中度危害介质）；低压管壳式余热锅炉；低压搪玻璃压力容器。

设计数据表 DESIGN SPECIFICATION						
规范 CODE						
	容器 VESSEL	夹套 JECKET	压力容器类别 PRESS VESSEL CLASS			
介质 FLUID			焊条型号 WELDING ROD TYPE		按JB/T 4709—2007规定	
介质特性 FLUID PERFORMANCE			焊接规程 WELDING CODE		按JB/T 4709—2007规定	
工作温度/℃ WORKING TEMP.IN/OUT			焊缝结构 WEL DING STRUCTURE		除注明外采用全焊透结构	
工作压力/MPa G WORKING PRESS.			除注明外角焊缝腰高 THICKNESSOFFILLETWELD EXCEPTNOTED			
设计温度/℃ DESIGN TEMP.			管法兰与接管焊接标准 WELDING BETW.PIPE FLANGE AND PIPE			
设计压力/MPa G DESIGN PRESS.			无损检测 N.D.E	焊接接头类别 WELDED JOINT CATEGORY	方法-检测率 EX.METHOD%	标准-级别 STD-CLASS
腐蚀裕量/mm CORR.ALLOW				容器 VESSEL		
焊接接头系数 JOINT EFF.				夹套 JECKET		
热处理 PWHT				容器 VESSEL		
水压试验压力(卧式/立式)/MPa G HYDRO.TEST PRESS.				夹套 JECKET		
气密性试验压力/MPa G GASLEAKAGE TEST PRESS.			全容积/m³ FULL CAPACITY			
加热面积/m² TRANS SURFACE			搅拌器形式 AGITATOR TYPE			
保温层厚度/防火层厚度/mm INSULATION/FIRE PROTECTION			搅拌器转速/(r/min) AGITATOR SPEED			
表面防腐要求 REQUIREMENT FOR ANTI-CORROSION			电动机功率/防爆等级 B.H.P/ENCLOSURE TYPE			
其他 OTHER			管口方位 NOZZLE ORIENTATION			

图 2-37　反应器设计数据表

c. 低压容器为第Ⅰ类压力容器（上述 a、b 条规定的除外）。

③ 介质。对易燃及有毒介质的混合物，要填写各组分的质量（或体积）比。

④ 介质特性。主要标明介质的易燃性、渗透性及毒性程度等与选材、容器类别划定和容器检验有密切关系的特性。

⑤ 其他。工作温度、工作压力、设计温度、设计压力、腐蚀裕度、焊接接头系数等项均按《压力容器》(GB 150—2011) 及其他相关规定填写。

⑥ 根据设备的不同类型增填有关内容。容器类需填写全容积；热交换器类要将上述内容按壳程、管程分别填写，还应增填换热面积；带搅拌的反应器类需填写全容积，必要时还填写操作容积、搅拌器形式、搅拌器转速、电动机功率等，有换热装置的还应填写换热面积等有关内容；塔器类需填写设计风压、地震烈度等；其他类需按设备具体情况填写。

⑦ 焊条型号。常用焊条型号按《压力容器焊接规程》(NB/T 47015—2011) 规定，不必注出，焊条的酸、碱性及特殊要求的焊条型号，按需注出。

⑧ 无损检测。用以检验焊缝质量，检测方法以“RT”表示射线检测，“UT”表示超声检测，“MT”表示磁粉检测，“PT”表示渗透检测。

⑨ 液压试验压力。容器的压力试验一般采用液压试验，并首选水压试验，其试验压力按《压力容器》(GB 150—2011) 要求确定。试验方法和要求超出《压力容器》(GB 150—2011) 规定的应在文字条款中另行说明。若需采用其他介质作液压试验，应在表中注明介质名称和压力，并需将试验方法及条件在文字条款中另作说明。因特殊需要，压力试验必须采用气压试验时，该项内容应改为气压试验压力，试验要求和安全事项应在文字条款中特别注明。

⑩ 气密性试验压力。一般采用压缩空气进行试验，试验压力按《压力容器》(GB 150—2011) 要求确定。当设计压力为常压时，应改为盛水试漏。

⑪ 热处理。主要填写容器整体或部件焊后消除应力热处理或固熔化处理等要求，一般按《固定式压力容器安全技术监察规程》(TSG 21—2016)、《压力容器》(GB 150—2011) 和其他相关标准中规定填写。对于采用高强度或厚钢板制造的压力容器壳体，其焊接预热、保温、消氢及焊后热处理的要求，应通过焊接评定试验作出详细规定。具体要求应在文字条款中说明。

2.6.8.2 图面技术要求

(1) 格式　在图中规定的空白处用长仿宋体汉字书写，以阿拉伯数字 1、2、3……的顺序依次编号书写。

(2) 填写内容

① 对装配图，在设计数据表中未列出的技术要求，需以文字条款表示。当设计数据表中已表示清楚时，此处不标注。“文字条款”中技术要求内容包括一般要求和特殊要求。

一般要求是数据表中尚不能包括的通用性制造、检验程序和方法等技术要求。

特殊要求是各类设备在不同条件下，需要提出、选择和附加的技术要求。特殊要求的条款内容力求做到紧扣标准、简明准确、便于执行。特殊要求有些已超出标准规范的范围或具有一定的特殊性，对工程设计、制造与检验有借鉴和指导作用。

② 对零件图、部件图和零部件图，在图纸右上方空白处填写技术要求。

③ 当图面技术要求较多而图幅有限时，可单独在一张图纸上编写专用的技术要求与说明书，并独立编号。此时，应在图纸上注明技术要求的图号。

2.6.8.3 注

不属技术要求但又无法在其他内容表示的内容，如“除已注明外，其余接管伸出长度为120mm”等，可以“注”的形式写在技术要求的下方。

2.6.9 标题栏

化工设备图标题栏的格式和填写内容随化工设备图样的类型不同而不同，《化工设备设计文件编制规定》(HG/T 20668—2000) 中推荐了四种标题栏格式：图纸标题栏、技术文件标题栏、工程图标题栏、标准图标题栏。图纸标题栏即通常所说的主标题栏，应用于除工程图、标准图或通用图、技术文件图样以外的大部分图样，用于 A0、A1～A4 图幅。

2.6.9.1 主标题栏

主标题栏的内容及格式如图 2-38 所示。

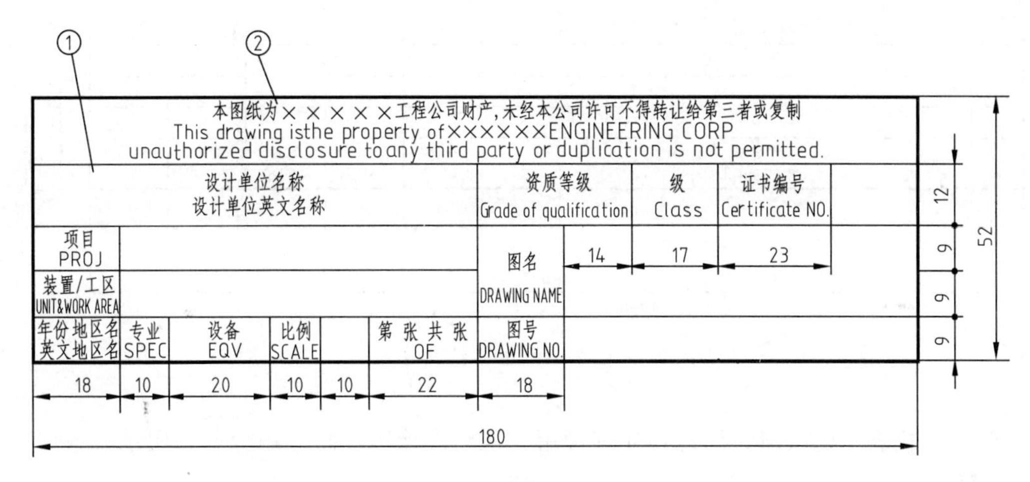

图 2-38　化工设备图主标题栏

（1）①、②栏　填单位名称。

（2）资质等级及证书编号　是经住房和城乡建设部批准发给单位资格证书规定的等级和编号，有者填，无者不填。

（3）项目栏　是本设备所在项目名称。

（4）装置/工区　设备一般不填。

（5）图名　一般分两行填写：第一行填设备名称、规格及图名（装配图、零件图等）；第二行填设备位号。设备名称由化工名称和设备结构特点组成，如乙烯塔氮气冷却器、聚乙烯反应釜等。

（6）图号　由各单位自行确定。填写格式一般为：××-××××-××。其中，前两项“××-××××”为设备文件号，最后一项“××”为尾号。设备文件号又由两部分组成，前项为设备分类号，后项为设备顺序号。

① 设备分类号。参照《化工设备设计文件编制规定》（HG/T 20668—2000）中附录C“设备设计文件分类办法”的规定，将所有的化工工艺设备、机械及其他专业专用设备施工图设计文件分成0～9十大类，每类又分为0～9十种。容器类设备为1类，换热设备为2类，塔器为3类，化工单元设备为4类，反应设备和化工专用设备为5类，等等。

② 设备顺序号。按该类设备在本单位已设计的总数顺序定号。

③ 尾号。是图纸的顺序号，以每张图纸为单位，按该设备的总图、装配图、部件图、零部件图、零件图等顺序编号。若只有一张图纸，则不加尾号。

2.6.9.2　签署栏

以上推荐的标题栏与原标准中的标题栏相比，取消了签字栏，另外在图样上增加了签署栏，在签署栏签字。下面介绍适用于施工图的签署栏。

（1）主签署栏

① 内容及格式如图2-39所示。

② 当其他人员需签署时可在设计栏前添加，此栏一般不设。

③ 表中字体尺寸为3.5号，英文为2号。

④ 版次栏以0、1、2、3阿拉伯数字表示。

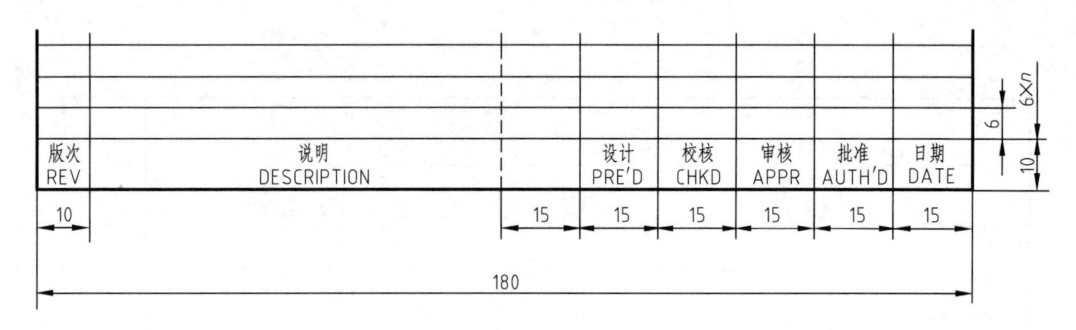

图 2-39　主签署栏

⑤ 说明栏表示此版图的用途，如询价用、基础设计用、制造用等。当图纸修改时，此栏填写修改内容。

（2）会签签署栏

① 内容及格式如图 2-40 所示。

② 表中文字尺寸均为 3 号。

（3）制图签署栏

① 内容及格式如图 2-41 所示。

② 表中文字尺寸均为 3 号。

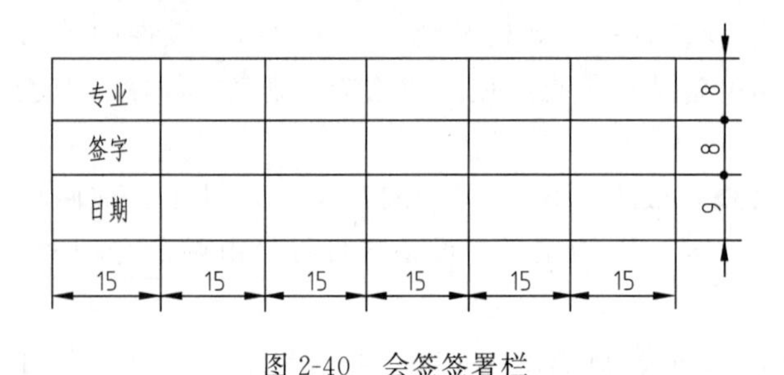

图 2-40　会签签署栏

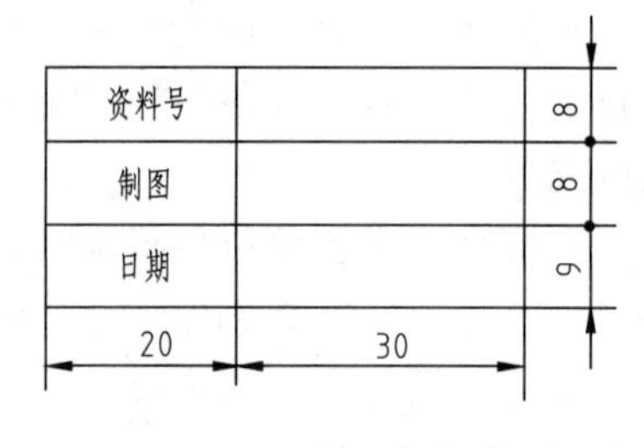

图 2-41　制图签署栏

2.7　化工设备图的阅读

2.7.1　化工设备图阅读的要求

化工设备图是化工设备设计、制造、使用和维修中的重要技术文件，也是进行技术交流、完成设备改造的重要工具。因此，每一个从事化工生产的专业技术人员，不仅要求具有绘制化工设备图的能力，而且应该具备熟练阅读化工设备图的能力。

阅读图样，就是通过图样来认识和理解所表达设备（或零部件）的结构、形状、尺寸和化工设备图技术要求等资料。读图能力的培养，有利于培养和发展空间想象力，丰富和完善设计思想；有利于设备的制造、安装、检修和使用；有利于对设备进行技术革新和改造；还有利于引进国内外先进的技术和设备。

通过对化工设备图的阅读，应达到以下几方面的基本要求。

（1）了解设备的性能、作用和工作原理。

（2）了解各零部件之间的装配连接关系和有关尺寸。

（3）了解设备主要零部件的结构、形状和作用，进而了解整个设备的结构。

（4）了解设备上的开口方位以及在设计、制造、检验和安装等方面的技术要求。

2.7.2 化工设备图阅读的一般方法

阅读化工设备图的方法和步骤，基本上与阅读机械装配图一样，可分为概括了解、详细分析、归纳总结等步骤。

2.7.2.1 对图样的概括了解

（1）看标题栏，了解设备的名称、规格、绘图比例、图纸张数等内容。

（2）对视图进行分析，了解表达设备所采用的视图数量和表达方法，找出各视图、剖视图的位置及各自的表达重点。

（3）看明细栏，概括了解设备的零部件件号和数目，以及哪些是零部件图，哪些是标准件或外购件。

（4）看设备的管口表、制造检验主要数据表及技术要求，概括了解设备的压力、温度、物料、焊缝探伤要求及设备在设计、制造、检验等方面的技术要求。

2.7.2.2 对图样的详细分析

（1）零部件结构分析　按明细栏中的序号，将零部件逐一从视图中分离出来，分析其结构、形状、尺寸及其与主体或其他零部件的装配关系。对标准化零部件，应查阅有关标准，弄清楚其结构。另有图样的零部件，则应查阅相关的零部件图，弄清楚其结构。

（2）对尺寸的分析　通过该图样中标注的尺寸数值及代（符）号，同时注意明细栏及管口表中的有关数据，弄清设备的主要规格尺寸、总体尺寸及一些主要零部件的主要尺寸；弄清设备中主要零部件之间的装配连接尺寸；弄清设备与基础或构筑物的安装定位尺寸等。

（3）对设备管口的阅读　通过阅读表示管口方位的视图，并按所编管口符号，对照相应的管口表以及相应件号在明细栏中的内容，弄清设备上所有管口的结构、形状、数目、大小和用途；弄清所有管口的周向方位和轴向距离；弄清所有管口外接法兰的规格和型号。

（4）对设计数据表和技术要求等内容的阅读　通过对设计数据表的阅读可以了解设备的工艺特性和设计参数（物料、压力、温度等），以帮助了解该设备用材、设计的依据、结构选型的意图等，是掌握设备全面资料的必要环节。

通过对技术要求各项内容的了解，可以掌握设备在制造、安装、验收、包装等方面的要求和说明，根据阅读者的不同工作要求，可以着重注意相应的部分。

2.7.2.3 对图样的归纳和总结

经过对图样的详细阅读后，可以将所有的资料进行归纳和总结，从而对设备获得一个完整、正确的概念，进一步了解设备的结构特点、工作特性、物料的流向和操作原理等。

化工设备图的阅读，基于其典型性和专业性，如能在阅读化工设备图的时候，适当地了解该设备的有关设计资料，了解设备在工艺过程中的作用和地位，将有助于对设备设计结构的理解。此外，如能熟悉各类化工设备典型结构的有关知识，熟悉化工设备的常用零部件的结构和有关标准，以及熟悉化工设备的表达方法和图示特点，必将大大提高读图的速度和深广度。因此，对初学者来说，应该有意识地学习和熟悉上述各项内容，逐步提高阅读化工设备图的能力和效率。

2.7.3 化工设备图样的阅读举例

附图（见书后插页）为一台带搅拌的反应罐，是化工企业用来合成化合物的一类常用设备，现以该图为例，应用上述读图方法和步骤，看懂该图样所表示的全部内容。

2.7.3.1 概括了解

（1）从标题栏知道该图为季戊四醇热熔釜的装配图，设备容积为 $5m^3$，绘图比例为 1∶10。

（2）视图以主、俯两个基本视图为主。主视图基本上采用了全剖视，不仅表达了设备的总体外形，而且表达了釜体的内部结构，如蛇管（件号 17）的配置、搅拌器（件号 40）的形式、夹套（件号 8）的形式等。传动部分和人孔（件号 32）部分未剖，因为此处多为组合件和标准件。几个管口采用了多次旋转剖视的画法，结合俯视图可以看清各个管口的方位和结构，另外，有五个局部剖视图，分别表示一些局部结构。

（3）从明细栏可知，该设备共编写了 45 个零部件编号，代号中附有 GB 的应符合《压力容器》（GB 150—2011）制造检验标准，附有 HG 的应符合《钢制化工容器制造技术要求》（HG/T 20584—2011），附有 JB 的应符合《钢制塔式容器》（JB/T 4710—2005）制造检验标准。除本总装图以外，还有一张部件图，图号为 JF9908-1，件号为 23、24、33、39、40、41 的多个零件均画在这一张图上。

（4）从管口表可知，该设备有 A、B、C……M 共 11 个管口符号，在主、俯视图上可以分别找出它们的位置。从设计数据表可了解：设备的内筒、夹套和蛇管工作压力均为 0.6MPa，工作温度均低于 200℃，物料内筒为醛类物质和甲酸钠，夹套和蛇管内的传热介质为蒸汽，电动机功率为 7.5kW，搅拌器转速为 8r/min 等。

2.7.3.2 详细分析

（1）零部件的结构分析

① 附图（见书后插页）中，内筒体（件号 9）和顶、底两个椭圆形封头（件号 7）焊接组成了整个反应筒体，筒体外焊有夹套，夹套的作用是与筒的外壁构成一个密闭空间，供通入载热体，使筒壁起传热面的作用。由于该设备夹套内载热体的压力 $p=0.6$MPa，为低压，所以夹套制作成圆筒形，套在筒体的外面，与筒体采用焊接不可拆连接。由于薄壁筒体受外压，为了增强筒体的刚度，在筒体的外表面焊上了加强圈（件号 11），同时也起到增加传热面积的作用。夹套外焊有耳座（件号 38）4 只，是整个反应罐的支撑装置。

②搅拌轴（件号 39）直径为 110mm，材料为 304，由减速机（件号 28）通过联轴器（件号 34）连接，带动其运转，转速为 8r/min，传动装置安装在机架上（件号 27），机架用双头螺柱和螺母等固定在顶封头和凸缘上（件号 24）。搅拌轴下端装有两组桨式搅拌器（件号 40），间距为 840mm，桨叶为平桨式，直径为 1000mm。

③ 该设备的传热装置是蛇管和夹套。首先通过伸入设备内的蛇管（件号 17），用蒸汽进行加热，随着反应的进行，又需往夹套中通入冷气以带走反应中产生的反应热。蛇管由管口 I 引入，由管口 J 伸出。蛇管按圆柱螺旋形弯卷，中心距为 1380mm，共 15 圈，每圈间距为 114mm，蛇管用 U 形螺栓（件号 41）固定在支架上（件号 10），见局部放大图 I。支架

从俯视局部剖视图中可知为三根角铁，用垫板焊在底封头内壁上。

④ 搅拌轴与筒体之间采用填料箱（件号 26）密封，在总图上只提供了它的外形，具体结构可查 HG 有关标准。

⑤ 该设备的人孔（件号 32）采用回转盖式，为标准件，可查阅 HG 相应标准。

⑥ 出料管（件号 16）为 $\phi 57\times 3.5$ 的无缝钢管（材料为 304），沿设备内壁伸入罐底中心，以便出料时尽可能排净。该管用焊在筒体内壁的固定管卡（件号 12）箍牢，其结构可由放大的剖视图 A—A 详细表示。筒体底部还有一个排污口，以便彻底排污。

另外，对于进料管口的伸出长度和结构形状，夹套与筒体焊接的形式，A、B 类焊接接头形状，都有相应的局部放大图予以表示。

（2）尺寸的阅读

① 装配图上表示了各主要零件的定形尺寸，如筒体的直径、高度和壁厚（$\phi 1800\times 2100\times 14$），封头的直径和壁厚（$\phi 2000\times 12$），以及搅拌轴、桨叶、蛇管和各接管的主要形状尺寸等。

② 图上标注了各零件之间的装配连接尺寸，如蛇管的装配位置，右端顶圈到底圈的距离为 114×14mm＝1596mm，每圈间隔 114mm，底圈到封头焊缝的距离为 40mm；桨叶的装配位置，最低一组离罐底 460mm，共两组，每组间隔 840mm；各管口的装配尺寸，除主、俯视图外，还需与局部剖视图等配合阅读得知。

③ 设备上四个耳座的螺栓孔中心距为 2480mm，这是安装该设备需要预埋地脚螺栓所必需的安装尺寸。

（3）管口的阅读　从管口表知道，该设备共有 11 个管口，它们的规格、连接形式、用途等均可由表中获知。各管口的方位，从俯视图可以看出，人孔在顶封头的正右方，出料口 A 在顶封头的左后方 45°，进料口 D 在顶封头的正前方，其正后方是放空、安全阀、充气、压力表共用口 B，底封头的正下方是排污口 F，其右后方 45°的夹套上是冷凝液出口 G。此外，蛇管的蒸汽进口是 I、出口是 J，夹套的蒸汽进口是 E、出口是 G。

（4）对设计数据表和技术要求的阅读　设计数据表提供了该设备的技术特性数据，诸如设备的工作压力和工作温度、物料名称等。

从图上的技术要求中可以了解到以下几点。

① 该设备制造、安装、试验、验收的技术依据。

② 焊接方法、焊条型号以及焊缝结构形式和尺寸的标准。

③ 焊缝检验要求。

④ 水压试验和气密试验要求。

2.7.3.3　归纳总结

（1）该设备应用于季戊四醇的化合反应，物料为醛类物质和甲酸钠，用蒸汽加热（蛇管，间接式加热），由于该反应是放热反应，反应过程中又需通过夹套用冷气降温。在温度不高于 200℃和压力为 0.6MPa 的条件下搅拌反应，经一定时间，搅拌反应完成后，用压缩空气将物料由出料口压出。

（2）通过阅读图例，结合前面有关内容可以看出，带搅拌的反应罐的表达方案一般以主、俯两个基本视图为主。主视图一般采用剖视以表达反应罐的内外主要结构，俯视图主要表示各接管口的周向方位。然后，采用若干局部剖视图，以表达各管口和内件以及焊接结构。

（3）结合上述情况也可归纳出，对于一般的带搅拌反应罐，主要抓住传热方式、搅拌器形式、传动装置及密封结构四个方面，就能掌握一般反应罐的结构特点。

2.8 化工设备常用零部件图样及结构选用

化工设备的零部件种类和规格较多，工艺要求不同，结构形状也各有差异，但总体可分为两类：一类是通用零部件；另一类是各种典型化工设备的常用零部件。为了便于设计、制造和检修，把这些零部件的结构形状统一成若干种规格，相互通用，称为通用零部件。符合标准规格的零部件称为标准件。

化工设备的零部件大都已经标准化，如筒体、封头、法兰、支座等。下面介绍几种常用的标准件。化工设备由筒体、封头、人孔、法兰、支座、液面计、补强圈等零部件组成，例如图 2-42 所示的压力容器的组成。这些零部件都有相应的标准，并在各种化工设备上通用。

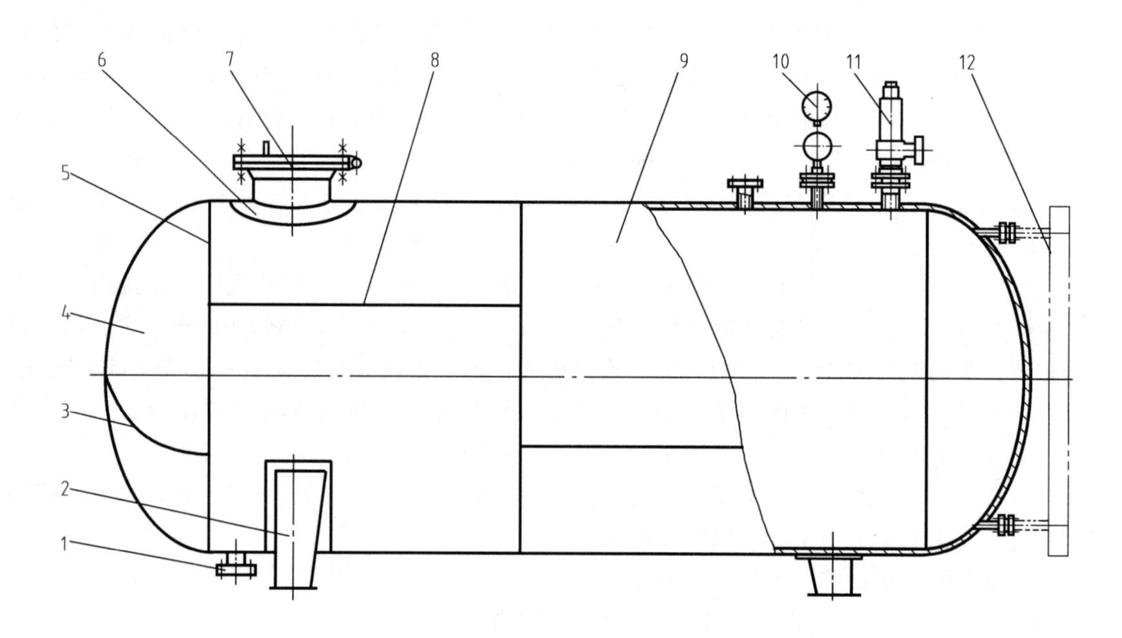

图 2-42 压力容器的组成

1—法兰；2—支座；3—封头拼接焊缝；4—封头；5—环焊缝；6—补强圈；7—人孔；8—纵焊缝；9—筒体；10—压力表；11—安全阀；12—液面计

2.8.1 筒体

筒体是化工设备的主体部分，以圆柱形筒体应用最广。筒体一般由钢板卷焊而成，其大小由工艺要求确定。筒体的主要尺寸是公称直径、高度（或长度）和壁厚。当直径小于 500mm 时，可用无缝钢管作筒体。直径和高度（或长度）根据工艺要求确定，壁厚由强度计算决定，筒体直径应在《压力容器公称直径》（GB/T 9019—2015）所规定的尺寸系列中选取，见表 2-6。

卷焊而成的筒体，其公称直径是指筒体的内径。采用无缝钢管作筒体时，其公称直径是指钢管的外径。

表 2-6　压力容器公称直径

钢板卷焊（内径）/mm	300	350	400	450	500	550	600	650	700	750
	800	850	900	950	1000	1100	1200	1300	1400	1500
	1600	1700	1800	1900	2000	2100	2200	2300	2400	2500
	2600	2700	2800	2900	3000	3100	3200	3300	3400	3500
	3600	3700	3800	3900	4000	4100	4200	4300	4400	4500
	4600	4700	4800	4900	5000	5100	5200	5300	5400	5500
	5600	5700	5800	5900	6000	—	—	—	—	—

无缝钢管（外径）/mm	159	219	273	325	377	426

标记示例 1：圆筒内径 1000mm 的压力容器

标记为：筒体　*DN*1000　GB/T 9019—2015

标记示例 2：外径 159mm 的管子作筒体的压力容器

标记为：筒体　*DN*159　GB/T 9019—2015

2.8.2　封头

封头是化工设备的重要组成部分，它安装在筒体的两端，与筒体一起构成设备的壳体。封头与筒体的连接方式有两种：一种是封头与筒体焊接，形成不可拆卸的连接；另一种是封头与筒体上分别焊上法兰，用螺栓和螺母连接，形成可拆卸的连接。封头的形式多种多样，常见的有球形、椭圆形、碟形、锥形及平板形，见表 2-7。封头的公称直径与筒体相同，因此图中封头的尺寸一般不单独标注。当筒体由钢板卷制时，封头的公称直径为内径；由无缝钢管作筒体时，封头的公称直径为外径。

封头标记按如下规定：

①　②×③-④　⑤

其中　①——按表 2-7 规定的封头类型代号；

②——数字，为封头公称直径，mm；

③——封头名义厚度，mm；

④——封头材料牌号；

⑤——标准号，JB/T 4746—2002。

标记示例 1：公称直径 1600mm、名义厚度 18mm、材质为 16MnR、以内径为基准的椭圆形封头

标记为：EHA　1600×18-16MnR　JB/T 4746—2002

标记示例 2：公称直径 2400mm、名义厚度 20mm、$R_i=1.0D_i$、$r=0.15D_i$、材质为 0Cr18Ni9 的碟形封头

标记为：DHA　2400×20-0Cr18Ni9　JB/T 4746—2002

表 2-7　封头的名称、断面形状、类型代号及形式参数关系

名　　称		断面形状	类型代号	形式参数关系
椭圆形封头	以内径为基准	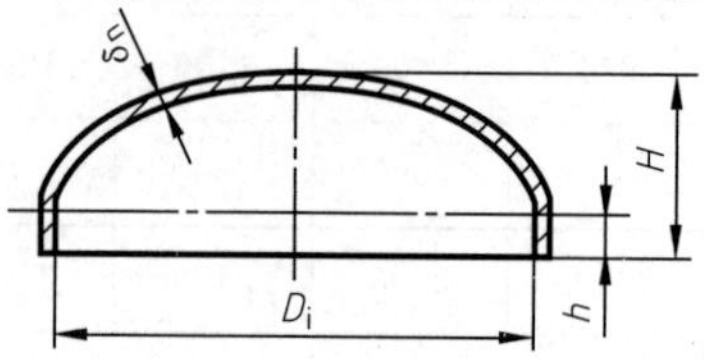	EHA	$\dfrac{D_i}{2(H-h)}=2$ $DN=D_i$
	以外径为基准	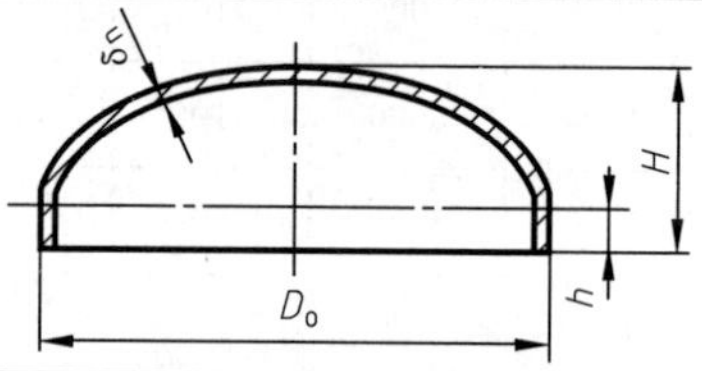	EHB	$\dfrac{D_o}{2(H-h)}=2$ $DN=D_o$
碟形封头		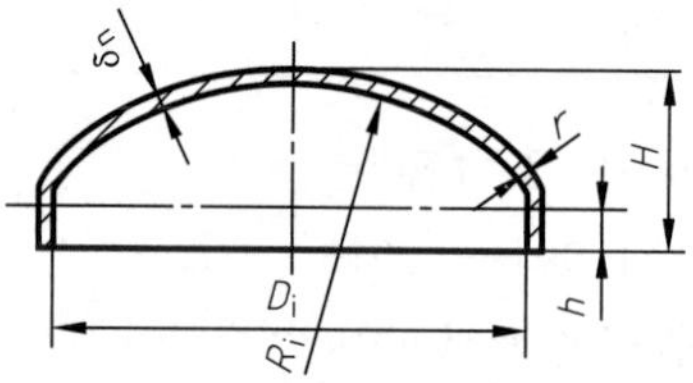	DHA	$R_i=1.0D_i$ $r=0.15D_i$ $DN=D_i$
			DHB	$R_i=1.0D_i$ $r=0.10D_i$ $DN=D_i$
折边锥形封头		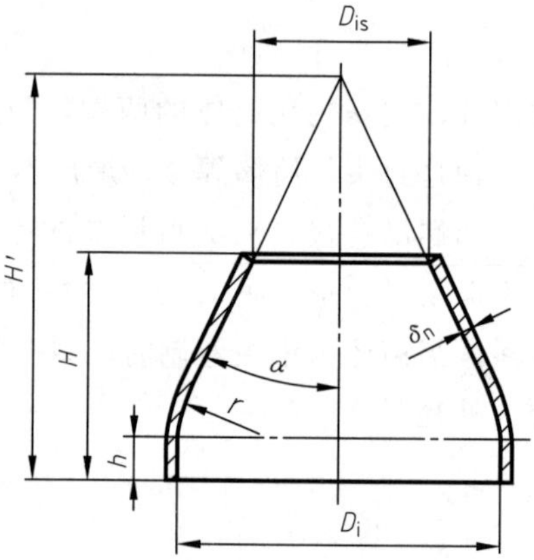	CHA	$r=0.15D_i$ $\alpha=30°$ $DN=D_i$
			CHB	$r=0.15D_i$ $\alpha=45°$ $DN=D_i$
折边锥形封头		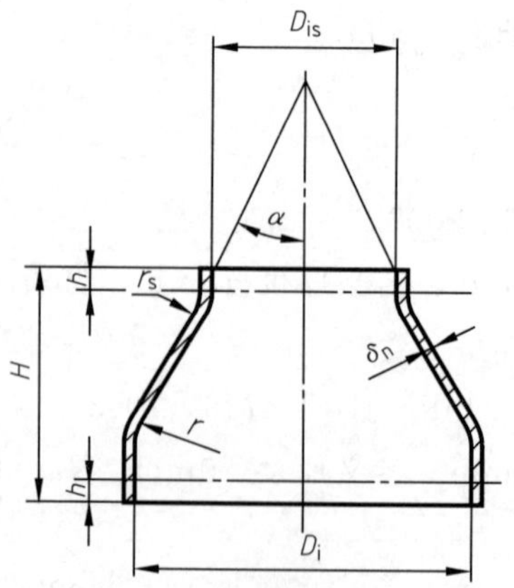	CHC	$r=0.15D_i$ $\alpha=60°$ $r_s=0.10D_{is}$ $DN=D_i$

续表

名　　称	断面形状	类型代号	形式参数关系
球冠形封头		PSH	$R_i=1.0D_i$ $DN=D_o$

2.8.3　法兰

法兰是法兰连接中的一种主要零件。法兰连接是由一对法兰、密封垫片和螺栓、螺母、垫圈等零件组成的一种可拆卸连接。

化工设备用的标准法兰有两类，即管法兰和压力容器法兰（又称设备法兰）。

标准法兰的主要参数是公称直径、公称压力和密封面形式，管法兰的公称直径为所连接管子的外径，压力容器法兰的公称直径为所连接筒体（或封头）的内径。

（1）管法兰　管法兰主要用于管道之间或设备上的接管与管道之间的连接。根据法兰与管子的连接方式，管法兰分为七种类型，即平焊法兰、对焊法兰、插焊法兰、螺纹法兰、活动法兰、整体法兰和法兰盖等，如图 2-43 所示。管法兰的密封面形式则分为平面、突面、

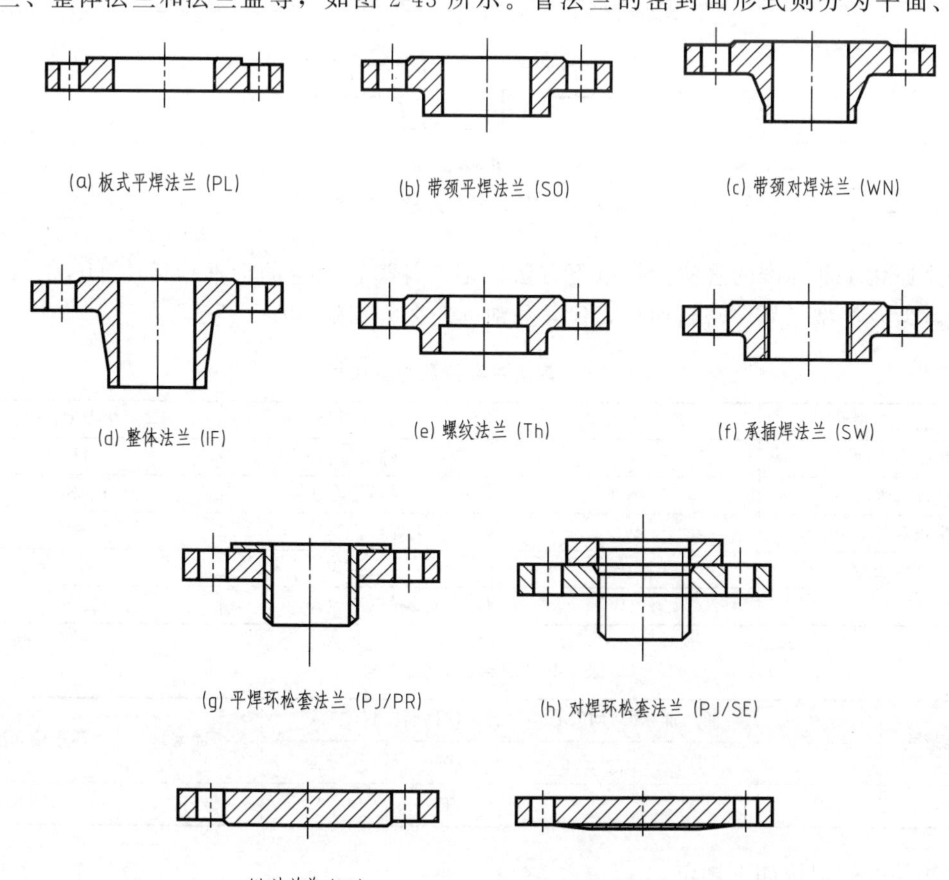

(a) 板式平焊法兰 (PL)　(b) 带颈平焊法兰 (SO)　(c) 带颈对焊法兰 (WN)

(d) 整体法兰 (IF)　(e) 螺纹法兰 (Th)　(f) 承插焊法兰 (SW)

(g) 平焊环松套法兰 (PJ/PR)　(h) 对焊环松套法兰 (PJ/SE)

(i) 法兰盖 (BL)　(j) 衬里法兰盖 [BL(S)]

图 2-43　管法兰的类型及代号

凹凸面、榫槽面和环连接面五种，如图 2-44 所示。突面和平面型的密封面上制有若干圈三角形小沟（俗称水线），以增加密封效果；凹凸型的密封面由一凸面和一凹面配对，凹面内放置垫片，密封效果比平面型好；榫槽面型的密封面由一榫形面和一槽形面配对，垫片放置在榫槽中，密封效果最好。管法兰的规格和尺寸系列可参见《钢制管法兰（PN 系列）》（HG/T 20592—2009）。该标准适用的钢管外径包括 A、B 两个系列，A 系列为国际通用系列（俗称英制管），B 系列为国内沿用系列（俗称公制管）。

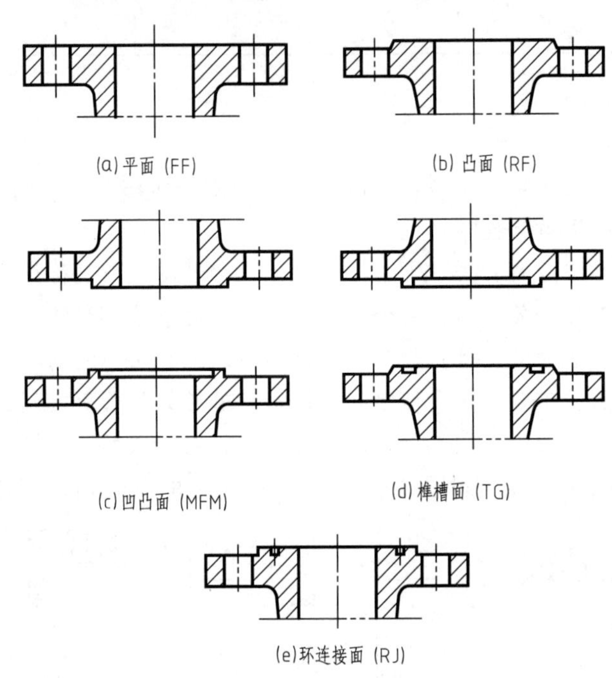

图 2-44 管法兰的密封面形式

采用原化工部标准的管法兰按以下方法标记，各类管法兰的标准均标注 HG/T 20592，管法兰类型及类型代号、密封面形式代号分别见表 2-8 和表 2-9。

表 2-8 管法兰类型及类型代号

法兰类型	法兰类型代号	法兰类型	法兰类型代号
板式平焊法兰	PL	螺纹法兰	Th
带颈平焊法兰	SO	对焊环松套法兰	PJ/SE
带颈对焊法兰	WN	平焊环松套法兰	PJ/PR
整体法兰	IF	法兰盖	BL
承插焊法兰	SW	衬里法兰盖	BL(S)

表 2-9 密封面形式代号

密封面形式	突面密封	凹凸面密封(MFM)		榫槽面密封(TG)		平面密封	环连接面密封
		凹面	凸面	榫面	槽面		
代号	RF	FM	M	T	G	FF	RJ

管法兰的标记按如下规定：

① ② ③ ④-⑤ ⑥ ⑦ ⑧ ⑨

其中 ①——标准号；

②——名称，法兰或法兰盖；

③——法兰类型代号，查表 2-8，螺纹法兰采用按 GB/T 7306 规定的锥管螺纹时，标记为“Th (Rc)”或“Th (Rp)”，螺纹法兰采用按 GB/T 12716 规定的锥管螺纹时，标记为“Th (NPT)”；

④——法兰公称直径 *DN* 与适用钢管外径系列，整体法兰、法兰盖、衬里法兰盖、螺纹法兰，适用钢管外径系列的标记可省略，适用于 A 标准系列钢管的法兰，标记为“*DN* (A)”，适用于 B 标准系列钢管的法兰，标记为“*DN* (B)”，mm；

⑤——公称压力等级 *PN*，MPa；

⑥——密封面形式代号，查表 2-9；

⑦——应由用户提供的钢管壁厚；

⑧——法兰材料牌号，对于带颈对焊法兰、对焊环松套法兰应标注钢管壁厚；

⑨——其他与标准不一致的要求。

标记示例 1：公称直径 1200mm、公称压力 0.25MPa、材料为 20 钢、配用公制管的突面板式平焊管法兰

标记为：HG/T 20592 法兰 PL 1200 (B)-0.25 RF 20

标记示例 2：公称直径 100mm、公称压力 10.0MPa、材料为 16Mn、采用凹面带颈对焊钢制管法兰，钢管壁厚为 8mm

标记为：HG/T 20592 法兰 WN 100-10.0 FM *S*=8mm 16Mn

标记示例 3：公称直径 400mm、公称压力 1.6MPa 的突面衬里钢制管法兰盖，材料为衬里 321、法兰盖体 20 钢

标记为：HG/T 20592 法兰盖 BL(S) 400-1.6 RF 20/321

(2) 压力容器法兰 压力容器法兰用于设备筒体与封头的连接，分为甲型平焊法兰、乙型平焊法兰和长颈对焊法兰三种，如图 2-45 所示。压力容器法兰密封面的形式有平面、凹凸面和榫槽面三种，如图 2-46 所示。法兰的规格和尺寸系列可参见《压力容器法兰》(JB/T 4700～4707—2000)。

压力容器法兰按以下方法标记：若法兰的厚度与总高度采用标准值时，这两项可省略不予标注；如果需要修改法兰的厚度与总高度，则均应在法兰的标注中加以标记。

压力容器法兰类型分为一般法兰和衬环法兰（满足法兰的防腐要求），一般法兰的法兰类型代号为“法兰”，衬环法兰的代号为“法兰 C”。法兰密封面的形式代号见表 2-10。

表 2-10 法兰密封面的形式代号

密封面的形式		代　号
平密封面	密封面上不开水线	PⅠ
	密封面上开两条同心圆水线	PⅡ
	密封面上开同心圆或螺旋线的密纹水线	PⅢ
凹凸密封面	凹密封面	A
	凸密封面	T
榫槽密封面	榫密封面	S
	槽密封面	C

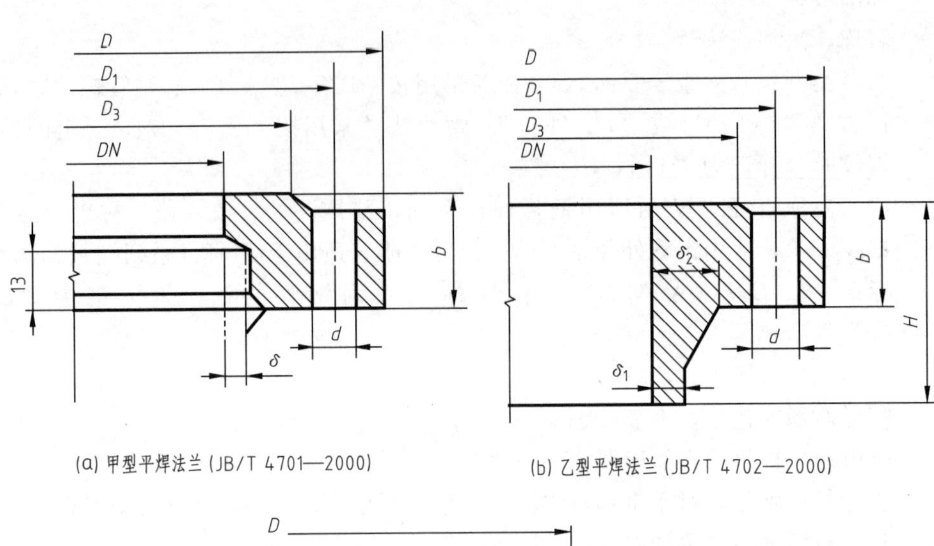

(a) 甲型平焊法兰 (JB/T 4701—2000)　　(b) 乙型平焊法兰 (JB/T 4702—2000)

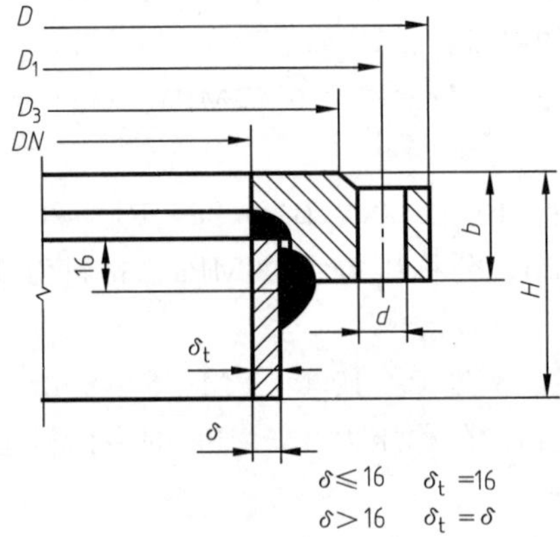

(c)长颈对焊法兰 (JB/T 4703—2000)

图 2-45　压力容器法兰的结构

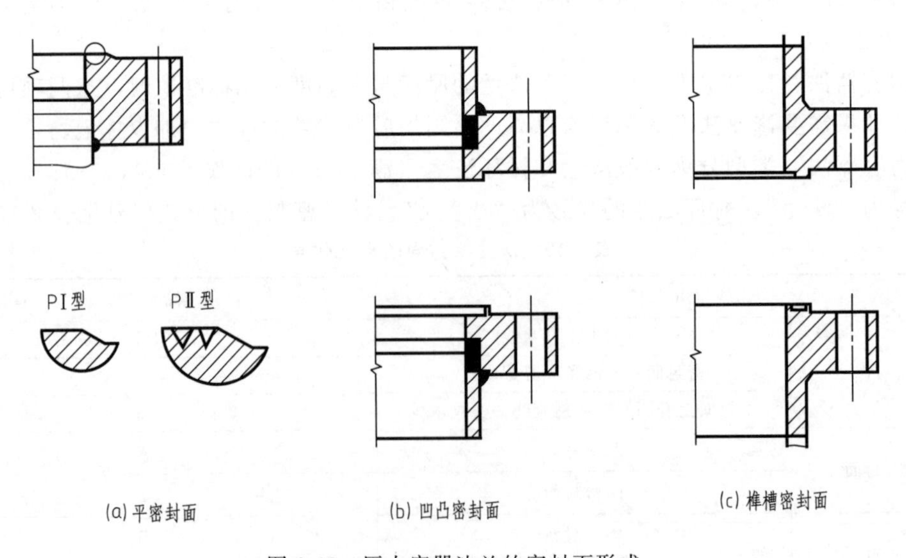

(a) 平密封面　　(b) 凹凸密封面　　(c) 榫槽密封面

图 2-46　压力容器法兰的密封面形式

压力容器法兰的标记按如下规定：

①-②　③-④/⑤-⑥　⑦

其中　①——法兰名称及代号；

②——密封面形式代号；

③——公称直径 DN，mm；

④——公称压力 PN，MPa；

⑤——法兰厚度，mm；

⑥——法兰总高度，mm；

⑦——标准号。

标记示例 1：公称直径 600mm、公称压力 1.6MPa 的衬环榫槽密封面乙型平焊法兰的榫面法兰，且考虑腐蚀裕量为 3mm（即应增加短节厚度 2mm，δ_t 改为 18mm）

标记为：法兰 C-T　600-1.6　JB/T 4702—2000，并在图样明细表备注栏中注明$\delta_t=18$mm

标记示例 2：公称直径 1000mm、公称压力 2.5MPa 的 PI 型平密封面长颈对焊法兰，其中法兰厚度改为 78mm，法兰总高度仍为 155mm

标记为：法兰-PI　1000-2.5/78-155　JB/T 4703—2000

2.8.4　手孔与人孔

手孔和人孔的设置是为了安装、拆卸、清洗和检修设备内部的装置。手孔和人孔的结构基本相同，如图 2-47 所示，在容器上接一短筒节，并盖上一盲板构成。手孔直径大小应考虑使工人戴上手套并握有工具的手能顺利通过，标准中有 DN150 与 DN250 两种。当设备直径超过 900mm 时，应开设人孔。人孔的形状有圆形和椭圆形两种：圆形人孔制造方便，应用较为广泛；椭圆形人孔制造较困难，但对壳体强度削弱较小。人孔的开孔尺寸尽量要小，以减少密封面和减小对壳体强度的削弱。人孔的开孔位置和大小应以工作人员进出设备方便为原则。

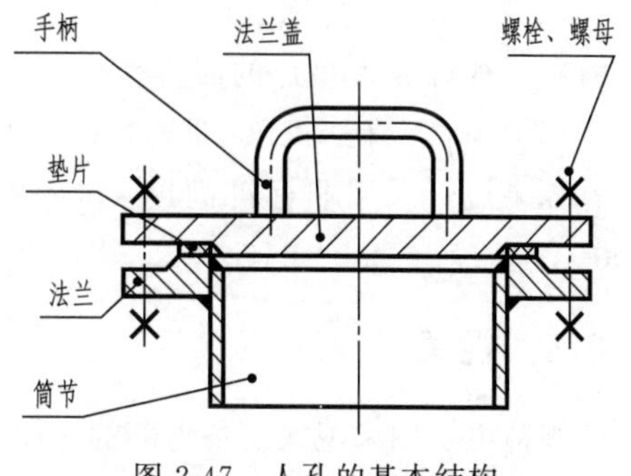

图 2-47　人孔的基本结构

人（手）孔的标记按以下方法：若短管高度采用标准值时，可省略不予标注；如果需要修改高度，则应在法兰的标注中加以标记。

人（手）孔的标记按如下规定：

①　②　③　④　(⑤)　⑥　⑦-⑧　⑨　⑩

其中　①——名称，人孔或手孔；

②——密封面代号，按表 2-10 填写，一个标准中仅有一种密封面者，不填写；

③——材料类别代号，按各个人孔和手孔标准明细表中规定的材料类别代号填写，明细栏中仅一类材料，无材料类别代号时不填，常用的人孔材料类别代号见表 2-11；

④——紧固螺栓（柱）代号，按 HG/T 21514—2005 附录 A 表 A.0.2 中螺栓（柱）代号栏内容填写，各个人孔和手孔标准明细表的每类材料中仅一种螺栓（柱）材料，无材料类别代号时不填；

⑤——垫片（圈）代号，按 HG/T 21514—2005 附录 B 表 B.0.2 中垫片（圈）代号栏内容填写，垫片（圈）代号由垫片（圈）名称代号·垫片（圈）形式代号-

垫片（圈）材质代号组成；

⑥——不快开回转盖人孔和手孔盖轴耳形式代号，按各个回转盖人孔和手孔标准中规定，填“A”或“B”，其他人孔和手孔本项不填写；

⑦——公称直径，mm；

⑧——公称压力，对各个常压人孔和手孔本项不填写，MPa；

⑨——非标准高度 H_1，应填写 H_1＝×××，当 H_1 尺寸采用各个人孔和手孔标准中规定的数值时，本项不填写，mm；

⑩——标准编号，应完整填写 HG/T 标准顺序号和年份，即 HG/T 21515～21535—2014。

如按照 HG/T 21515 中规定，公称直径 DN450、H_1＝160、采用石棉橡胶板垫片的常压人孔，其标记符号为：人孔　(A-XB350)　450　HG/T 21515—2014

H_1＝190（非标准尺寸）的上例人孔，其标记符号为：人孔　(A-XB350)　450　H_1＝190　HG/T 21515—2014

表 2-11　人（手）孔材料类别代号

标记符号	Ⅰ	Ⅱ	Ⅲ	Ⅳ
材料代号	Q235-AF (≤0.6MPa， 0～200℃)	Q235-A (≤0.6MPa， 0～200℃)	Q235-A (≤1.0MPa， 0～300℃)	20R (≤2.5MPa， −20～300℃)

标记示例 1：公称直径 450mm、采用 2707 耐酸碱橡胶垫片的常压人孔

标记为：人孔　(A-XB350)　450　HG/T 21515—2005

标记示例 2：公称直径 300mm、公称压力 1.0MPa、A 型盖轴耳、突面密封、采用Ⅲ类材料和石棉橡胶板垫片的回转盖板式平焊法兰标准人孔

标记为：人孔　RF　Ⅲ　(A·G)　A　300-1.0　HG/T 21516—2014

如果短管采用非标准高度 H_1＝250mm，则标记为：人孔　RF　Ⅲ　(A·G)　A　300-1.0　H_1＝250　HG/T 21516—2014

2.8.5　视镜

视镜主要用来观察设备内部的操作工况，其基本结构是供观察用的视镜玻璃被夹在特别设计的凸缘和压紧环之间，并用双头螺栓紧固，使之连接在一起构成视镜装置，如图 2-48 所示。

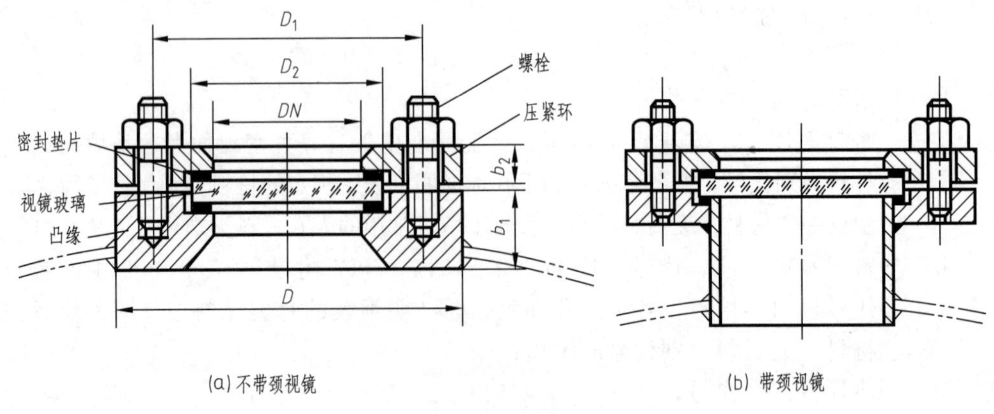

图 2-48　视镜的基本结构

常用视镜有不带颈视镜（凸缘视镜）、带颈视镜、衬里视镜、压力容器视镜和带灯视镜。

压力容器视镜适用于最高压力为 2.5MPa、温度为 0～200℃的场合。视镜玻璃的材质为钢化硼硅玻璃，耐热急变温差为 180℃。视镜的标准为 HG/T 21619～21620—1986。

不带颈视镜、带颈视镜及衬里视镜应当在名称中注明，如果采用非标准高度也应加以标记。视镜材料是碳素钢（Q235-A），用代号Ⅰ表示；视镜材料是不锈钢（1Cr18Ni9Ti），用代号Ⅱ表示。

带灯视镜的标注则有些差别，带灯视镜的类型代号和视镜衬里代号分别见表 2-12 和表 2-13。视镜灯的代号有两种：一种是 BJd，防爆型；另一种是 F2，防腐型。

表 2-12　带灯视镜的类型代号

视镜类型	代　　号	视镜类型	代　　号
带灯视镜	A	有颈带灯视镜	C
有冲洗孔带灯视镜	B	有冲洗孔有颈带灯视镜	D

表 2-13　视镜衬里代号

视镜衬里	代　　号	视镜衬里	代　　号
碳钢	Ⅰ	碳钢和不锈钢混合材料	Ⅱ
全不锈钢	Ⅲ		

标记示例 1：公称压力 1.6MPa、公称直径 100mm、材料为不锈钢的标准视镜

标记为：视镜Ⅱ　*PN*1.0，*DN*100　HG/T 21619—1986

标记示例 2：公称压力 1.6MPa、公称直径 100mm、视镜高度 $h=100$mm、材料为碳素钢的带颈视镜

标记为：带颈视镜Ⅰ　*PN*1.6，*DN*100，$h=100$　HG/T 21620—1986

标记示例 3：公称压力 1.0MPa、公称直径 150mm、材料为碳素钢、无冲洗孔的带灯防爆视镜

标记为：AⅠ　*PN*1.6，*DN*150-BJd

2.8.6　液面计

液面计是用来观察设备内部液面位置的装置。液面计结构有多种形式，其中部分已经标准化，现有标准中，分为玻璃板液面计、玻璃管液面计（HG 21588～21592—1995）、磁性液面计（HG/T 21584—1995）和用于低温设备的防霜液面计（HG/T 21550—1993）。液面计与设备的连接如图 2-49 所示。

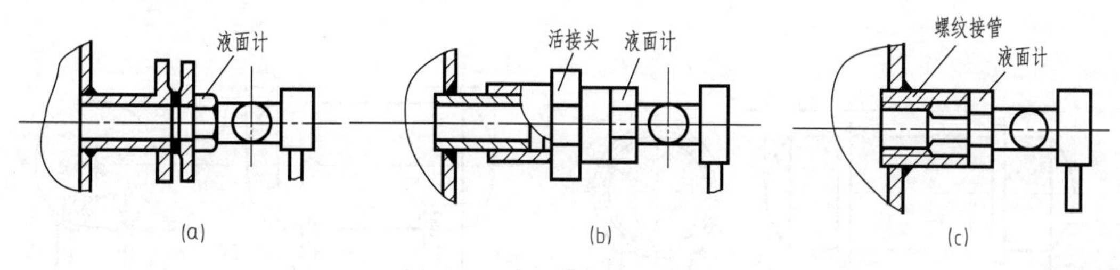

图 2-49　液面计与设备的连接

法兰连接处的密封面形式为：A 表示平面型，B 表示凹凸型。主体零部件用材料类别

为：Ⅰ表示碳钢，Ⅱ表示不锈钢，它决定着液面计的最大工作压力。结构形式为：D表示不保温型，W表示保温型。

标记示例：碳钢制保温型具有凹凸密封面、公称压力1.6MPa、长度$L=1000$mm的玻璃板液面计

标记为：液面计　B　Ⅰ　W　$PN2.5$，$L=1000$　HG 21588—1995

2.8.7 补强圈

补强圈用来弥补设备壳体因开孔过大而造成的强度损失。补强圈结构如图2-50所示，其形状应与被补强部分相符，使之与设备壳体密切贴合，焊接后能与壳体同时受力。补强圈上有一小螺纹孔，焊后通入压缩空气，以检查焊接缝的气密性。补强圈厚度随设备厚度不同而异，由设计者决定，一般要求补强圈的厚度和材料均与设备壳体相同。按照补强圈焊接接头结构的要求，补强圈坡口形式有A～E五种，设计者也可根据结构要求自行设计坡口形式。补强圈的标准为JB/T 4736—2002。

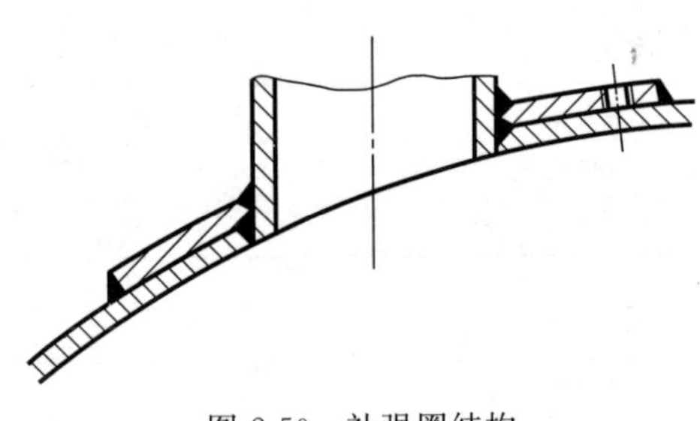

图2-50　补强圈结构

标记示例：接口公称直径100mm、厚度8mm、坡口形式为B型的补强圈

标记为：补强圈　$DN100\times8$-B　JB/T 4736—2002

2.8.8 支座

支座用于支承设备的重量和固定设备的位置。支座分为立式设备支座、卧式设备支座和球形容器支座三大类。每类又按支座的结构形状、安放位置、载荷情况而有多种形式。立式设备支座有耳式支座、支承式支座和腿式支座，其中应用较多的为耳式支座；卧式设备支座有鞍式支座、圈式支座和支脚三种，如图2-51所示，其中应用较多的为鞍式支座；球形容器支座有柱式支座（包括赤道正切式、V式、三柱式）、裙式支座、半埋式支座、高架式支

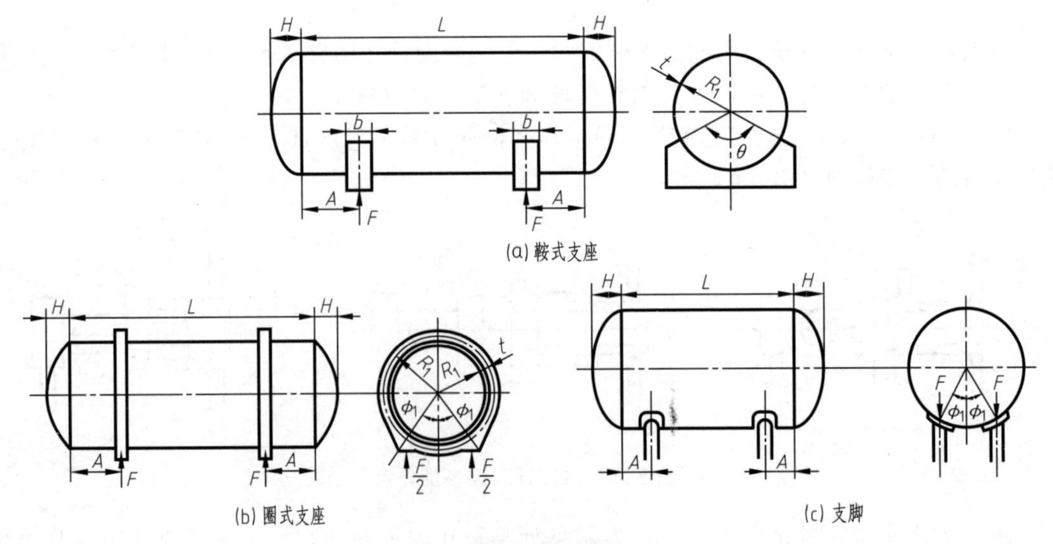

图2-51　卧式容器支座

座四种，其中应用较多的为赤道正切式球形容器支座，如图 2-52 所示。

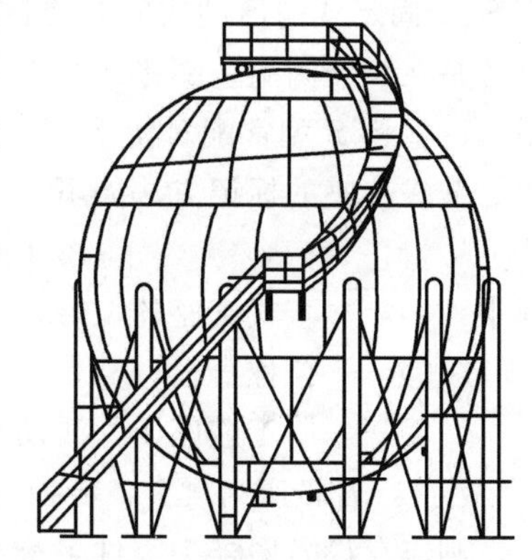

图 2-52　赤道正切式球形容器支座

下面介绍两种典型的标准化支座，即耳式支座和鞍式支座。

(1) 耳式支座　耳式支座广泛用于立式设备。它的结构是由两块筋板、一块支脚板焊接而成。

耳式支座的标记方法如下：

JB 4712.3—2007　耳式支座 ①②-③

其中　①——耳式支座的型号，A、B、C；

②——支座号，1～8；

③——材料代号，Ⅰ、Ⅱ、Ⅲ、Ⅳ。

若垫板厚度 δ_3 与标准尺寸不同，则在设备图样中零件名称栏或备注栏注明。如$\delta_3=12$。

支座及垫板的材料在设备图样的材料栏内标注，表示方法如下：支座材料/垫板材料。

耳式支座有 A 型、B 型、C 型三种结构。支座号表示支座本体允许的载荷及适用设备的公称直径。耳式支座的形式特征见表 2-14，材料代号见表 2-15。

表 2-14　耳式支座的形式特征

形式		支座号	垫板	盖板	适用公称直径 *DN*/mm
短臂	A	1～5	有	无	300～2600
		6～8		有	1500～4000
长臂	B	1～5	有	无	300～2600
		6～8		有	1500～4000
加长臂	C	1～5	有	无	300～1400
		6～8		有	1000～4000

表 2-15　材料代号

材料代号	Ⅰ	Ⅱ	Ⅲ	Ⅳ
支座的筋板和底板材料	Q235A	16MnR	0Cr18Ni9	15CrMoR

标记示例 1：A 型带垫板、3 号耳式支座，支座材料为 Q235A，垫板材料为 Q235A

标记为：JB 4712.3—2007　耳式支座 A3-Ⅰ

标记示例 2：B 型带垫板、3 号耳式支座，支座材料为 16MnR，垫板材料为 0Cr18Ni9，垫板厚 12mm

标记为：JB 4712.3—2007　耳式支座 B3-Ⅱ，$\delta_3=12$

(2) 鞍式支座　鞍式支座是卧式设备中应用最广的一种支座。它由一块鞍形板、几块筋板、一块底板及一块竖板组成。支承板焊于鞍形板和底板之间，竖板被焊接在它们的一侧，底板搁在地基上，并用地脚螺栓加以固定。

卧式设备一般用两个鞍式支座支承，当设备过长，超过两个支座允许的支承范围，应增加支座数目。

鞍式支座分为 A 型（轻型）和 B 型（重型，按包角、制作方式及附带垫板情况分为五种型号，其代号为 BⅠ～BⅤ）两种，每种类型又分为固定式（代号为 F）和活动式（代号为 S)。固定式与活动式的主要区别在底板的螺栓孔，固定式为圆孔，活动式为长圆孔，其目的是在容器因温差膨胀或收缩时，可以滑动调节两支座间距，而不致使容器受附加应力作用，F 型和 S 型常配对使用。

鞍式支座的标记方法如下：

JB/T 4712.1—2007 鞍式支座①②-③

其中 ①——鞍式支座的型号，A、BⅠ、BⅡ、BⅢ、BⅣ、BⅤ；

②——公称直径；

③——固定鞍座 F，活动鞍座 S。

注 1：若鞍座高度 h、垫板宽度 b_4、垫板厚度 δ_4、底板滑动长孔长度 l 与标准尺寸不同，则应在设备图样中零件名称栏或备注栏注明。如 $h=450$，$b_4=200$，$\delta_4=12$，$l=30$。

注 2：鞍座材料在设备图样的材料栏内填写，表示方法为：支座材料/垫板材料。无垫板时只注支座材料。

标记示例 1：公称直径 1200mm、A 型、活动式鞍式支座，鞍座材料为 Q235A

标记为：JB/T 4712.1—2007 鞍式支座 A1200-S

材料栏内注：Q235A

标记示例 2：公称直径 1600mm、150°包角、重型活动式鞍式支座，鞍座材料为 Q235A，垫板材料为 0Cr18Ni9，鞍座高度为 400mm，垫板厚 12mm，滑动长孔长度为 60mm

标记为：JB/T 4712.1—2007 鞍式支座 BⅡ1600-S，$h=450$，$\delta_4=12$，$l=60$

材料栏内注：Q235A/0Cr18Ni9

第3章 化工工艺图

3.1 概 述

化工流程图是表示化工生产工艺流程的示意图样，也是工程项目设计的一个指导性文件。在设计过程中，化工流程图可按其设计阶段的要求、作用及内容详细程度的不同分为方案流程图、物料流程图（PFD）和带控制点的工艺流程图（PID）。由于化工流程图是借助统一规定的图形符号和文字代号，用图示的方法把建立化工工艺装置所需的全部设备、仪表、管道、阀门及主要管件，按其各自功能，为满足工艺要求和安全、经济目的而组合起来，以起到描述工艺装置的结构和功能的作用，所以本章将首先介绍流程图所遵循的规定，然后分别介绍方案流程图、物料流程图（PFD）和带控制点的工艺流程图（PID）。

3.2 方案流程图

3.2.1 方案流程图的作用及内容

方案流程图用于表达物料从原料到成品或半成品的工艺过程，以及所使用的设备和机器。它是工艺方案的讨论依据和施工流程图的设计基础。

图3-1所示为混合碳四二聚工段的方案流程图。混合碳四从总厂送至原料缓冲罐D0101，经进料泵P0101A/B加压，先与混合器M0201来的物料换热后，在异丁烯聚合反应器R0101进行反应。反应后的物料送至脱重塔T0102。

从图3-1中可知，方案流程图主要包括两方面内容。

(1) 设备 用示意图表示生产过程中所使用的机器、设备，用文字、字母、数字注写设备的名称和位号。

(2) 工艺流程 用工艺流程线及文字表达物料由原料到成品或半成品的工艺流程。

3.2.2 方案流程图的画法

方案流程图是一种示意性的展开图，它按照工艺流程的顺序，把设备和工艺流程线自左

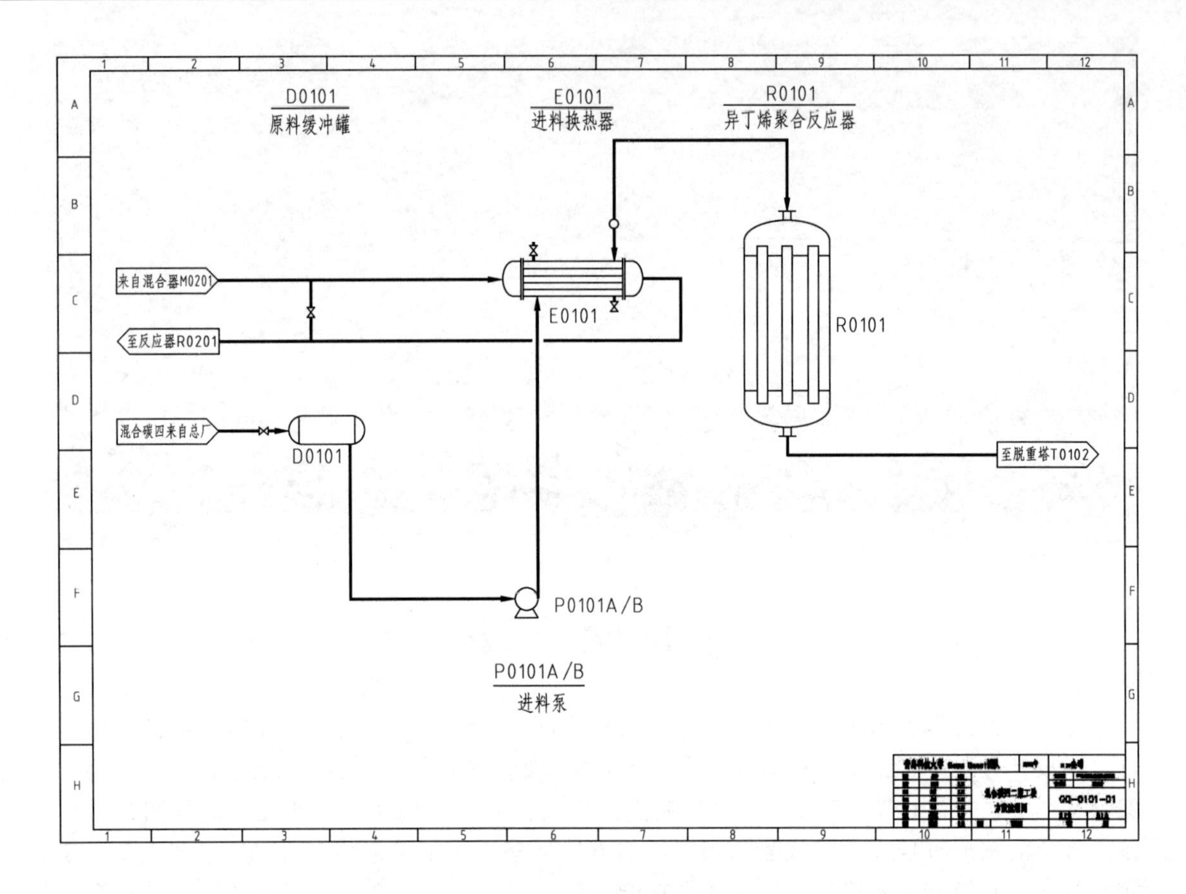

图 3-1　混合碳四二聚工段的方案流程图

至右地展开并画在一个平面上，并加以必要的标注和说明。方案流程图的绘制主要涉及：设备画法；设备位号及名称的注写；工艺流程线的画法。

3.2.3　设备位号及名称的注写

在流程图的上方或下方靠近设备图形处列出设备的位号和名称，并在设备图形中注写其位号，如图 3-1 所示。设备位号及名称的注写方法如图 3-2 所示，设备位号及名称分别书写在一条水平粗实线（设备位号线）的上、下方，设备位号由设备类别代号、车间或工段号、设备序号以及相同设备序号等组成。常用设备类别代号及其图例见表 3-1。车间或工段号由工程总负责人给定，采用两位数字，从 01 开始，最大 99；设备序号按同类设备在工艺流程中流向的先后顺序编制，采用两位数字，从 01 开始，最大 99；两台或两台以上相同设备并联时，它们的位号前三项完全相同，用不同的数字尾号予以区别，按数量和排列顺序依次以大写英文字母 A、B、C……作为每台设备的尾号。

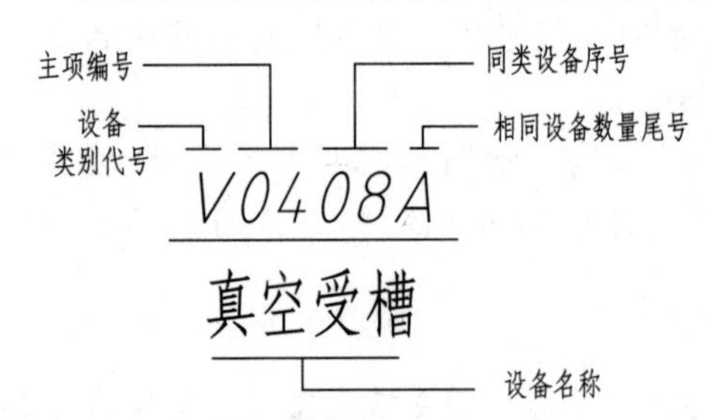

图 3-2　设备位号及名称的注写方法

表 3-1　常用设备类别代号及其图例（摘自 HG 20519.31—1992）

设备类别代号	图　　例
反应器(R)	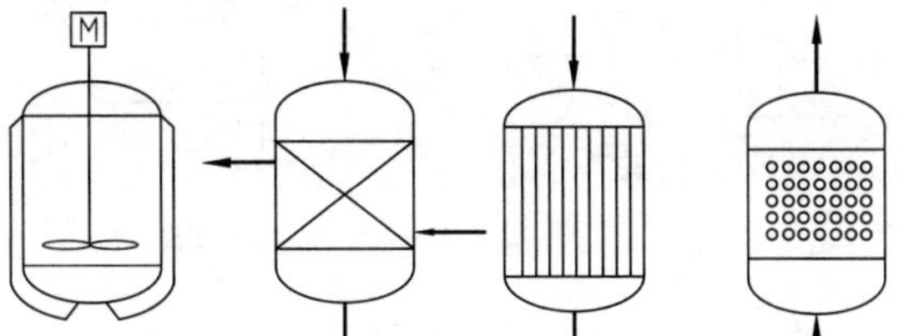 反应釜(闭式、带搅拌、夹套)　固定床反应器　列管式反应器　流化床反应器
工业炉(F)	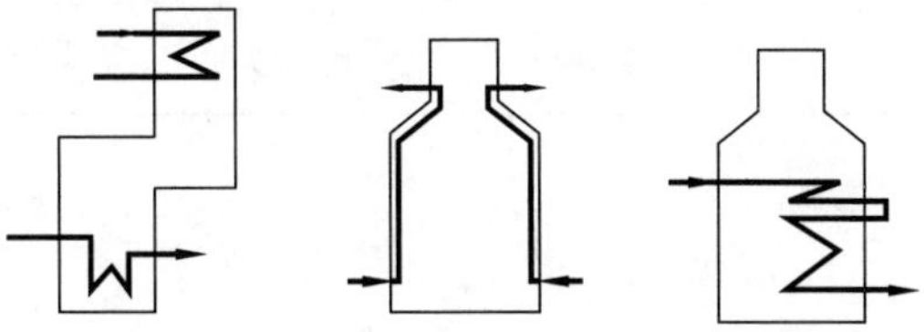 箱式炉　圆筒炉　圆筒炉
压缩机(C)	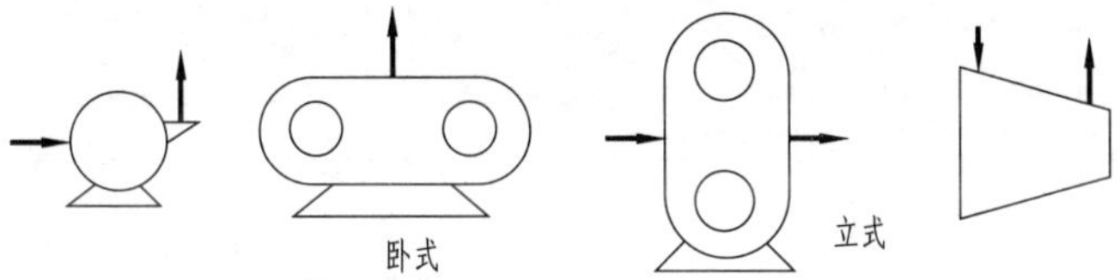 鼓风机　卧式　旋转式压缩机　立式　离心式压缩机 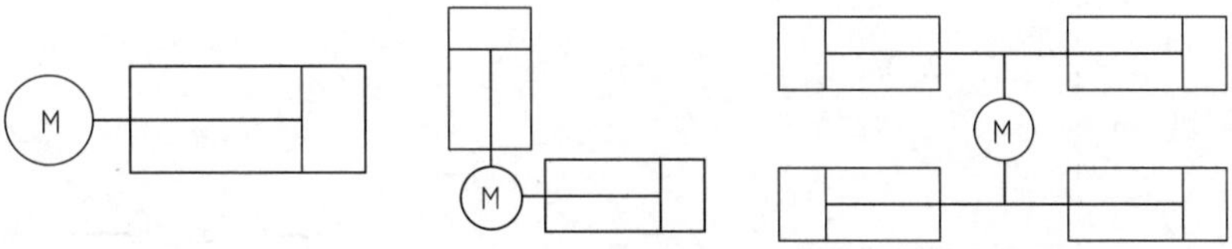 往复式压缩机　二段往复式压缩机　四段往复式压缩机
换热器(E)	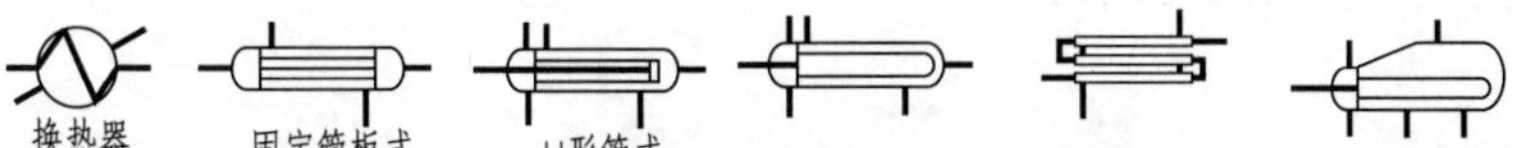 换热器(简图)　固定管板式列管换热器　U形管式换热器　浮头式列管换热器　套管式换热器　釜式换热器 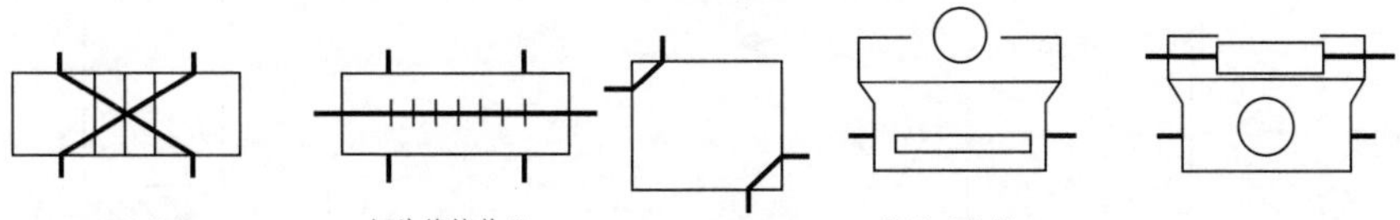 板式换热器　翅片管换热器　螺旋式换热器　抽风式换热器　送风式空冷器 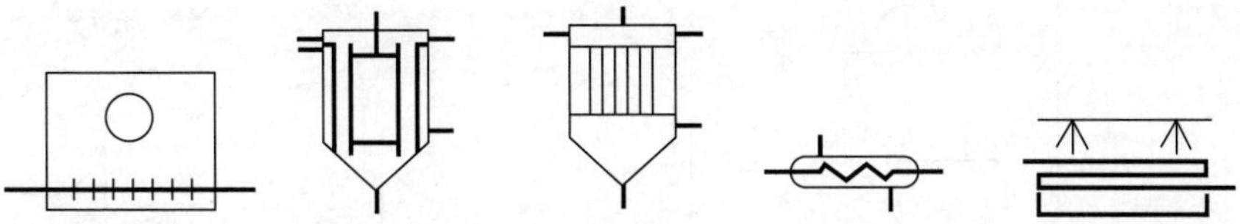 带风扇的翅片管式换热器　刮板式薄膜蒸发器　蛇管式(薄膜)蒸发器　蛇管式(盘管式)换热器　喷淋式冷却器

续表

设备类别代号	图例
塔内件	降液管　受液盘　泡罩塔塔板　浮阀塔塔板　格栅板 升气管　湍球塔　筛板塔塔板　分配(分布)器、喷淋器　丝网除沫层　填料除沫层
火炬烟囱(S)	烟囱　火炬
泵(P)	离心泵　水环式真空泵　旋转泵或齿轮泵　螺杆泵　往复泵 隔膜泵　液下泵　喷射泵　旋涡泵
容器(V)	锥顶罐　池、槽、坑(地下、半地下)　浮顶罐　圆形锥底容器　蝶形封头容器 平顶容器　干式气柜　湿式气柜　球罐

续表

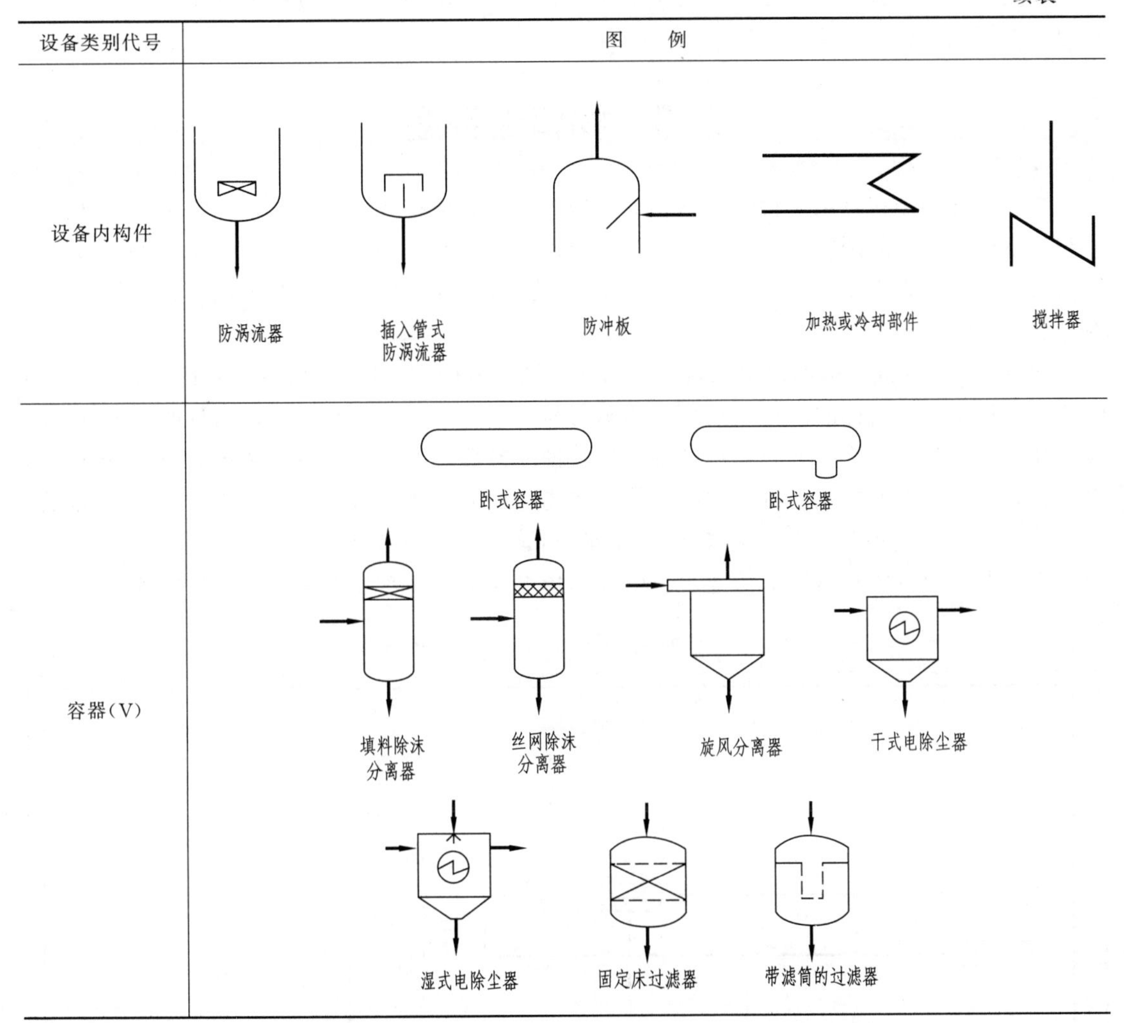

3.2.4　工艺流程线的画法

在方案流程图中，用粗实线来绘制主要物料的工艺流程线，用箭头标明物料的流向，并在流程线的起始和终止位置注明物料的名称、来源或去向。

在方案流程图中，一般只画出主要工艺流程线，其他辅助流程线则不必一一画出。如遇到流程线之间或流程线与设备之间发生交错或重叠而实际并不相连时，应将其中的一线断开或曲折绕过，如图 3-3 所示，断开处的间隙应为线宽的 5 倍左右。应尽量避免管道穿过设备。

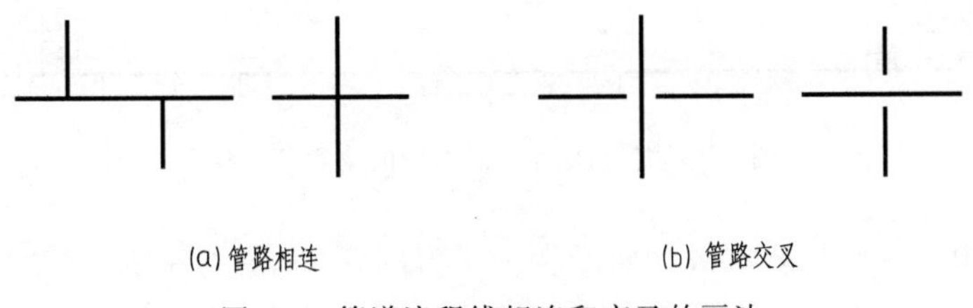

图 3-3　管道流程线相连和交叉的画法

方案流程图一般只保留在设计说明书中，施工时不使用，因此方案流程图的图幅无统一规定，图框和标题栏也可以省略。

3.3 物料流程图

物料流程图是在方案流程图的基础上，用图形与表格相结合的形式，反映设计中物料衡算和热量衡算结果的图样。物料流程图是初步设计阶段的主要设计产品，为设计主管部门和投资决策者的审查提供资料，又是进一步设计的依据，同时它还可以为实际生产操作提供参考。

图 3-4 所示为混合碳四二聚工段的物料流程图。从图中可以看出，物料流程图中设备的画法、设备位号及名称的注写、流程线的画法与方案流程图中基本一致，只是增加了以下内容：在设备位号及名称的下方加注设备特性数据或参数，如换热设备的换热面积，塔设备的直径、高度，贮罐的容积，机器的型号等；在流程的起始处以及使物料产生变化的设备后，列表注明物料变化前后其组分的名称、流量（kg/h）、摩尔分数（%）等参数及各项的总和，实际书写项目依具体情况而定。表格线和指引线都用细实线绘制。物料名称及代号见表 3-2。

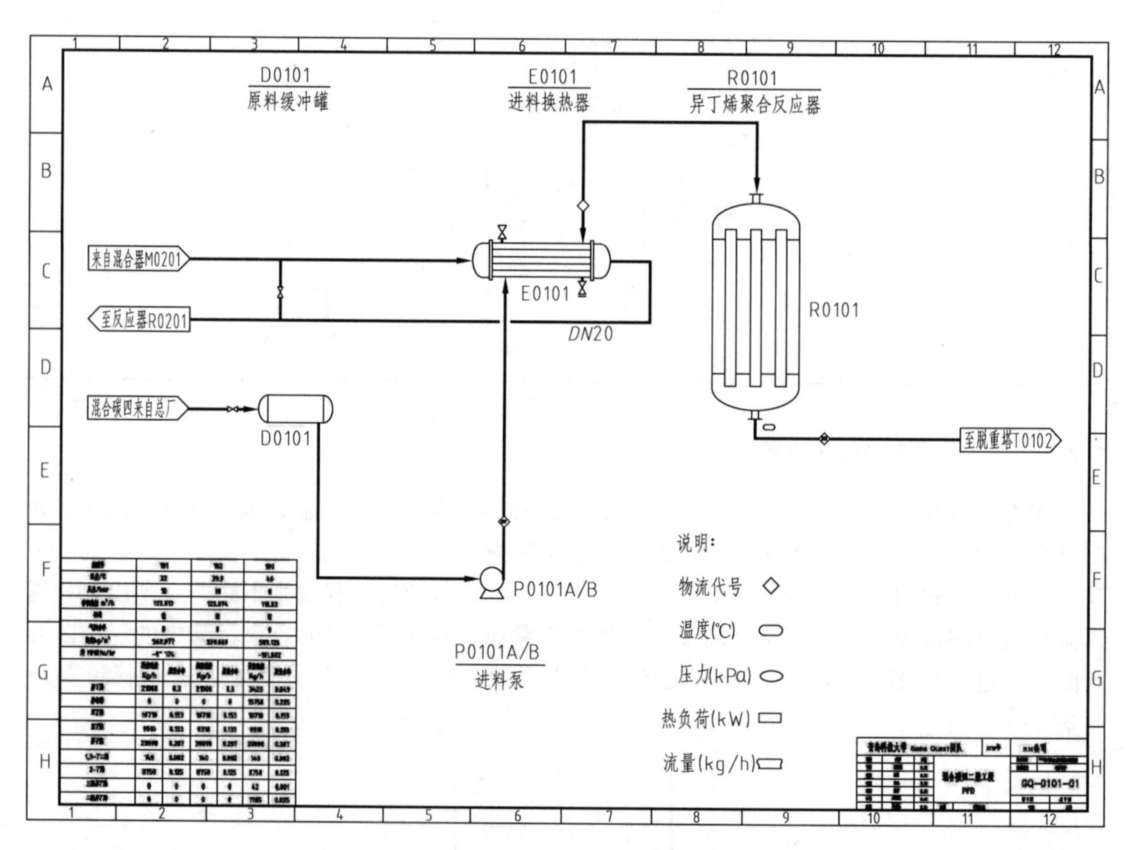

图 3-4 混合碳四二聚工段的物料流程图

物料在流程中的一些工艺参数（如温度、压力等），可在流程线旁注写出。物料流程图需画出图框和标题栏，图幅大小要符合国家标准《技术制图》相关标准。

表 3-2　物料名称及代号（摘自 HG 20519.36—1992）

分类	物料代号	物料名称
工艺物料	PA	工艺空气
	PG	工艺气体
	PGL	气液两相流工艺物料
	PGS	气固两相流工艺物料
	PL	工艺液体
	PLS	液固两相流工艺物料
	PS	工艺固体
	PW	工艺水
空气	AR	空气
	CA	压缩空气
	IA	仪表空气
伴热蒸汽	HS	高压蒸汽
	LS	低压蒸汽
	MS	中压蒸汽
	SC	蒸汽冷凝水
	TS	伴热蒸汽
燃料	FG	燃料气
	FL	液体燃料
	FS	固体燃料
	NG	天然气
	LPG	液化石油气
	LNG	液化天然气

分类	物料代号	物料名称
制冷剂	AG	气氨
	AL	液氨
	RWR	冷冻盐水回水
	RWS	冷冻盐水上水
	FRG	氟利昂气体
	ERG	气体乙烯或乙烷
	ERL	液体乙烯或乙烷
	PRG	气体丙烯或丙烷
	PRL	液体丙烯或丙烷
水	BW	锅炉给水
	CSW	化学污水
	CWR	循环冷却水回水
	CWS	循环冷却水上水
	DNW	脱盐水
	DW	饮用水、生活用水
	FW	消防水
	HWR	热水回水
	HWS	热水上水
	RW	原水、新鲜水
	SW	软水
	WW	生产废水
油	DO	污油
	FO	燃料油
	GO	填料油
	LO	润滑油
	RO	原油
	SO	密封油
	HO	导热油

分类	物料代号	物料名称
其他	DR	排液、导淋
	FSL	熔盐
	H	氢
	O	氧
	N	氮
	WG	废气
	WS	废渣
	WO	废油
	FLG	烟道气
	CAT	催化剂
	AD	添加剂
	VE	真空排放气
	VT	放空
	FV	火炬排放气
	GT	尾气
	IG	惰性气
	CG	转化气
	SG	合成气
	SL	泥浆

3.4　带控制点的工艺流程图

带控制点的工艺流程图也称为施工流程图，它也是在方案流程图的基础上绘制的、内容较为详尽的一种工艺流程图。在施工流程图中应把生产中涉及的所有设备、管道、阀门以及各种仪表控制点等都画出。它是设计、绘制设备布置图和管道布置图的基础，又是施工安装和生产操作时的主要参考依据。图 3-5 所示为混合碳四二聚工段的施工流程图。从图中可知，施工流程图的内容主要有：设备示意图，即带接管口的设备示意图，注写设备位号及名

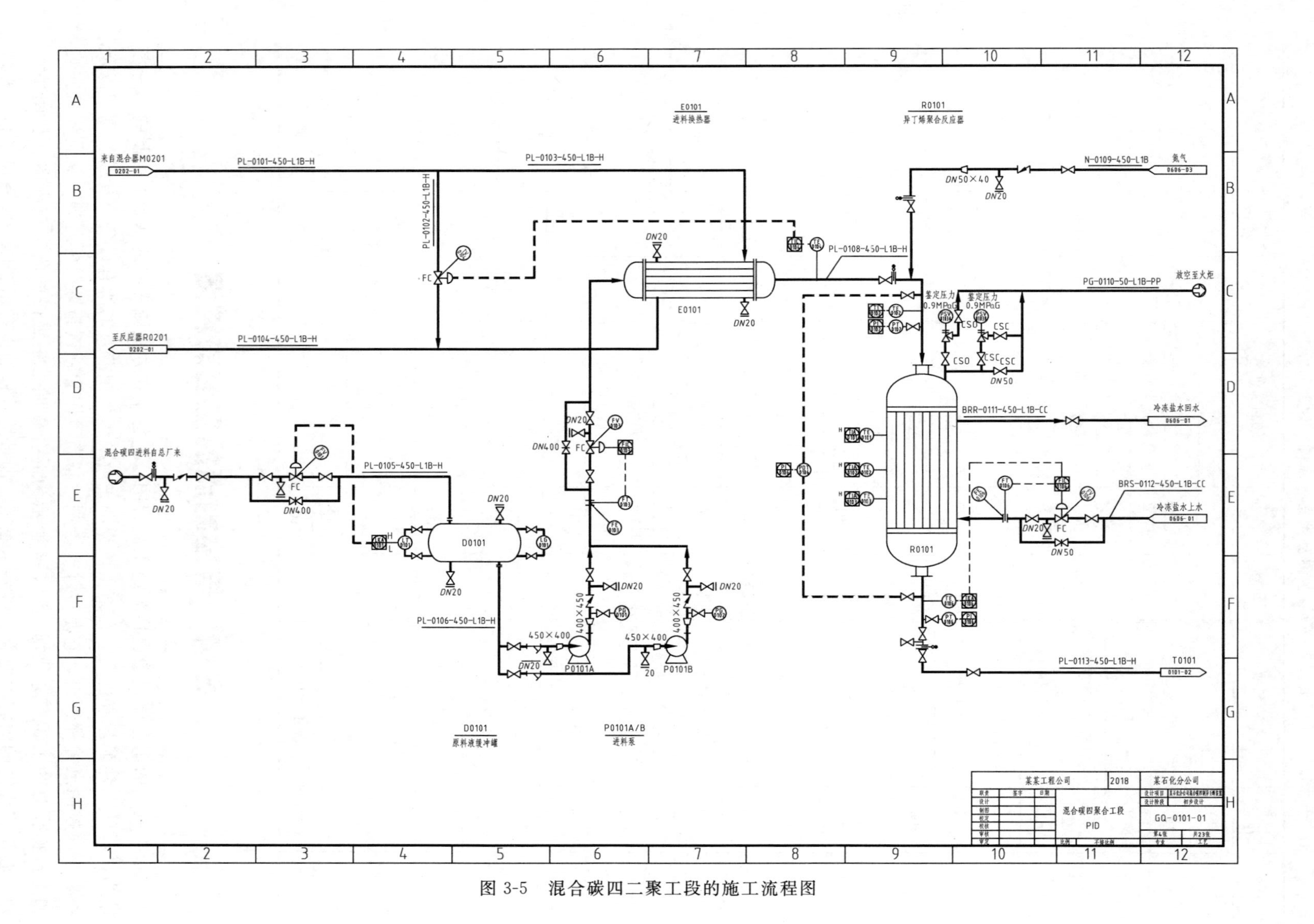

图 3-5　混合碳四二聚工段的施工流程图

称；管道流程线，即带阀门等管件和仪表控制点（测温、测压、测流量及分析点等）的管道流程线，注写管道代号；对阀门等管件和仪表控制点的图例符号的说明以及标题栏等。

3.4.1　设备的画法与标注

（1）设备的画法　在施工流程图中，设备的画法与方案流程图基本相同，不同之处是对于两个或两个以上的相同设备一般应全部画出。

（2）设备的标注　施工流程图中每个工艺设备都应编写设备位号并注写设备名称。标注方法与方案流程图相同，且施工流程图和方案流程图中的设备位号应该保持一致。

当一个系统中包括两个或两个以上完全相同的局部系统时，可以只画出一个系统的流程，其他系统用双点画线的方框表示，在框内注明系统名称及其编号。

3.4.2　管道流程线的画法及标注

（1）管道流程线的画法　在施工流程图中，应画出所有管路，即各种物料的流程线。起不同作用的管道用不同规格的图线表示，见表 3-3。

表 3-3　常用管道线路的表达方式

名称	图例		名称	图例
主要物料管道		粗实线 0.6～0.9mm	电伴热管道	
其他物料管道		中粗线 0.3～0.5mm	夹套管	
引线、设备、管件、阀门、仪表等图例		细实线 0.15～0.25mm	管道隔热层	
仪表管道		电动信号线	翅片管	
		气动信息线	柔性管	
原有管线		管线宽度与其相接的新管线宽度相同	同心异径管	
伴热(冷)管道			喷淋管	

管道流程线要用水平线和垂直线表示，注意避免穿过设备或使管道交叉，在不可避免时则将其中一个管道断开一段，如图 3-3 所示，管道转弯处一般画成直角。

管道流程线上应用箭头表示物料的流向。图中的管道与其他图纸有关时，应将其端点绘制在图的左方或右方，并用空心箭头标出物料的流向（进或出），在空心箭头内注明与其相关图纸的图号或序号，在其上方注明来或去的设备位号或管道号或仪表位号。图纸接续标记如图 3-6 所示。

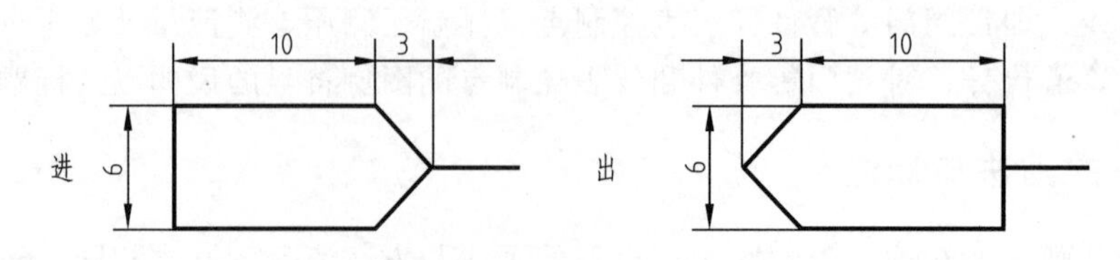

图 3-6　图纸接续标记

（2）管道流程线的标注　施工流程图中的每条管道都要标注管道代号。横向管道的管道代号注写在管道线的上方，竖向管道则注写在管道线左侧，字头向左。管道代号主要包括物料代号、工段号、管道序号、管路外径、壁厚和管道材料代号等内容，其格式如图 3-7（a）所示；对于有隔热（或隔声）要求的管道，将隔热（或隔声）代号注写在管径代号之后，其格式如图 3-7（b）所示。在管道代号中，物料代号按原化工部 HG 20519.36—1992 标准的规定；工段号按工程规定填写，采用两位数字，从 01 开始，至 99 为止；管道序号采用两位数字，从 01 开始，至 99 为止，相同类别的物料在同一主项内以流向先后为序，顺序编号；管路外径一般标注公称直径，以 mm 为单位，只注数字，不注单位；管道等级代号详见 HG 20519.38—1992 标准的规定，如图 3-8 所示，管道材质类别见表 3-4，管道公称压力等级见表 3-5；隔热（或隔声）代号详见表 3-6 中 HG 20519.30—1992 标准的规定。

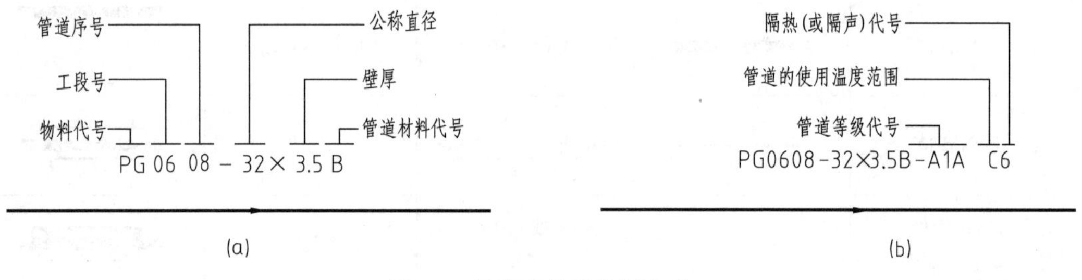

图 3-7　管道代号的注写方法

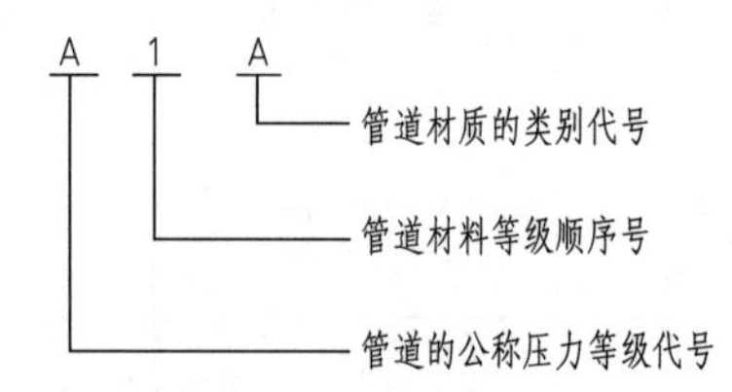

图 3-8　管道等级代号（摘自 HG 20519.38—1992）

表 3-4　管道材质类别（摘自 HG 20519.38—1992）

材料类别	铸铁	碳钢	普通低合金钢	合金钢	不锈钢	有色金属	非金属	衬里及内衬防腐
代号	A	B	C	D	E	F	G	H

表 3-5　管道公称压力等级（摘自 HG 20519.38—1992）

压力等级(用于 ANSI 标准)				压力等级(用于国内标准)					
代号	公称压力/LB	代号	公称压力/LB	代号	公称压力/MPa	代号	公称压力/MPa	代号	公称压力/MPa
A	150	E	900	L	1.0	Q	6.4	U	22.0

续表

压力等级(用于ANSI标准)				压力等级(用于国内标准)					
代号	公称压力/LB	代号	公称压力/LB	代号	公称压力/MPa	代号	公称压力/MPa	代号	公称压力/MPa
B	300	F	1500	M	1.6	R	10.0	V	25.0
C	400	G	2000	N	2.5	S	16.0	W	32.0
D	600			P	4.0	T	20.0		

表 3-6 隔热及隔声代号（摘自 HG 20519.30—1992）

代号	功能类别	备注
H	保温	采用保温材料
C	保冷	采用保冷材料
P	人体防护	采用保温材料
D	防结露	采用保冷材料
E	电伴热	采用电热带和保温材料
S	蒸汽伴热	采用蒸汽伴管和保温材料
W	热水伴热	采用热水伴管和保温材料
O	热油伴热	采用热油伴管和保温材料
J	夹套伴热	采用夹套管和保温材料
N	隔声	采用隔声材料

3.4.3 阀门等管件的画法与标注

管道上的管道附件有阀门、管接头、异径管接头、弯头、三通、四通、法兰、盲板等。这些附件可以使管道改换方向、变化口径，可以连通和分流以及调节和切换管道中的流体。

在施工流程图中，管道附件用细实线按规定的符号在相应处画出。常用管件的图形符号见表 3-7，阀门图形符号尺寸一般长为 6mm、宽为 3mm 或长为 8mm、宽为 4mm。管件的表示法见表 3-8。

用于安装和检修等目的所加的法兰、螺纹连接件等也应在施工流程图中画出。

表 3-7 常用管件的图形符号

名称	符号	名称	符号
截止阀		节流阀	
闸阀		球阀	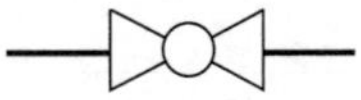
旋塞阀		碟阀	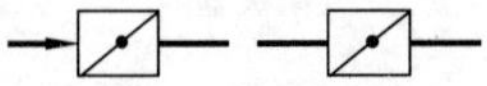
隔膜阀		减压阀	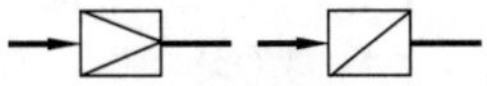
直流截止阀	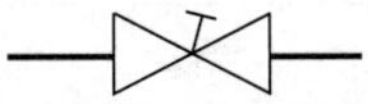	疏水阀	

续表

名称	符号	名称	符号
角式截止阀	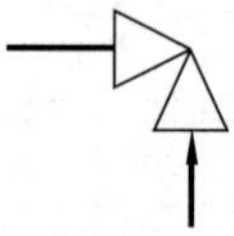	底阀	
角式节流阀	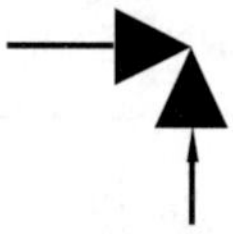	呼吸阀	
角式球阀		四通截止阀	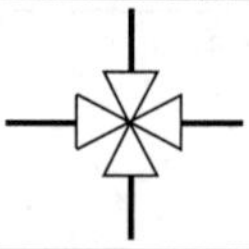
三通截止阀		四通球阀	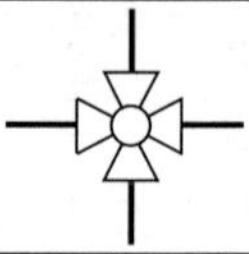
三通球阀		四通旋塞阀	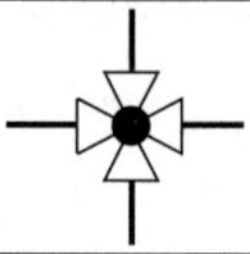
三通旋塞阀		角式弹簧安全阀	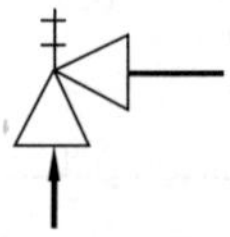
升降式止回阀		角式重锤安全阀	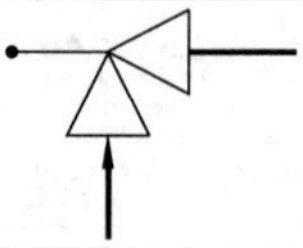
旋启式止回阀	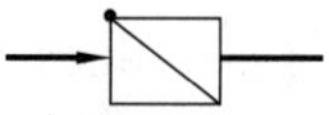	文氏管	
Y 形过滤器	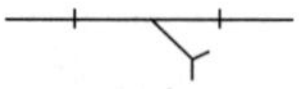	消声器	
T 形过滤器		喷射器	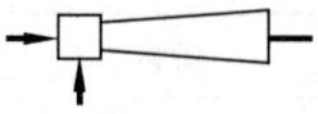
锥形过滤器	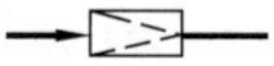	放空管	
阻火器		敞口漏斗	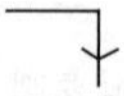
爆破膜		异径管	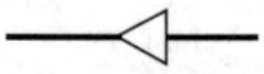
喷淋管	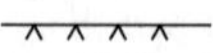	视镜	

表 3-8　管件的表示法（摘自 HG 20519.32—1992）

名称	符号	名称	符号
螺纹管帽		法兰连接	
管端盲板		管端法兰(盖)	
管帽		鹤管	

管道上的阀门、管件应按需要进行标注。它们的公称直径同所在管道通径不同时，要注出它们的尺寸。当阀门两端的管道等级不同时，应标出管道等级的分界线，阀门的等级应满足高等级管的要求。对于异径管必须标注大端公称直径乘以小端公称直径。

3.4.4　仪表控制点的画法与标注

在施工流程图上要画出所有与工艺有关的检测仪表。仪表控制点用符号表示，并从其安装位置引出。符号包括图形符号和字母代号，它们组合起来表达仪表功能、被测变量及测量方法。

（1）图形符号　检测、显示与控制等仪表的图形符号是一个细实线圆圈，其直径约为 10mm。圈外用一条细实线指向工艺管线或设备轮廓线上的测量点，如图 3-9 所示。仪表图形符号和表示仪表安装位置的图形符号分别见表 3-9 和表 3-10。

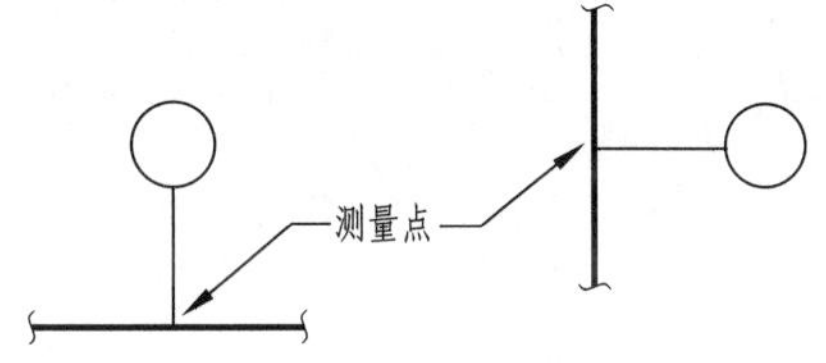

图 3-9　仪表的图形符号

表 3-9　仪表图形符号

符号						
意义	就地安装	集中安装	通用执行机构	无弹簧气动阀	有弹簧气动阀	带定位器气动阀
符号		S	M			
意义	活塞执行机构	电磁执行机构	电动执行机构	变送器	转子流量计	孔板流量计

表 3-10　表示仪表安装位置的图形符号

安装位置	图形符号	备注	安装位置	图形符号	备注
就地安装仪表			就地仪表盘面安装仪表		
		嵌在管道内	集中仪表盘面后安装仪表		
集中仪表盘面安装仪表			就地仪表盘面后安装仪表		

(2) 仪表位号　在检测系统中，构成一个回路的每个仪表（或元件）都有自己的仪表位号。仪表位号由字母代号组合与阿拉伯数字编号组成。其中，第一位字母表示被测变量，后续字母表示仪表的功能，数字编号表示工段号和回路序号，一般用三位或四位数字表示，如图 3-10 所示。仪表位号的标注方法是把字母代号填写在圆圈的上半圆中，数字编号填写在圆圈的下半圆中，如图 3-11 所示。常见被测变量及仪表功能字母组合示例见表 3-11。

图 3-10　仪表位号的组成

图 3-11　仪表位号的标注方式

表 3-11　常见被测变量及仪表功能字母组合示例

项目	温度	温差	压力或真空	压差	流量	流量比率	液位	分析	密度	位置	速率或频率	黏度
指示	TI	TdI	PI	PdI	FI	FfI	LI	AI	DI	ZI	SI	VI
指示、控制	TIC	TdIC	PIC	PdIC	FIC	FfIC	LIC	AIC	DIC	ZIC	SIC	VIC
指示、报警	TIA	TdIA	PIA	PdIA	FIA	FfIA	LIA	AIA	DIA	ZIA	SIA	VIA
指示、开关	TIS	TdIS	PIS	PdIS	FIS	FfIS	LIS	AIS	DIS	ZIS	SIS	VIS
记录	TR	TdR	PR	PdR	FR	FfR	LR	AR	DR	ZR	SR	VR
记录、控制	TRC	TdRC	PRC	PdRC	FRC	FfRC	LRC	ARC	DRC	ZRC	SRC	VRC
记录、报警	TRA	TdRA	PRA	PdRA	FRA	FfRA	LRA	ARA	DRA	ZRA	SRA	VRA
记录、开关	TRS	TdRS	PRS	PdRS	FRS	FfRS	LRS	ARS	DRS	ZRS	SRS	VRS
控制	TC	TdC	PC	PdC	FC	FfC	LC	AC	DC	ZC	SC	VC
控制、变送	TCT	TdCT	PCT	PdCT	FCT	FfCT	LCT	ACT	DCT	ZCT	SCT	VCT
报警	TA	TdA	PA	PdA	FA	FfA	LA	AA	DA	ZA	SA	VA
开关	TS	TdS	PS	PdS	FS	FfS	LS	AS	DS	ZS	SS	VS
指示灯	TL	TdL	PL	PdL	FL	FfL	LL	AL	DL	ZL	SL	VL

3.4.5　图幅和附注

施工流程图一般采用 A1 图幅，横幅绘制，特别简单的用 A2 图幅，不宜加宽和加长。附注的内容是对流程图上所采用的，除设备外的所有图例、符号、代号作出的说明。

3.4.6　施工流程图的阅读

由于施工流程图是设计、绘制设备布置图和管道布置图的基础，又是施工安装和生产操作时的参考依据，因此读懂施工流程图很重要。施工流程图中给出了物料的工艺流程以及为实现这一工艺流程所需设备的数量、名称、位号，管道的编号、规格以及阀门和控制点的部位、名称等。阅读施工流程图的任务就是要把图中所给出的这些信息完全搞清楚，以便在管道安装和工艺操作中做到心中有数。下面以图 3-5 中混合碳四二聚工段的施工流程图为例，介绍阅读施工流程图的一般方法和步骤。

（1）看标题栏和图例中的说明　了解所读图样的名称、各种图形符号和代号的意义及管道的标注等。

（2）掌握系统中设备的数量、名称及位号　从图 3-5 可知，该系统有一台原料缓冲罐 D0101，一台进料换热器 E0101，一台异丁烯聚合反应器 R0101，两台进料泵 P0101A/B，共有 5 台设备。

（3）了解主要物料的工艺施工流程线　从图 3-5 可知，混合碳四从总厂送至原料缓冲罐 D0101，经进料泵 P0101A/B 加压，先与混合器 M0201 来的物料换热后，在异丁烯聚合反应器 R0101 进行反应。反应后的物料送至脱重塔 T0102。原料缓冲罐 D0101 液位由 LICA0101 控制回路进行自动控制，可以稳定在一定设定值范围内。进料泵 P0101A/B 为并联设置，出口流量由 FIC0103 进行自动控制。进料经进料换热器 E0101 换热后，出口温度由 TIC0104 控制回路进行自动控制，通过调节混合器 M0201 来的物料旁路流量实现对进料换热温度的控制。异丁烯聚合反应器 R0101 的反应温度由 FIC0106 和 TICA0106 进行串级控制。异丁烯聚合反应器 R0101 顶部设置安全阀 PSV0103A/B，事故气体去火炬系统处理后排放。

（4）了解其他物料的工艺施工流程线　从图 3-5 可知，进料换热器 E0101 的热流股为来自混合器 M0201 的物料，设置旁路，实现换热量的控制。氮气管接入进料管进异丁烯聚合反应器 R0101 前，在开车、停车或事故状态下供给氮气进行保护。冷冻盐水由异丁烯聚合反应器 R0101 底部进，由顶部出，通过冷冻盐水流量和异丁烯聚合反应器 R0101 出料温度进行综合控制。在实际生产中，为了便于操作，常将各种管线按规定涂成不同颜色。因此，在生产车间实地了解工艺流程或进行操作时，应注意颜色的区别。

第4章　设备布置图

在工艺流程图中所确定的全部设备，必须根据生产工艺的要求在车间内合理地布置与安装。化工装置设备布置设计文件，应包括如下内容：设计文件目录、分区索引图、设备布置图、设备安装图。本章重点介绍设备布置图。

4.1　概　　述

设备布置图是在简化了的厂房建筑图中增加设备布置的内容，用来表示设备与建筑物、设备与设备之间的相对位置，并能直接指导设备的安装。设备布置图是化工设计、施工、设备安装、绘制管路布置图的重要技术文件。

图 4-1 为异丁烯聚合反应工段的设备布置图。从中可以看出，设备布置图一般包括以下几方面内容。

（1）一组视图　视图按正投影法绘制，一般包括平面图和剖面图，用以表示厂房建筑的基本结构和设备在厂房内外的布置情况。由于设备布置图通常都是画在厂房建筑图上的，所以这里所述的平面图和剖面图是按《房屋建筑制图统一标准》（GB/T 50001—2017）和《建筑制图标准》（GB/T 50104—2010）中所述的图名称呼的。

（2）尺寸和标注　设备布置图中，一般要在平面图中标注与设备定位有关的建筑物尺寸，建筑物与设备之间、设备与设备之间的定位尺寸（不注写设备的定形尺寸）；在剖面图中标注设备、管口以及设备基础的标高；还要注写厂房建筑定位轴线的编号、设备的名称及位号以及必要的说明等。

（3）安装方位标　安装方位标是确定设备安装方位的基准，一般画在图纸的右上方。

（4）标题栏　标题栏中要注写图名、图号、比例、设计者等内容。

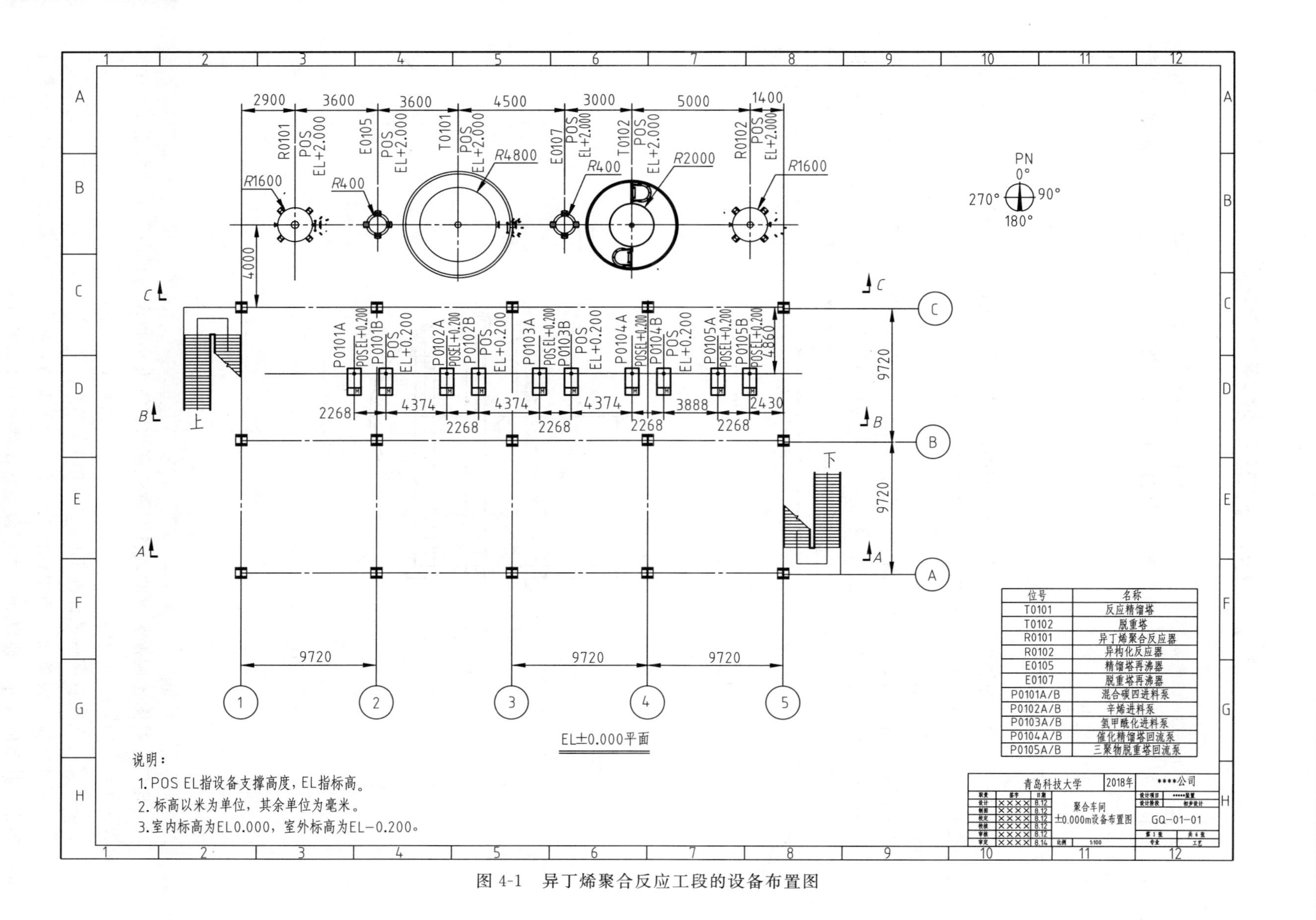

图 4-1　异丁烯聚合反应工段的设备布置图

4.2 设备布置图的视图表达

设备布置图应以管道及仪表流程图、土建图、设备表、设备图、管道走向和管道图及制造厂提供的有关产品资料为依据绘制。绘制时，设备布置图的内容表达及画法应遵守化工设备布置设计的有关规定（HG/T 20546—2009）及化工工艺设计施工图内容和深度统一规定（HG/T 20519—2009）。

4.2.1 设备布置图的一般规定

（1）分区　设备布置图是按工艺主项绘制的，当装置界区范围较大而其中需要布置的设备较多时，设备布置图可以分成若干个小区绘制。各区的相对位置在装置总图中表明，分区范围线用双点画线表示。

（2）图幅　设备布置图一般采用 A1 图幅，不加长。特殊情况也可采用其他图幅。

图纸内框的长边和短边的外侧，以 3mm 长的粗线划分等份，在长边等份的中点自标题栏侧起依次书写 A、B、C、D 等，在短边等份的中点自标题栏侧起依次书写 1、2、3、4 等。

A1 图长边分 8 等份，短边分 6 等份；A2 图长边分 6 等份，短边分 4 等份。图幅格式如图 4-2 所示。

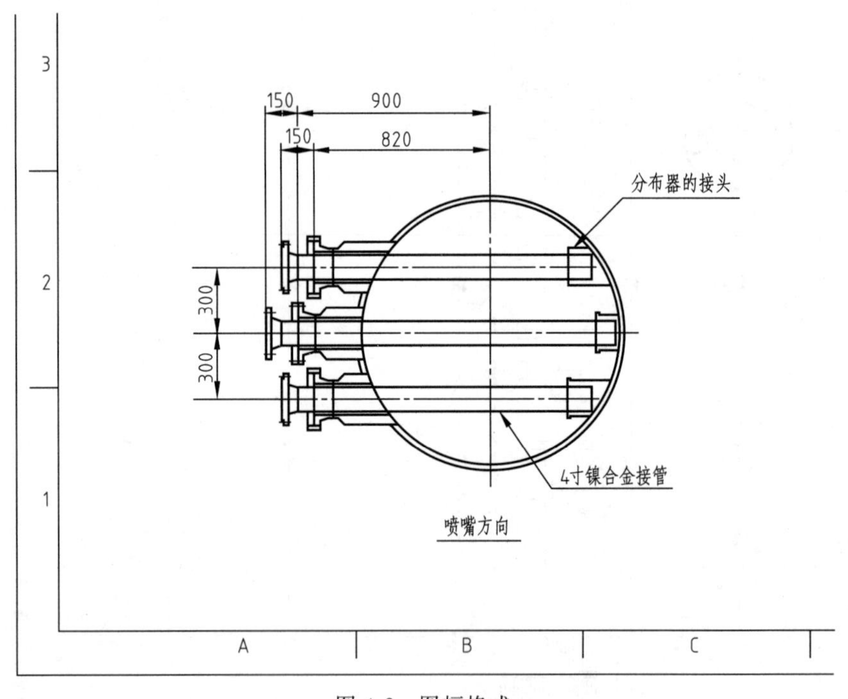

图 4-2　图幅格式

（3）比例　绘图比例视装置的设备布置疏密情况（大小和规模）而定。常采用 1∶100，也可采用 1∶200 或 1∶50。

（4）线宽　图线宽度参见标准 HG/T 20519—2009。

（5）尺寸单位　设备布置图中标注的标高、坐标以 m 为单位，小数以下应取三位数至 mm 为止。其余的尺寸一律以 mm 为单位，只注数字，不注单位。

采用其他单位标注尺寸时，应注明单位。

（6）图名 标题栏中的图名一般分成两行，上行写“××××设备布置图”，下行写“EL×××.×××平面”或“×—×剖面”等。

（7）编号 每张设备布置图均应单独编号。同一主项的设备布置图不得采用一个号，并应加上第几张、共几张。

4.2.2 设备布置图的视图内容及表达方法

设备布置图一般只绘平面图。对于较复杂的装置或有多层建筑物、构筑物的装置，当平面图表示不清楚时，可绘制剖面图。

平面图是表达厂房某层上设备布置情况的水平剖视图，它还能表示出厂房建筑的方位、占地大小、分隔情况及与设备安装、定位有关的建筑物、构筑物的结构形状和相对位置。当厂房为多层建筑时，应按楼层或不同的标高分别绘制平面图，并标注设备位号。各层平面图是以上一层的楼板底面水平剖切的俯视图。平面图可以绘制在一张图纸上，也可绘在不同的图纸上。当在同一张图纸上绘几层平面图时，应从最底层平面开始，在图中由下至上或由左至右按层次顺序排列，并在图形下方注明“EL×××.×××平面”等。

剖面图是假想将厂房建筑物用平行于正立投影面或侧立投影面的剖切平面剖开后，沿垂直于剖切平面的方向投射得到的竖直剖视图，用来表达设备沿高度方向的布置安装情况。画剖面图时，规定设备按不剖视绘制，其剖切位置及投射方向应按《建筑制图标准》（GB/T 50104—2010）规定在平面图上标注清楚，并在剖面图的下方注明相应的剖面名称。

平面图和剖面图可以绘制在同一张图上，也可以单独绘制。平面图与剖面图画在同一张图上时，应按剖视顺序从左到右、由上而下地排列；若分别画在不同图纸上，可对照剖切符号的编号和剖面图（即剖面）名称找到剖切位置及剖面图，相同的阿拉伯数字、罗马数字或拉丁字母即为相应的视图。

（1）装置的界区范围及建筑的形式和结构 在一般情况下，只画出厂房建筑的空间大小、内部分隔以及与设备安装定位有关的基本结构，如墙、柱、地面、地坑、地沟、安装孔洞、楼板、平台、栏杆、楼梯、吊车、吊车梁及设备基础等。与设备定位关系不大的门、窗等构件，一般只在平面图上画出它们的位置、门的开启方向等，在剖面图上一般不予表示。

设备布置图中的承重墙、柱等结构用细点画线画出其建筑定位轴线，建筑物及其构件的轮廓用细实线绘出。设备布置图中的建筑物、构筑物的图例及简化画法见表 4-1。

表 4-1 设备布置图的图例及简化画法

名称	图例或简化画法	备注
坐标原点		圆直径为 10mm
方向标	N 90° 180° 0° 270°	圆直径为 20mm
砾石（碎石）地面		
素土地面		

续表

名称	图例或简化画法	备注
混凝土地面		
钢筋混凝土	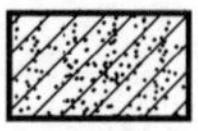	涂红色，也适用于素混凝土
安装孔、地坑		
吊车轨道及安装梁	平面  T.B.	
旋臂起重机	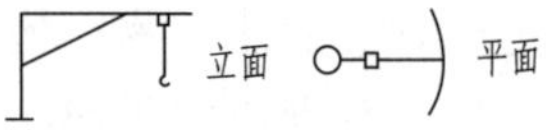 立面 平面	
电动机	 M	
圆形地漏		
仪表盘、配电箱		
双扇门	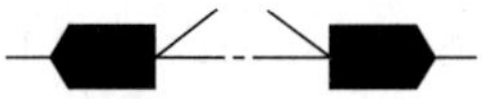	剖面涂红色
单扇门	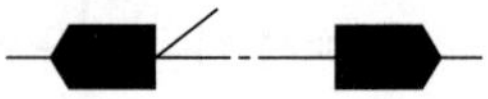	剖面涂红色
空门洞	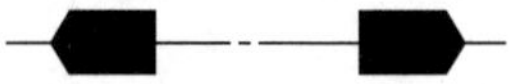	剖面涂红色
窗		剖面涂红色
栏杆	 平面 立面	
花纹钢板	 局部表示网络线	
箅子板	 局部表示箅子	
楼板及混凝土上梁		剖面涂红色
钢梁	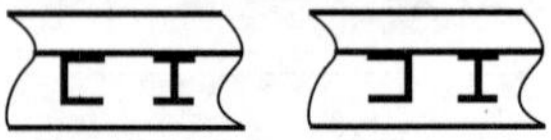	混凝土楼板涂红色
铁路	平面 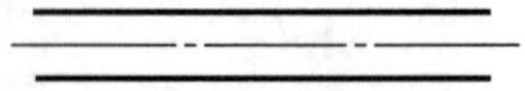	线宽为 0.9mm
楼梯	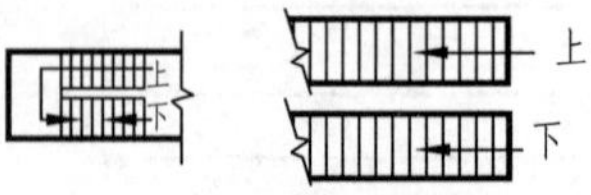 上 下 上 下	

续表

名称	图例或简化画法	备注
直梯	平面　立面	
地沟混凝土盖板		
柱子	混凝土柱　钢柱	剖面涂红色
管廊		小圆直径为 3mm,也允许按柱子截面形状表示
单轨吊车	立面　平面	
桥式起重机	立面　平面	
悬臂式起重机	立面　平面	

（2）设备的位置和高度　设备布置图中设备的类型和外形尺寸，可根据工艺专业提供的设备数据表中给出的有关数据和尺寸来绘制。如果设备数据表中未给出有关数据和尺寸，应按实际外形简略画出。设备的外形轮廓及其安装基础用粗实线绘制。

对于外形比较复杂的设备，如机、泵，可以只画出基础外形。

对于同一位号的设备，在多于三台的情况下，在图中可以只画出首末两台设备的外形，中间的可以只画出基础或用双点画线的方框表示。

非定型设备可适当简化画出其外形，包括附属的操作台、梯子和支架（注出支架图号）。卧式设备应画出其特征管口或标注固定端支座。

动设备可只画基础，表示特征管口和驱动机的位置，如图 4-3 所示。

一个设备穿过多层建筑物、构筑物时，在每层平面上均需画出设备的平面位置，并标注设备位号。各层平面图是上一层的楼板底面水平剖切的俯视图。

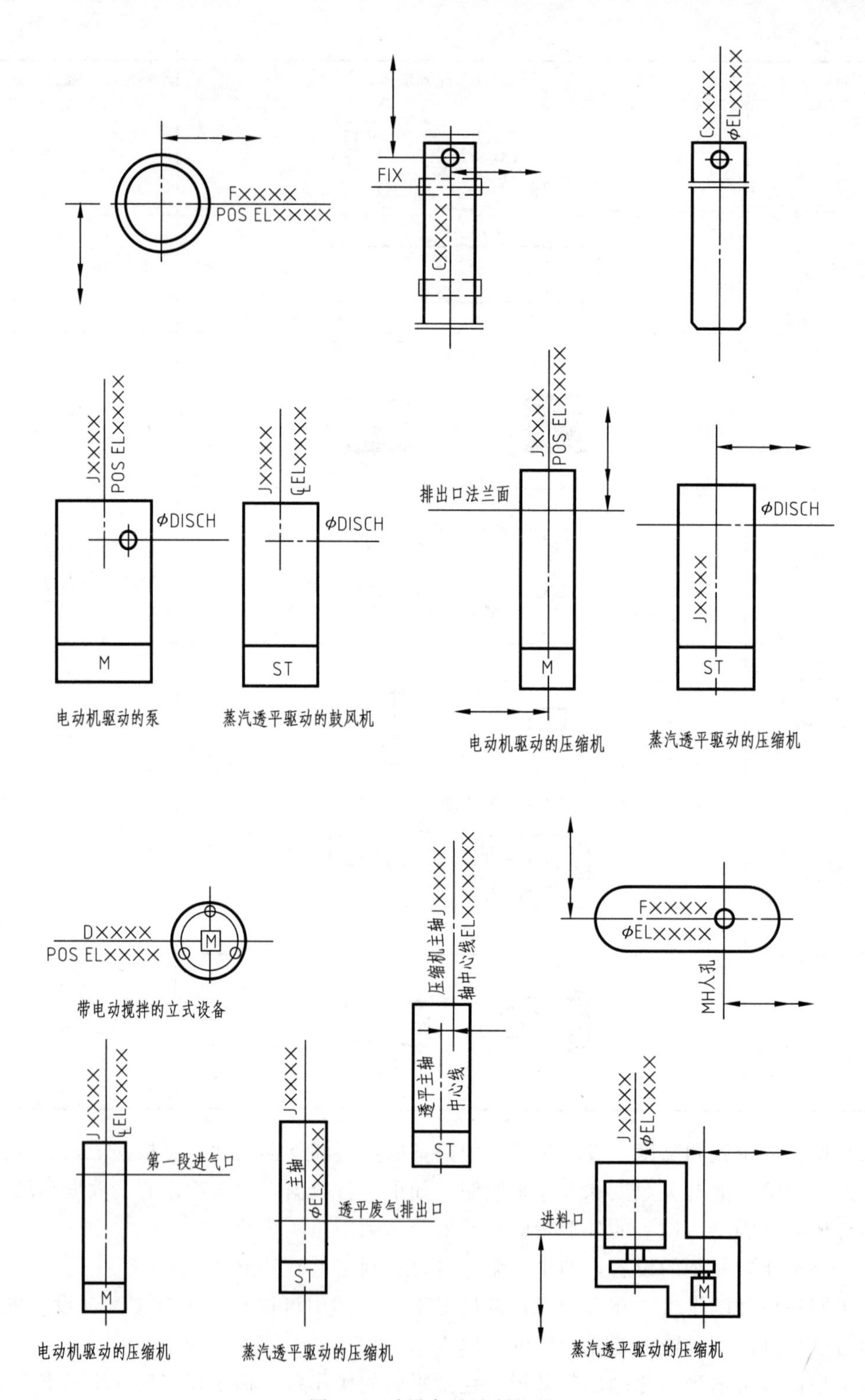

图 4-3 动设备的绘制格式

对于设备较多、分区较多的主项，应在设备布置图标题栏的正上方列一个设备表，便于识图，如图 4-4 所示。

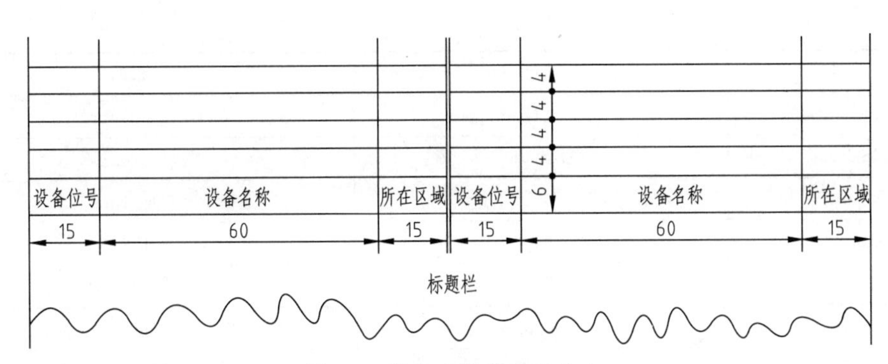

图 4-4　设备表的格式和尺寸

4.2.3　方向标

在绘制平面图的图纸的右上角，应画一个与建筑物的制图北向一致的方向标。

安装方位标也称为设计北向标志，是确定设备安装方位的基准。一般将其画在图纸的右上方。方位标的画法目前各部门无统一的规定，有的设备布置图中有方位标，有的因在建筑图中或供审批的初步设计中已确定了方位，设备布置图中则不再标注。

方位标由粗实线画出的直径为20mm的圆和水平、垂直的两轴线构成，并分别注以0°、90°、180°、270°等字样，如图4-1中右上角所示。一般采用建筑北向（以“N”表示）作为零度方向基准。该方位一经确定，凡必须表示方位的图样均应统一。

4.2.4　设备布置图用缩写词

在设备布置图中，设备表达的常见缩写词见表4-2。

表 4-2　设备布置图用缩写词

缩写词	词意	原词
ABS	绝对的	Absolute
ATM	大气压	Atmosphere
BL	装置边界	Battery Limit
BLDG	建筑物	Building
BOP	管底	Bottom of Pipe
C-C	中心到中心	Center to Center
C-E	中心到端面	Center to End
C-F	中心到面	Center to Face
CHKD PL	网纹板	Checkered Plate
CL(ϕ)	中心线	Center Line
COD	接续图	Continued on Drawing
COL	柱、塔	Column
COMPR	压缩机	Compressor
CONTD	续	Continued
DEPT	部门、工段	Department

续表

缩写词	词意	原词
DIA	直径	Diameter
DISCH	排出口	Discharge
DWG	图纸	Drawing
E	东	East
EL	标高	Elevation
EQUIP	设备、装备	Equipment
EXCH	换热器	Exchanger
FDN	基础	Foundation
F-F	面至面	Face to Face
FL	楼板	Floor
GENR	发电机、发生器	Generator
HC	软管接头	Hose Connection
HH	手孔	Hand Hole
HOR	水平的、卧式的	Horizontal
HS	软管站	Hose Station
ID	内径	Inside Diameter
IS. B. L.	装置边界内侧	Inside Battery Limit
LG	长度	Length
MATL	材料	Material
MAX	最大	Maximum
MFR	制造厂、制造者	Manufacture, Manufacturer
MH	人孔	Manhole
MIN	最小	Minimum
K. L	接续线	Match Line
N	北	North
NOM	公称的、额定的	Nominal
NOZ	管口	Nozzle
NPSH	净正吸入压头	Net Positive Suction Head
N. W	净重	Net Weight
OD	外径	Outside Diameter
PID	管道及仪表流程图	Piping and Instrument Diagram
PL	板	Plate
PF	平台	Platform
POS	支承点	Point of Support
QTY	数量	Quantity
R	半径	Radius
REF	参考文献	Reference

续表

缩写词	词意	原词
REV	修订	Revise
RPM	转/分	Revolutions per Minute
S	南	South
STD	标准	Standard
SUCT	吸入口	Suction
T	吨	Ton
TB.	吊车梁	Trolley Bean
THK	厚	Thick
TOB	梁顶面	Top of Bean
TOP	管顶	Top of Pipe
TOS	架顶面或钢的顶面	Top of Support (steel)
VERT	垂直的、立式	Vertical
VOL	体积、容积	Volume
W	西	West
WT.	重量	Weight

4.3 设备布置图的标注

设备布置图的标注包括厂房建筑定位轴线的编号、建（构）筑物及其构件的尺寸、设备的定位尺寸和标高、设备的位号及名称以及其他说明等。

4.3.1 厂房建筑的标注

参见前面已经讲述的有关建筑制图相关规定，按土建专业图样标注建筑物和构筑物的轴线号及轴线间尺寸，并标注室内外的地坪标高。

4.3.2 设备的标注

（1）设备的平面定位尺寸标注。设备布置图中一般不标注设备定形尺寸，而只标注定位尺寸，如设备与建筑物之间、设备与设备之间的定位尺寸等。设备的定位尺寸标注在平面图上。设备的平面定位基准尽量以建筑物、构筑物的轴线或管架、管廊的柱中心线为基准线进行标注。要尽量避免以区的分界线为基准线标注尺寸。也可采用坐标进行定位尺寸的标注，如图 4-5 所示。

（2）对于卧式容器和换热器，标注建筑定位轴线与容器的中心线和建筑定位轴线与靠近柱轴线一端的支座的两个尺寸为定位尺寸，如图 4-6（a）所示。

（3）对于立式反应器、塔、槽、罐和换热器，标注建筑定位轴线与中心线间的距离为定位尺寸，如图 4-6（b）所示。

（4）对于板式换热器，标注建筑定位轴线与中心线和建筑定位轴线与某一出口法兰端面的两个尺寸为定位尺寸，如图 4-6（c）所示。

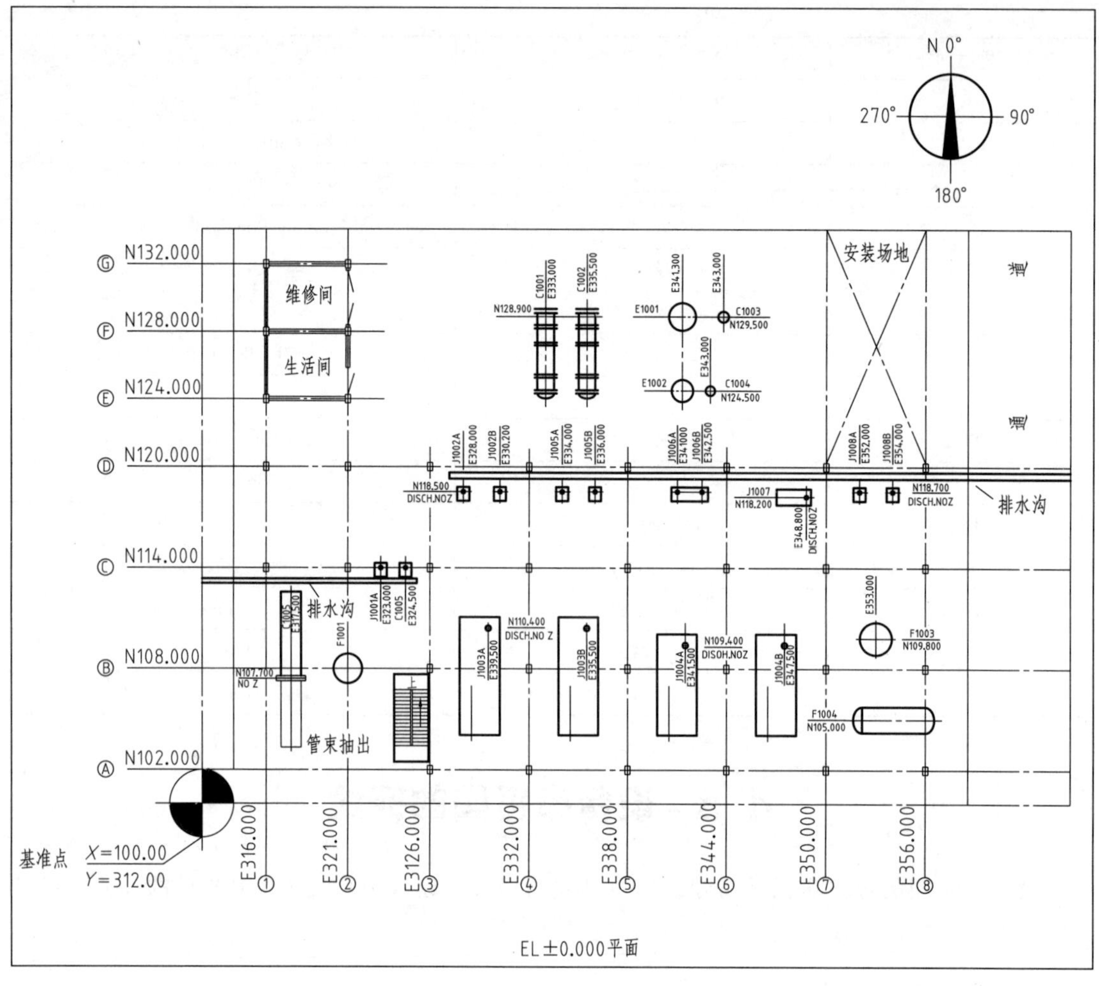

图 4-5　设备布置图坐标定位尺寸的标注

（5）离心式泵标注建筑定位轴线与中心线和出口法兰中心线的两个尺寸为定位尺寸，如图 4-6（c）所示；压缩机标注建筑定位轴线与出口法兰中心线为定位尺寸，如图 4-6（d）所示；鼓风机、蒸汽透平也以中心线和出口管中心线为基准。

（6）往复式泵、活塞式压缩机以缸中心线和曲轴（或电动机轴）中心线为基准。

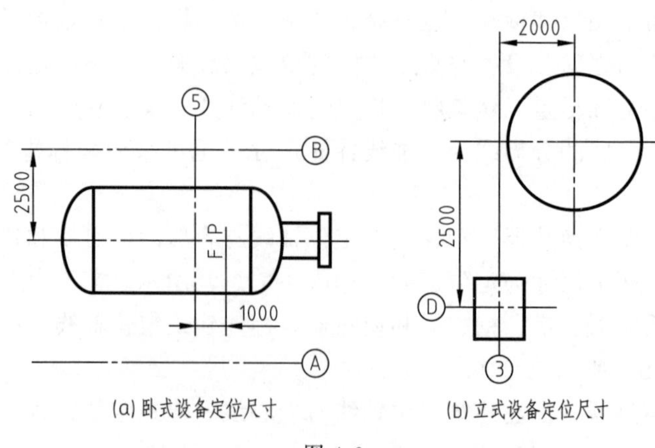

(a) 卧式设备定位尺寸　　(b) 立式设备定位尺寸

图 4-6

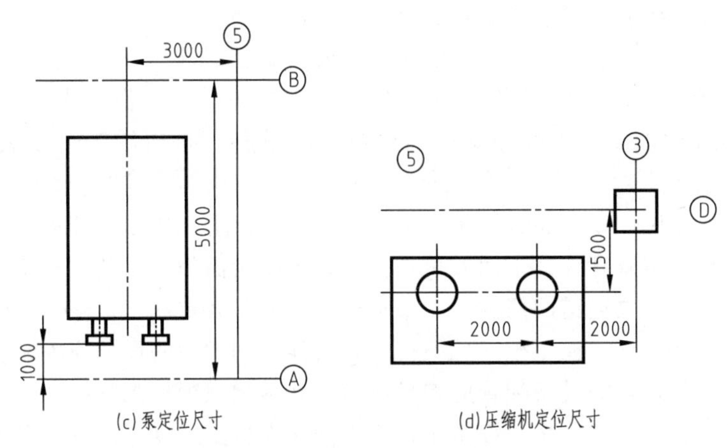

图 4-6　设备平面定位尺寸标注

4.3.3　设备标高的标注

设备高度方向的尺寸以标高来表示。设备布置图中一般要注出设备、设备管口等的标高。

标高标注在剖面图上。标高基准一般选择厂房首层室内地面，以确定设备基础面或设备中心线的高度尺寸。标高以 m 为单位，数值取至小数点后三位，首层室内地面设计标高为 EL0.000。

通常，卧式换热器、卧式罐槽以中心线标高表示（ϕEL××××）；立式换热器、板式换热器以支承点标高表示（POS EL××××）；反应器、塔和立式罐槽以支承点标高（POS EL××××）或下封头切线焊缝标高表示；泵和压缩机以底盘底面标高，即基础顶面标高表示（POS EL××××），或以主轴中心线标高（ϕEL××××）表示；对管廊、管架则应注出架顶的标高（TOS EL××××）；对于一些特殊设备，如有支耳的以支承点标高表示，无支耳的卧式设备以中心线标高表示，无支耳的立式设备以某一管口的中心线标高表示。

4.3.4　设备名称及位号的标注

设备布置图中的所有设备均应标注名称及位号，且该名称及位号与工艺流程图均应一致。设备名称及位号的注写格式与工艺流程图中的相同。

注写方法一般有两种：一种方法是注在设备图形的上方或下方；另一种方法是注在设备图形附近，用指引线指引或注在设备图形内。

4.4　设备布置图的绘制

4.4.1　绘图前的准备工作

绘制设备布置图时，应以工艺施工流程图、厂房建筑图、设备设计条件单等原始资料为依据。通过这些图纸资料，充分了解工艺过程的特点和要求、厂房建筑的基本结构等。

设备布置设计是化工工程设计的一个重要阶段。设备平面布置必须满足工艺、经济及用户要求，还有操作、维修、安装、安全、外观等方面的要求。

(1) 满足生产工艺要求　设备布置设计中要考虑工艺流程和工艺要求。例如，由工艺流程图中物料流动顺序来确定设备的平面位置，在真空下操作的设备、必须满足重力位差的设备、有催化剂需要置换等要求必须抬高的设备，必须按管道仪表说明图的标高要求布置等。

(2) 符合经济原则　设备布置在满足工艺要求的基础上，应尽可能做到合理布置，节约投资。例如，中央架空管廊，其下面安装一排泵，泵排后面作载重的汽车道；所有的塔、贮槽和热交换器安置在中央通道的两侧，在中央通道之外是载重汽车道路，可供热交换管束的抽芯和作设备的检修通道；控制柜、压缩机房及其他特别大型的设备应安装在远离载重汽车道路的另一边；跨越道路的设备配管应编排成组，并尽量减少交叉。

(3) 便于操作、安装和检修　设备布置应为操作人员提供良好的操作条件。例如，操作及检修通道，合理的设备通道和净空高度，必要的平台、楼梯和安全出入口等。设备布置应考虑在安装或维修时有足够的场地、拆卸区及通道。设备的端头和侧面与建筑物、构筑物的间距、设备之间的间距应考虑拆卸和设备维修的需要。

(4) 符合安全生产要求　设备布置应考虑安全生产要求。在化工生产中，易燃、易爆、高温、有毒的物品较多，其设备、建筑物、构筑物之间应达到规定间距；若场地受到限制，则要求在危险设备的周围三边设置混凝土墙，敞口的一边对着空地；高温设备与管道应布置在操作人员不能触及的地方或采用保烫保温措施；明火设备要远离可能泄漏可燃气体的设备，并布置在下风处；重量及震动较大的设备应布置在底层。

(5) 其他　在满足以上要求的前提下，设备布置应尽可能整齐、美观、协调。如泵、换热器群排列要整齐；成排布置的塔、人孔方位应一致，人孔的标高尽可能取齐；所有容器或贮罐，在基本符合流程的前提下，尽量以直径大小分组排列。

4.4.2　绘图方法与步骤

4.4.2.1　确定视图配置

详见4.1节相应内容的介绍。

4.4.2.2　选定比例与图幅

详见4.2节相应内容的介绍。

4.4.2.3　绘制设备布置平面图

(1) 用细点画线画出建筑定位轴线，再用细实线画出厂房平面图，表示厂房的基本结构，如墙、柱、门、窗、楼梯等。注写厂房定位轴线编号。

(2) 用细点画线画出设备的中心线，用粗实线画出设备、支架、基础、操作平台等基本轮廓。若有多台规格相同的通用设备，可只画出一台，其余则用粗实线简化画出其基础的矩形轮廓。

(3) 标注厂房定位轴线间的尺寸；标注设备基础的定形和定位尺寸；注写设备位号与名称（应与工艺流程图一致）。

4.4.2.4　绘制设备布置断面图

断面图应完全、清楚地反映设备与厂房高度方向的关系。在表达充分的前提下，断面图的数量应尽可能少。

(1) 用细实线画出厂房断面图。与设备安装定位关系不大的门窗等构件和表示墙体材料的图例，在断面图上一概不予表示。注写厂房定位轴线编号。

（2）用粗实线按比例画出具有管口的设备立面示意图，被遮挡的设备轮廓一般不予画出，并加注位号及名称（应与工艺流程图一致）。

（3）标注厂房定位轴线间的尺寸；标注厂房室内外地面标高（一般以首层室内地面为基准，作为零点进行标注，单位为 m，数值取到小数点后两位）；标注厂房各层标高；标注设备基础标高；必要时，标注主要管口中心线、设备最高点等标高。

4.4.2.5　绘制方位标

详见 4.2 节相应内容的介绍。

4.4.2.6　制作设备一览表

注出必要的说明。

4.4.2.7　完成图样

填写标题栏；检查、校核，最后完成图样。

4.5　设备布置图的阅读

设备布置图主要关联两方面的知识：一是厂房建筑图的知识；二是与化工设备布置有关的知识。设备布置图与化工设备图不同，阅读设备布置图不需要对设备的零部件投影进行分析，也不需要对设备定形尺寸进行分析。它主要是确定设备与建筑物结构、设备间的定位问题。阅读设备布置图的步骤如下。

4.5.1　明确视图关系

设备布置图是由一组平面图和剖面图组成的，这些图样不一定在一张图纸上，看图时要首先清点设备布置图的张数，明确各张图上平面图和剖面图的配置，进一步分析各剖面图在平面图上的剖切位置，弄清各个视图之间的关系。

如图 4-1 所示，反应系统设备布置图的平面图表达了各个设备的平面布置情况，反应器 R0101、换热器 E0105、脱重塔 T0101、换热器 E0107 等设备布置在距 C 轴 4000、距 1 轴及设备间距分别为 2900、3600、3600、4500 的位置上；泵列距 C 轴为 4860，从右到左，距 5 轴及设备间距分别为 2430、2268、3888、2268 等。

4.5.2　看懂建筑结构

阅读设备布置图中的建筑结构主要是以平面图、剖面图分析建筑物的层次，了解各层厂房建筑的标高，每层中的楼板、墙、柱、梁、楼梯、门、窗及操作平台、坑、沟等结构情况，以及它们之间的相对位置。由厂房的定位轴线间距可得厂房大小。

4.5.3　分析设备位置

先从设备一览表了解设备的种类、名称、位号和数量等内容，再从平面图、剖面图中分析设备与建筑结构、设备与设备的相对位置及设备的标高。

读图的方法是根据设备在平面图和剖面图中的投影关系、设备的位号明确其定位尺寸，即在平面图中查阅设备的平面定位尺寸，在剖面图中查阅设备高度方向的定位尺寸。平面定位尺寸基准一般是建筑定位轴线，高度方向的定位尺寸基准一般是厂房室内地面，从而确定设备与建筑结构、设备间的相对位置。

如图 4-1 中，R0101、E0105、T0101、E0107、T0102、R0102 等设备中心线对齐，布置在距 C 轴 4000 的位置上。共计 10 台泵并行布置，在距 C 轴 4860 的位置上。

其他各层平面图中的设备都可按此方法进行阅读。在阅读过程中，可参考有关建筑施工图、工艺施工流程图、管路布置图以及其他的设备布置图，以确保读图的准确性。

第5章　管道布置图

5.1 概　　述

管道的布置和设计是以管道及仪表流程图（PID）、设备一览表及外形图、设备布置图及有关土建、仪表、电气、机泵等方面的图样和资料为依据的。设计首先应满足工艺要求，使管道便于安装、操作及维修，另外应合理、整齐和美观。管道布置设计的图样包括管道布置图、管架平面布置图、管道轴测图、伴热管道布置图和管道非标准配件制造图等。本章重点介绍管道布置图。

管道布置图又称为管道安装图或配管图，主要表达车间或装置内管道和管件、阀门、仪表控制点的空间位置、尺寸和规格，以及与有关机器、设备的连接关系。管道布置图是管道安装施工的重要依据，一般包括以下内容。

（1）一组视图　视图按正投影法绘制，包括一组平面图和剖面图，用以表达整个车间（装置）的建筑物和设备的基本结构以及管道、管件、阀门、仪表控制点等的安装、布置情况。

（2）尺寸和标注　管道布置图中，一般要标注出管道以及有关管件、阀门、仪表控制点等的平面位置尺寸和标高；并标注建筑物的定位轴线编号、设备名称及位号、管段序号、仪表控制点代号等。

（3）管口表　位于管道布置图的右上角，填写该管道布置图中的设备管口。

（4）分区索引图　在标题栏上方画出缩小的分区索引图，并用阴影线在其上表示本图所在的位置。

（5）方位标　表示管道安装方位基准的图标，一般放在图面的右上角。

（6）标题栏　注写图名、图号、比例、设计阶段等。

不同设计单位绘制的管道布置图，其内容差别不大，但难易程度及表示方法会有所不同。本章叙述的内容是按一般的行业标准要求的，具体应用时可根据实际情况变通处理。

5.2 管道布置图的视图

5.2.1 绘制管道布置图的一般要求

(1) 图幅　管道布置图的图幅应尽量采用A1，较简单的也可采用A2，较复杂的可采用A0。同区的图应采用同一种图幅。图幅不宜加长或加宽。

(2) 比例　管道布置图一般采用的比例为1∶50，也可采用1∶25、1∶30。

在管道布置图中，除了按比例绘制时会出现图形过小外，原则上均按比例绘制，这样可正确表达管道所占据的空间，避免碰撞或间距过小。

(3) 图线　管道布置图中的所有图线都要清晰光洁、均匀，宽度应符合要求。图线宽度分为以下三种：粗线，0.6～0.9mm；中粗线，0.3～0.5mm；细线，0.15～0.25mm。

图中单线管道用粗线（实线或虚线）表示，双线管道用中粗线（实线或虚线）表示，法兰、阀门及其他图线均用细线表示。

平行线间距至少要大于1.5mm，以保证复制件上的图线不会分不清或重叠。

(4) 字体　图样和表格中的所有文字（包括数字）应符合国家现行标准《技术制图字体》(GB/T 14691—1993) 中的要求。文字均为徒手书写，但在工程上有特殊规定时可用模板写。外文字母必须全部大写，不得书写草体。图中常用的字体高度建议如下：图名、图标中的图号、视图符号，5～7号字；工程名称、文字说明及轴线号、表格中的文字，5号字；数字及字母、表格中的文字（格子小于6mm时），3.5号字。

(5) 视图的配置　管道布置图一般只绘平面图。对于多层建筑物、构筑物的管道平面布置图，需要按楼层或标高分别绘出各层的平面图，以避免平面图上图形和线条重叠过多，造成表达不清晰。各层的平面图可以绘制在一张图纸上，也可以分画在几张图纸上。若各层平面的绘图范围较大而图幅有限时，也可将各层平面上的管道布置情况分区绘制。如在同一张图纸上绘制几层平面图时，应从最底层起，在图纸上由下至上或由左往右依次排序，并在各平面图的下方注明图名，例如"EL±0.000平面"或"EL×××.×××平面"。

管道布置图应按设备布置图或按分区索引图所划分的区域绘制。区域分界线用粗双点画线表示，在区域分界线的外侧标注分界线的代号、坐标、与该图标高相同的相邻部分的管道布置图的图号。区域分界线的表示方法如图5-1所示。

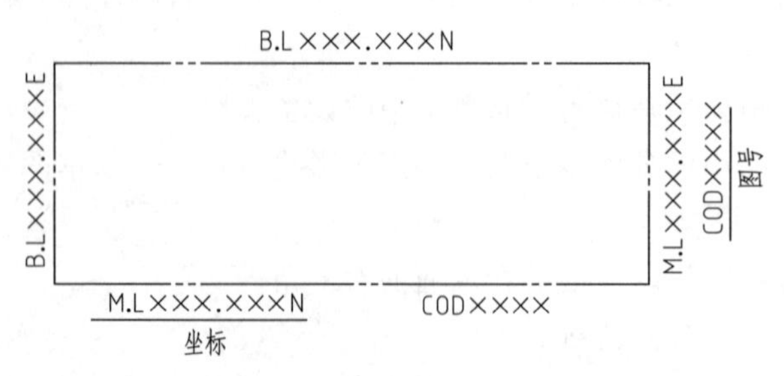

图5-1　区域分界线的表示方法

(B.L表示装置边界；M.L表示接续线；COD表示接续图)

当平面图中局部表示不够清楚时，可绘制剖面图或轴测图。剖面图和轴测图可画在管道平面布置图边界线以外的空白处（不允许在管道平面布置图内的空白处再画小的剖面图或轴测图），或绘在单独的图纸上。剖面图应按比例画，可根据需要标注尺寸。轴测图可不按比例绘制，但应标注尺寸，且相对尺寸正确。剖切符号规定用*A*—*A*、*B*—*B*等大写英文字母表示，在同一小区内符号不得重复。平面图上要表示出剖切面的位置、投射方向和名称，并在剖面图的下方注明相应的图名。

5.2.2 管道及附件的图示方法

(1) 管道　管道是管道布置图表达的主要内容，为突出管道和简便画图，对于公称直径（DN）大于和等于400mm或16in的管道，用双线表示，小于和等于350mm或14in的管道用单线表示。

在管道的中断处画上断裂符号，如图5-2所示。当地下管道与地上管道合画一张图时，地下管道用虚线（粗线）表示。预定要设置的管道和原有的管道用双点画线表示。

在适当位置用箭头表示物料的流向（双线管道箭头画在中心线上）。

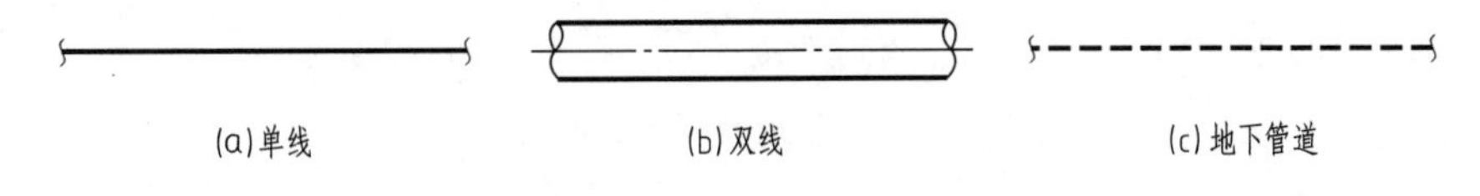

图5-2 管道的表示法

(2) 管道交叉　当两管道交叉时，可把被遮住的管道的投影断开，如图5-3 (a) 所示。也可将上面的管道的投影断开表示，以便看见下面的管道，如图5-3 (b) 所示。

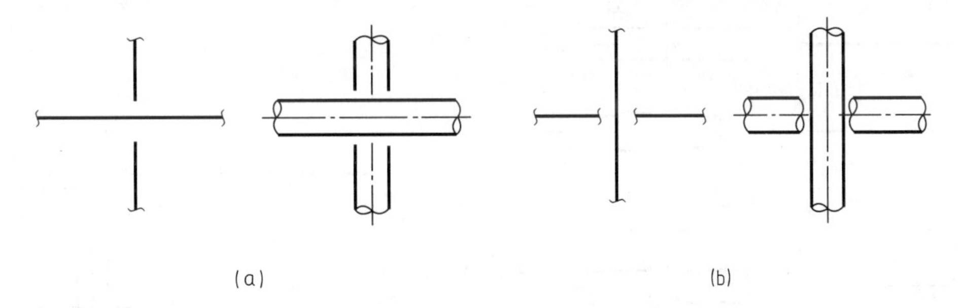

图5-3 管道交叉的表示法

(3) 管道重叠　当管道投影重叠时，将上面（或前面）管道的投影断开表示，下面管道的投影画至重影处，稍留间隙断开，如图5-4 (a) 所示；当多条管道投影重叠时，可将最上面（或最前面）的一条用“双重断开”符号表示，如图5-4 (b) 所示；也可在投影断开处

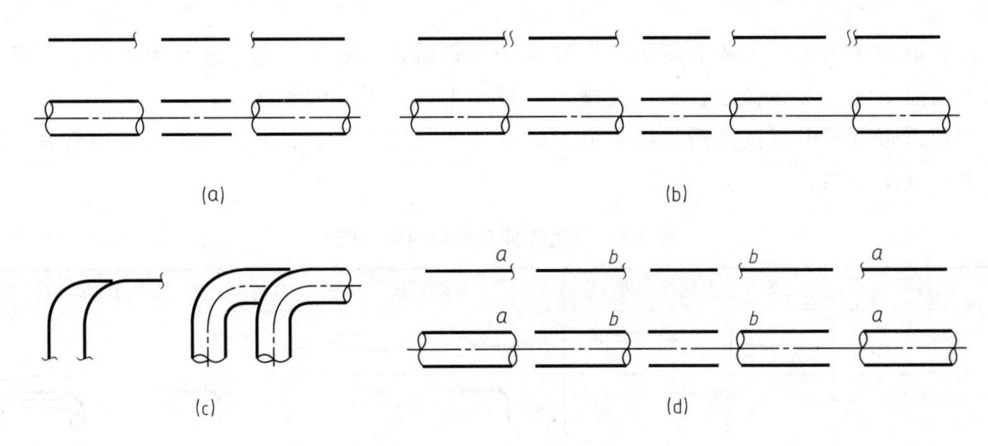

图5-4 管道重叠的表示法

注上 a、a 和 b、b 等小写字母，如图 5-4（d）所示；当管道转折后投影重叠时，将下面的管道画至重影处，稍留间隙断开，如图 5-4（c）所示。

（4）管道转折　管道转折的一般表示方法如图 5-5 所示。公称直径小于等于 40mm 或 $1\frac{1}{2}$in 的管道的转折一律用直角表示。

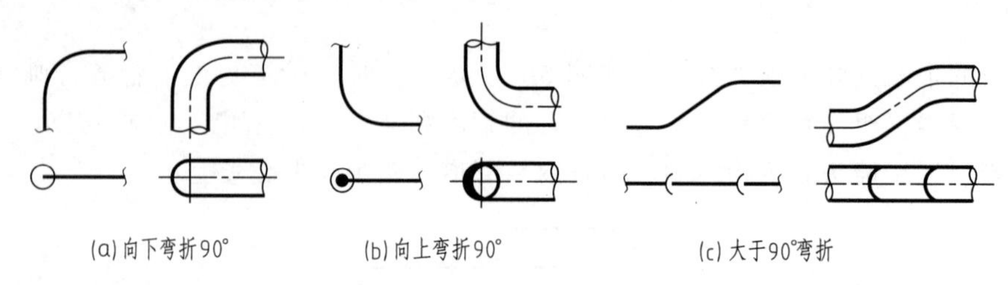

图 5-5　管道转折的表示法

（5）管件及阀门　管道中的其他附件，如弯头、三通、四通、异径管、法兰、软管等管道连接件，简称管件。各种管件的连接形式一般有螺纹连接、承插焊连接、对焊连接和法兰连接，如图 5-6 所示。当管道用三通连接时，可能形成三个不同方向的视图，其画法如图 5-7 所示。

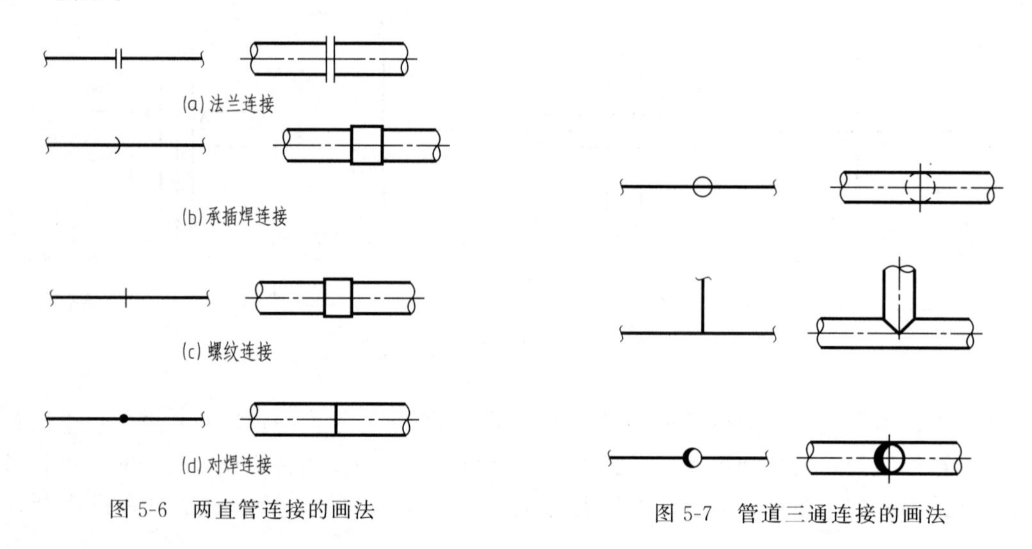

图 5-6　两直管连接的画法

图 5-7　管道三通连接的画法

在管道中常用阀门来调节流量，切断或切换管道，并对管道起安全控制作用。管道中的阀门可用简单的图形和符号表示，其规定符号与工艺流程图的画法相同，见表 3-7。

在管道布置图中应按比例画出管道上的管件和阀门，表 5-1 所列为几种常用管件及阀门在管道布置图中的表达方法。

表 5-1　常用管件及阀门的表示图例

项目	螺纹或承插焊连接	对焊连接	法兰连接
法兰盖			
90°弯头			

续表

项目	螺纹或承插焊连接	对焊连接	法兰连接
同心异径管	C.R40×25	C.R80×50　C.R80×50	C.R80×50　C.R80×50
三通			
闸阀			
截止阀			

（6）传动结构　传动结构的形式一般有电动式、气动式、液压或气压缸式等，适用于各种类型的阀门。传动结构应按实物的尺寸比例画出，以免与管道或其他附件相碰。传动结构的表示法如图 5-8 所示。

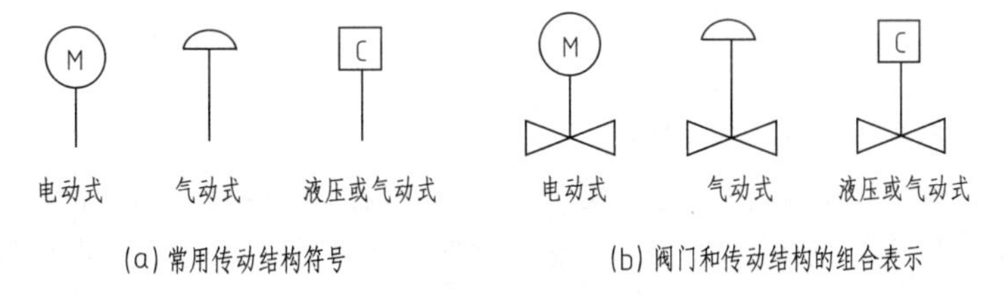

图 5-8　传动结构的表示法

（7）控制点　管道上的检测元件（压力、温度、流量、液面、分析、料位、取样、测温点、测压点等）在管道布置图上用直径为 10mm 的圆圈表示，并用细实线将圆圈和检测点连接起来。圆圈内按 PID 检测元件的符号和编号填写。一般画在能清晰表达其安装位置的视图上。其规定符号与工艺流程图中的画法相同。

（8）管架　管架是用来支承和固定管道的，其位置一般在平面图上用符号表示，如图 5-9 所示。

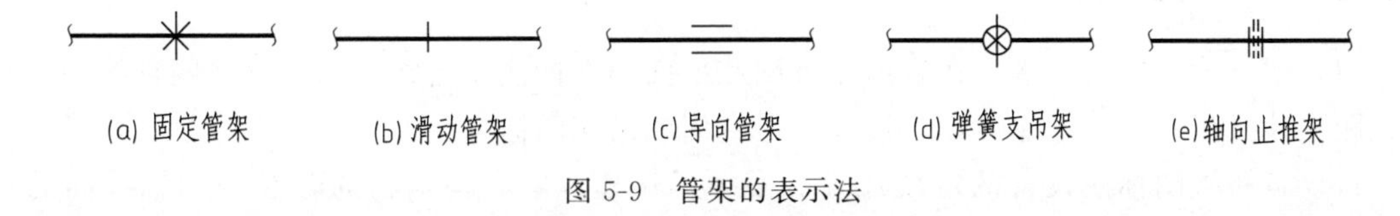

图 5-9　管架的表示法

5.2.3　设备的图示内容及图示方法

在管道平面布置图中，应以设备布置图所确定的位置按比例用细实线画出所有设备的简略外形和基础、平台、梯子（包括梯子的安全护圈），各类设备的外形图参见表 3-1，还应表示出吊车梁、吊杆、吊钩和起重机操作室。另外，应按比例画出卧式设备的支承底座，标注固定支座的位置，支座下如为混凝土基础时，应按比例画出基础的大小，不需标注尺寸。对于立式容器还应表示出裙座人孔的位置及标记符号。对于工业炉，凡是与炉子和其平台有关的柱子及炉子外壳等的外形、风道、烟道等均应表示出。

5.2.4 建（构）筑物的图示内容及图示方法

对于生活间及辅助间，应标出其组成和名称。根据设备布置图按比例画出柱、梁、楼板、门、窗、楼梯、操作台、安装孔、管沟、箅子板、散水坡、管廊架、围堰、通道、栏杆、梯子和安全护圈等建（构）筑物。还应按比例用细点画线表示仪表盘、电气盘的外轮廓及电气、仪表电缆槽或架和电缆沟，不必标注尺寸，以避免与管道线相交。

5.3 管道布置图的标注

5.3.1 标注基本要求

（1）尺寸单位　管道布置图中标注的标高、坐标以 m 为单位，小数点后取三位数。其余的尺寸一律以 mm 为单位，只注数字，不注单位。管子公称直径一律用 mm 表示。

基准地平面的设计标高表示为 EL±0.000m 时，低于基准地平面者可表示为 9×.×××m。

（2）尺寸数字　尺寸数字一般写在尺寸线的上方中间，并且平行于尺寸线。不按比例画图的尺寸应在尺寸数字下面画一道横线。

（3）管道的标注　按 PID 在管道上方（双线管道在中心线上方）标注介质代号、管道编号、公称直径、管道等级及隔热形式、流向，下方标注管道标高（标高以管道中心线为基准时，只需标注数字如 EL×××.×××；以管底为基准时，在数字前加注管底代号如 BOP EL×××.×××）。例如：

$$\frac{\text{SL1305-100-B1A-H}}{\text{EL}\times\times\times.\times\times\times}\qquad\frac{\text{SL1305-100-B1A-H}}{\text{BOP EL}\times\times\times.\times\times\times}$$

其中，管道尺寸一般标注公称直径，管道尺寸也可直接填写管子外径×壁厚。

（4）图名　标题栏中的图名一般分成两行书写，上行写“管道布置图”，下行写“EL×××.×××平面”或“*A*—*A*、*B*—*B*”等。

5.3.2 标注内容

（1）建（构）筑物　必须在管道布置图和剖面图中标注建筑物、构筑物柱网轴线的编号及柱距尺寸或坐标，并标注地面、楼面、平台面和吊车的标高。

按设备布置图标注设备的定位尺寸。必须标注建筑物、构筑物的轴线号和轴线间的尺寸，并标注地面、楼面、平台面、吊车梁顶面的标高。

（2）设备　必须在管道布置图上按设备布置图标注所有设备的定位尺寸或坐标、基础面标高。

按设备图用 5mm×5mm 的方块标注设备管口符号、管口方位（或角度）、底部或顶部管口法兰面标高、侧面管口的中心线标高和斜接管口的工作点标高等，如图 5-10 所示。

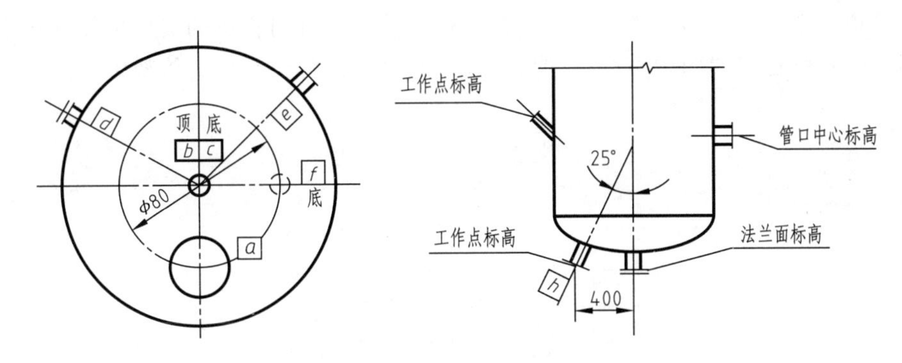

图 5-10　管口方位标注示意图

在管道布置图上的设备中心线上方标注与流程图一致的设备位号，下方标注支承点的标高（如 POS EL×××.×××）或主轴中心线的标高（如 C. L. EL×××.×××）。剖面图上的设备位号注在设备近侧或设备内。

（3）管道　应在管道布置图上标注出所有管道的定位尺寸及标高、物料的流动方向和管号。在直立面剖面图上，则应注出所有的标高。与设备布置图相同，定位尺寸以 mm 为单位，而标高以 m 为单位。

在管道布置图上，根据实际情况，管道的定位尺寸可以以建筑物或构筑物的定位轴线（或墙高）、设备中心线、设备管口中心线、区域界线（或接续图分界线）等作为基准进行标注。与设备管口相连的直管段，因可用设备管口确定该段管道的位置，则不需标注定位尺寸。

管道安装标高均以 m 为单位，通常以首层室内地面±0.000 为基准，管道一般标注管中心线标高加上标高符号。与带控制点的工艺流程图一致，管道布置图上的所有管道都需要标注出公称直径、物料代号及管道编号。

对于异径管，应标出前后端管子的公称直径，如 DN80/50 或 80×50。非 90°的弯管和非 90°的支管连接，应标注角度。

要求有坡度的管道，应标注坡度（代号为 i）和坡向，如图 5-11 所示。

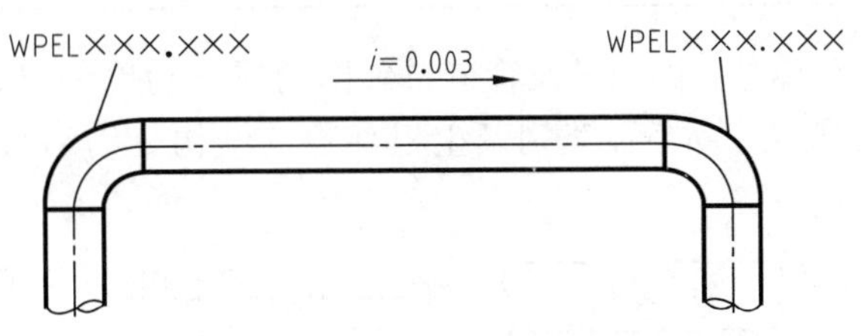

图 5-11　管道坡度的标注

在管道平面布置图上，不标注管段的长度尺寸，只标注管子、管件、阀门、过滤器、限流孔板等元件的中心定位尺寸或以一端法兰面定位。

（4）管件　在管道布置图中，应按规定符号画出管件，一般不标注定位尺寸。该区域内的管道改变方向，管件的位置尺寸应相对于容器、设备、管口、邻近管口或管道的中心来标注。对某些有特殊要求的管件，应标注出特殊要求与说明。

（5）阀门　管道布置图上的阀门应按规定符号画出，一般不标注定位尺寸，只要在剖视面上注出安装标高。当管道中阀门类型较多时，应在阀门符号旁注明其编号及公称尺寸。

（6）仪表控制点　仪表控制点的标注与带控制点的工艺流程图一致。用指引线从仪表控制点的安装位置引出，也可在水平线上写出规定符号。

（7）管道支架　水平向管道的支架标注定位尺寸，垂直向管道的支架标注支架顶面或支承面的标高。在管道布置图中每个管架应标注一个独立的管架编号。管架编号由以下 5 个部分组成：

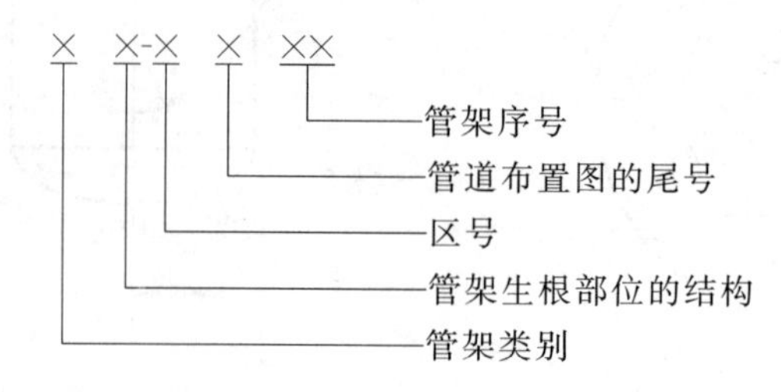

其中，管架类别及代号见表 5-2。

表 5-2　管架类别及代号

序号	管架类别	代号	序号	管架类别	代号
1	固定架	A	5	弹簧吊架	S
2	导向架	G	6	弹簧支座	P
3	滑动架	R	7	特殊架	E
4	吊架	H	8	轴向限位架	T

管架生根部位的结构及代号见表 5-3。

表 5-3　管架生根部位的结构及代号

序号	管架生根的部位	代号	序号	管架生根的部位	代号
1	混凝土结构	C	4	设备	V
2	地面基础	F	5	墙	W
3	钢结构	S			

编号中的区号及管道布置图的尾号均以一位数字表示，管架序号以两位数字表示，从 01 开始，按管架类别及生根部位的结构分别编写。图 5-12 为管架在管道布置图中的标注举例。

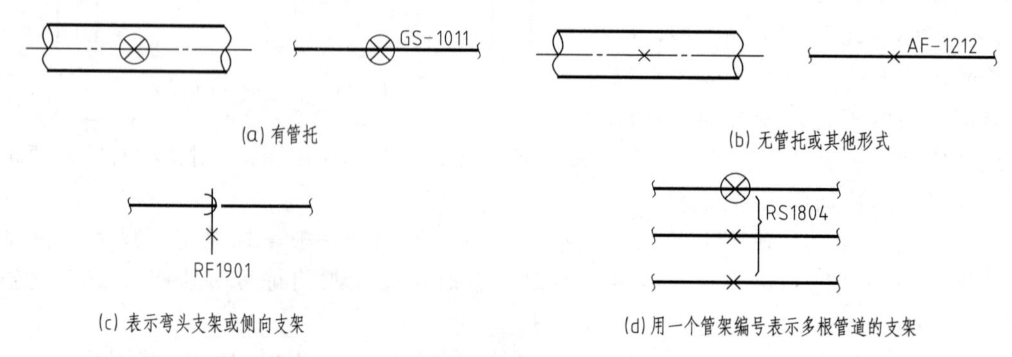

图 5-12　管架在管道布置图中的标注举例

5.4　管道布置图的绘制方法

5.4.1　绘图前的准备

在绘制管道布置图之前，应先从有关图样资料中了解设计说明、本项目工程对管道布置的要求以及管道设计的基本任务，并充分了解和掌握工艺生产流程、厂房建筑的基本结构、设备布置情况以及管口和仪表的配置。

5.4.2　绘图方法与步骤

（1）拟定表达方案　参照设备布置图或分区索引图，由绘图区域的大小来确定绘图的张数。根据需要来确定是否需分层画出不同标高的管道平面布置图，并根据其复杂程度来确定是否需要画剖面图。

（2）确定图幅与比例，合理布图　详见5.2节中相应内容的介绍。

（3）绘制管道平面布置图　管道平面图的布置一般应与设备布置图中的平面图一致。具体绘制步骤如下：用细实线画出分区平面图，即画出建（构）筑物的外形和门、窗位置，标注出建（构）筑物的轴线号和轴线间的尺寸；用细实线按比例画出带有管口方位的设备布置图，此处所画的设备形状与设备布置图中的应基本相同，注写设备位号及名称；根据管道布置要求画出管道平面图，并标注管道代号和物料流向箭头；在设计所要求的部位按规定画出管件、管架、阀门、仪表控制点等的示意图；标注出建（构）筑物的定位轴线、设备定位尺寸、管道定位尺寸，有时在平面布置图上也注出标高尺寸。

（4）绘制管道剖视面　对于平面图中表示不够清楚的部分，可绘出其剖面图。具体绘制步骤如下：用细实线画出地坪线及其以上建（构）筑物和设备基础。注写建（构）筑物定位轴线编号；用细实线按比例画出设备及其管口，并加注位号及名称；画出管道的剖面图，并标注管道代号、物料流向箭头；在设计所要求的部位按规定画出管件、管架、阀门、仪表控制点等的示意图；注出地面、设备基础、管道和阀门的标高尺寸。

（5）绘制方位标　略。

（6）填写管口表　在管道布置图的右上角填写管口表，列出该管道布置图中的设备管口。管口表的格式见表5-4。

表5-4　管口表的格式

管口表								
设备位号	管口符号	公称直径 *DN*/mm	公称压力 *PN*/MPa	密封面形式	连接法兰标准号	长度/mm	标高/m	方位/(°) 水平角
T1304	a	65	1.0	RF	HG 20592		4.100	
	b	100	1.0	RF	HG 20592	400	3.800	180
	c	50	1.0	RF	HG 20592	400	1.700	
V1301	a	50	1.0	RF	HG 20592		1.700	180
	b	65	1.0	RF	HG 20592	800	0.400	135
	c	65	1.0	RF	HG 20592		1.700	120
	d	50	1.0	RF	HG 20592		1.700	270

（7）绘制附表、标题栏，注写说明　略。

（8）校核与审定　略。

5.5 管道布置图的阅读

管道布置图是在设备布置图上增加了管道布置情况的图样。管道布置图中所解决的主要问题是如何用管道把设备连起来，阅读管道布置图应抓住这个主要问题，弄清管道布置情况。

5.5.1 明确视图数量及关系

阅读管道布置图首先要明确视图关系，了解平面图的分区情况，平面图、剖面图的数量及配置情况。在此基础上进一步弄清各剖面图在平面图上的剖切位置及各个视图之间的对应关系。

从图5-13所示的某工段管道布置图可以看出，该图有一个平面图和一个剖面图。

5.5.2 读懂管道的分布情况

根据施工流程图，从起点设备开始按流程顺序、管道编号，对照平面图和剖面图，逐条弄清其投影关系，并在图中找出管件、阀门、控制点、管架等的位置。

5.5.3 分析管道位置

在看懂管道走向的基础上，在平面图（或剖面图）上，以建筑定位轴线或首层地面、设备中心线、设备管口法兰为尺寸基准，阅读管道的水平定位尺寸；在剖面图上，以首层地面为基准，阅读管道的安装标高，进而逐条查明管道位置。

由图5-13中的平面图和A—A剖面图可知，PL0401-ϕ57×3.5B物料管道从标高8.8m由南向北拐弯向下进入蒸馏釜。另一根水管CWS0401-ϕ57×3.5也由南向北拐弯向下，然后分为两路：一路向西拐弯向下，再拐弯向南与PL0401相交；另一路向东再向北转弯向下，然后又向北，转弯向上再向东接冷凝器。物料管与水管在蒸馏釜、冷凝器的进口处都装有截止阀。

PL0402-ϕ57×3.5B管是从冷凝器下部连至真空受槽V0408A、V0408B上部的管道，它先从出口向下至标高6.80m处，向东1000（单位mm，以下同）分出，一路向南880再转弯向下进入真空受槽V0408A，原管线继续向东1800，又转弯向南再向下进入真空受槽V0408B，此管在两个真空受槽的入口处都装有截止阀。

VE0401-ϕ32×3.5B管是连接真空受槽V0408A、V0408B与真空泵的管道，由真空受槽V0408A顶部向上至标高7.95m的管道拐弯向东与真空受槽V0408B顶部来的管道汇合，汇合后继续向东与真空泵相接。

VT0402-ϕ57×3.5B管是与蒸馏釜、真空受槽V0408A、V0408B相连接的放空管，标高9.40m，在连接各设备的立管上都装有截止阀。

设备上的其他管道的走向、转弯、分支及位置情况，也可按同样的方法进行分析。

在阅读过程中，还可参考设备布置图、带控制点的工艺流程图、管道轴测图等，以全面了解设备、管道、管件、控制点的布置情况。

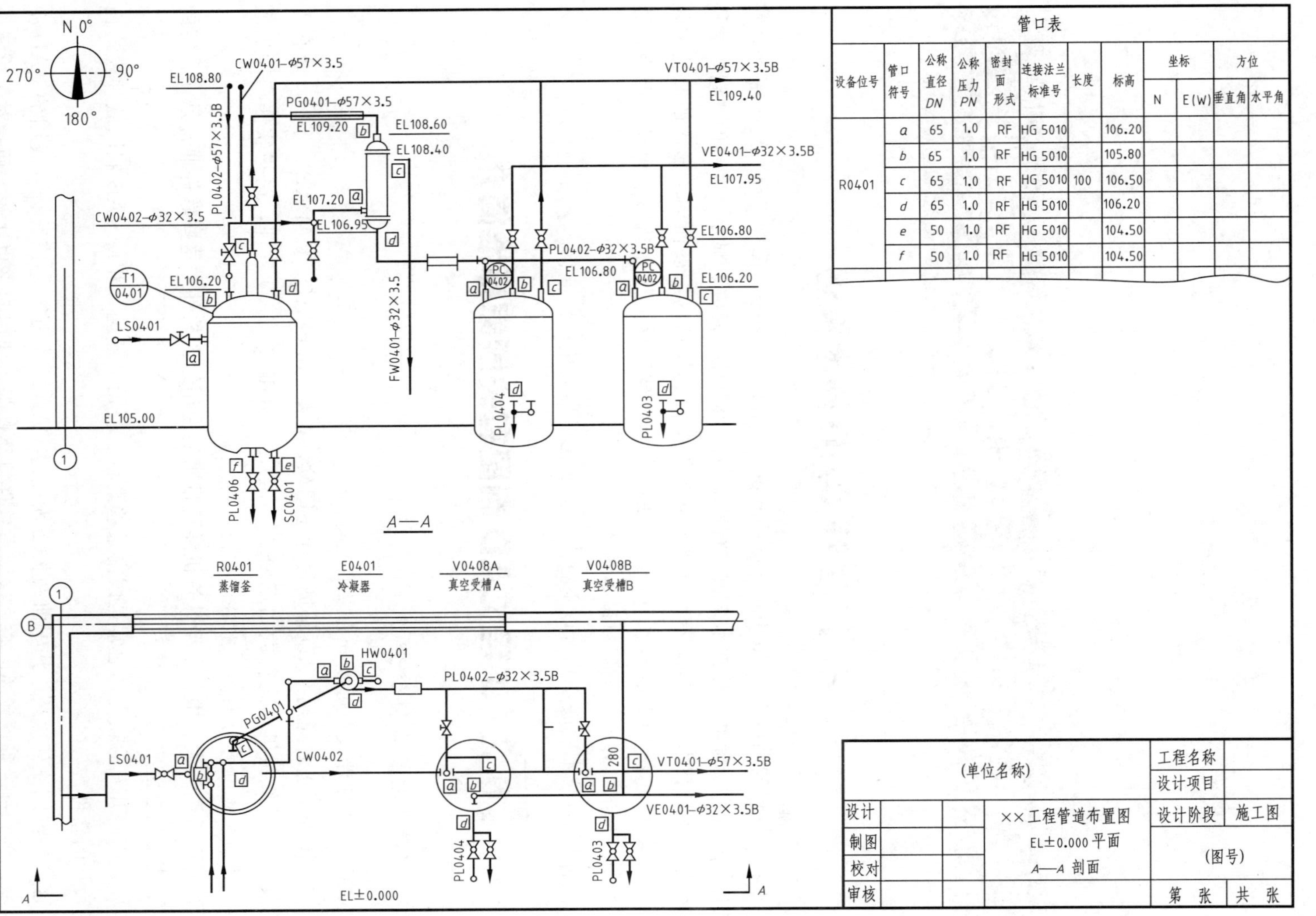

设备位号	管口符号	公称直径 DN	公称压力 PN	密封面形式	连接法兰标准号	长度	标高	坐标 N	坐标 E(W)	方位 垂直角	方位 水平角
R0401	a	65	1.0	RF	HG 5010		106.20				
	b	65	1.0	RF	HG 5010		105.80				
	c	65	1.0	RF	HG 5010	100	106.50				
	d	65	1.0	RF	HG 5010		106.20				
	e	50	1.0	RF	HG 5010		104.50				
	f	50	1.0	RF	HG 5010		104.50				

图 5-13　某工段管道布置图

第6章　化工制图CAD基础

6.1　工程CAD技术概述

工程计算机辅助设计（Engineering Computer Aided Design，简称工程CAD）是用计算机硬件、软件系统辅助工程技术人员进行产品或工程设计、修改、显示、输出的一门多学科的综合性应用新技术。它是随着计算机、外围设备及其软件的发展而逐步形成的高技术领域。经过最近30多年的发展，CAD技术在国内外已被广泛应用于机械、电子、航空、建筑、纺织、化工、环保及工程建设等各个领域。

随着CAD技术发展，具有以下特点：智能化；集成化；标准化。

6.2　工程CAD制图有关国家标准简介

6.2.1　CAD制图软件分类

CAD制图软件大致可以分为以下三类。

(1) 国外引进的通用CAD辅助设计绘图软件，如AutoCAD、CADKEY等，以及在工作站或32位超级微机上运行的IDEAS、CATIA、UGII等CAD软件，这些软件均能生成机械、建筑、电气等方面的一般性图样。

(2) 引进国外大、中、小型计算机随机带来的专用绘图软件，这些软件通常是在一定的条件下使用来绘图的。

(3) 国内开发的软件，通常是国内某些高校、公司参照国外相应CAD制图软件模式而开发设计的软件。

这三类软件各有特点，其中前两类必须经过CAD二次开发，使其符合我国的CAD制图标准，加上自己所需要的内容，这两类软件可靠性强，使用起来也比较方便；对于第三类软件，其可靠性不如前两类，但其在某些特定的领域实用性比前两类强，且同类CAD软件较前两类便宜。

6.2.2　CAD 工程制图的基本要求

CAD 工程制图的基本要求主要是图纸的选用、比例的选用、字体的选用、图线的选用等内容。它们都是需要在绘制工程图之前确定的。

6.2.2.1　图纸幅面

用计算机绘制 CAD 图形时，应该配置相应的图纸幅面、标题栏、代号栏、附加栏等内容，装配图或安装图上一般还应配备明细表内容。

（1）图纸幅面形式如图 6-1 所示，基本尺寸见表 6-1。

（2）CAD 工程图可以根据实际情况和需要，设置以下内容。

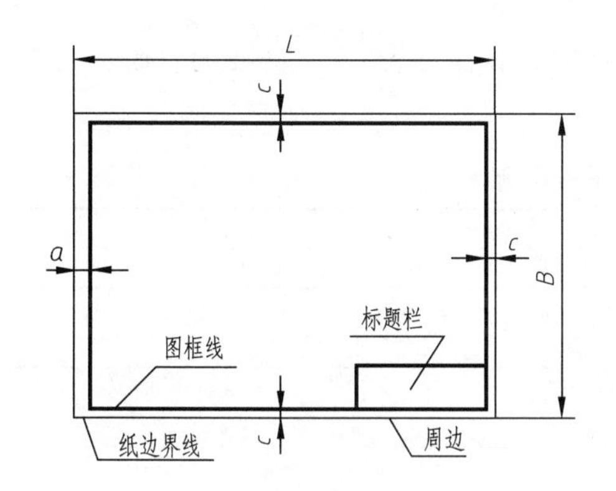

(a) 带有装订边的图纸幅面

(b) 不带有装订边的图纸幅面

图 6-1　图纸幅面形式

表 6-1　图纸幅面基本尺寸　　单位：mm

幅面代号	A0	A1	A2	A3	A4
$B \times L$	841×1189	594×841	420×594	297×420	210×297
e	20		10		
c	10			5	
a	25				

注：在 CAD 绘图中对图纸有加长加宽的要求时，应按基本幅面的短边（B）成整数倍增加。

方向符号，用来确定 CAD 工程图视读方向，如图 6-2 所示。

剪切符号，用于对 CAD 工程图的裁剪定位，如图 6-3 所示。

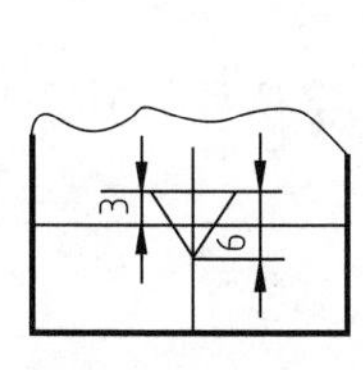

图 6-2　方向符号

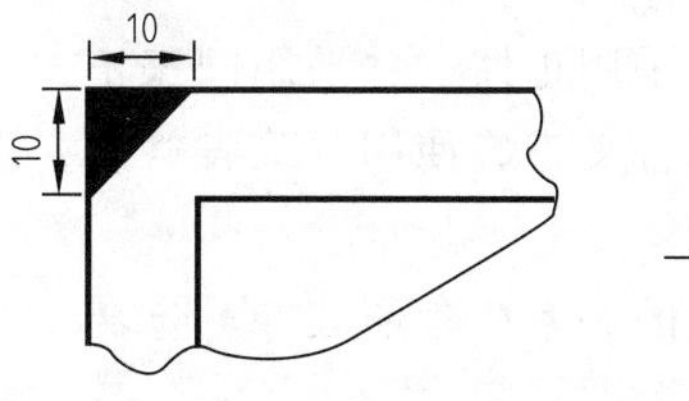

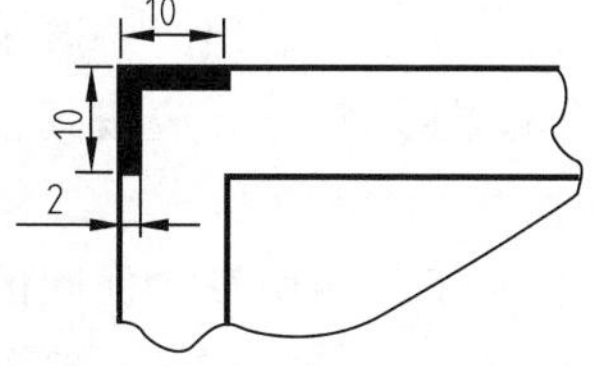

图 6-3　剪切符号

米制参考分度，用于对图纸比例尺寸提供参考，如图 6-4 所示。

对中符号，用于对 CAD 图纸的方位起到对中作用，如图 6-5 所示。

（3）标准中要求对复杂图形的 CAD 装配图一般应设置图幅分区，其分区形式如图 6-5 所示。图幅分区主要用于对图纸上存放的图形、尺寸、结构、说明等内容起到查找准确、定位方便的作用。

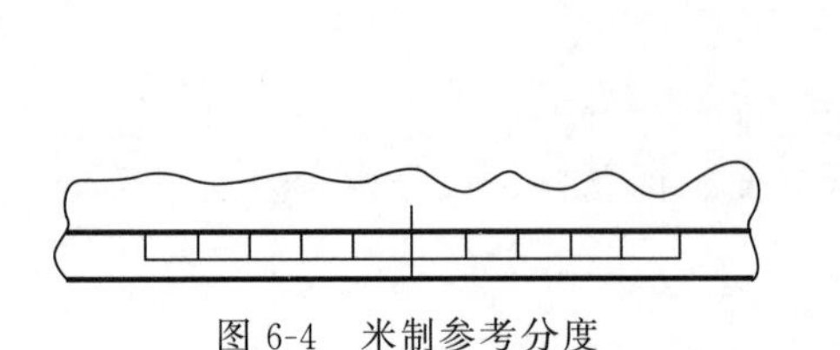

图 6-4　米制参考分度

图 6-5　对中符号及图幅分区

6.2.2.2　比例

CAD 图中所采用的比例应符合国家标准的有关规定，具体见表 6-2，必要的时候也可以选择表 6-3 中的比例。

表 6-2　CAD 图中常采用的比例

种类	比　例		
原值比例	1∶1		
放大比例	5∶1 5×10*n*∶1	2∶1 2×10*n*∶1	1×10*n*∶1
缩小比例	1∶2 1∶2×10*n*	1∶5 1∶5×10*n*	1∶10 1∶1×10*n*

注：*n* 为整数。

表 6-3　CAD 图中可采用的比例

种类	比　例				
放大比例	4∶1 4×10*n*∶1	2.5∶1 2.5×10*n*∶1			
缩小比例	1∶1.5 1∶2×10*n*	1∶2.5 1∶5×10*n*	1∶3 1∶3×10*n*	1∶4 1∶4×10*n*	1∶5 1∶5×10*n*

6.2.2.3　字体

CAD 图中的字体应按国家标准的有关规定，做到字体端正、笔画清楚、排列整齐、间隔均匀，并要求采用长仿宋体矢量字体。代号、符号要符合有关标准规定。

（1）数字　一般要以斜体输出。

（2）小数点　输出时，应占一个字位，并位于中间靠下处。

（3）字母　一般也以斜体输出。

（4）汉字　输出时一般采用正体，并采用国家正式公布的简化汉字方案。

（5）标点符号　应按其含义正确使用，除省略号、破折号为两个字位外，其余均为一个字位。

（6）字体与图纸幅面间的关系应参照表 6-4 选取。

表 6-4　不同图幅字体的选择　　单位：mm

图幅 / 字体 *h*	A0	A1	A2	A3	A4
汉字	7	7	5	5	5
字母与数字	5	5	3.5	3.5	3.5

注：*h* 为汉字、字母和数字的高度。

（7）字体的最小字距、行距，间隔线、基准线与书写字体间的最小距离参照表 6-5 所示规定。

表 6-5 字体的最小距离 单位：mm

字体	最小距离	
汉字	字距	1.5
	行距	2
	间隔线或基准线与汉字间距	1
拉丁字母、阿拉伯数字、希腊字母、罗马数字	字符	0.5
	词距	1.5
	行距	1
	间隔线或基准线与字母、数字的间距	1

注：当汉字与字母、数字混合使用时，字体的最小字距、行距等应根据汉字的规定使用。

（8）CAD 工程图中所用的字体一般是长仿宋体。但技术文件中的标题、封面等内容也可以采用其他字体，其具体选用应参照表 6-6 规定。

表 6-6 CAD 工程图中字体的选用

汉字字型	国家标准号	字体文件名	应用范围
长仿宋体	GB/T 13362.4～13362.5—1992	HZCF *	图中标注及说明和汉字、标题栏、明细栏等
单线宋体	GB/T 13844—1992	HZDX *	大标题、小标题、图册封面、目录清单、标题栏中设计单位名称、图样名称、工程名称、地形图等
宋体	GB/T 13845—1992	HZST *	
仿宋体	GB/T 13846—1992	HZFS *	
楷体	GB/T 13847—1992	HZKT *	
黑体	GB/T 13848—1992	HZHT *	

6.2.2.4 图线

图线包括图线的基本线型和基本线型的变形。在国家标准中有详细的规定，它在原有的旧标准基础上增加了一些新的线型。

（1）图线的基本线型，见表 6-7。

表 6-7 图线的基本线型

代码	基本线型	名称
01		实线
02		虚线
03		间隔画线
04		单点长画线
05		双点长画线
06		三点长画线
07		点线
08		长画短画线
09		长画双点画线
10		点画线
11		单点双画线
12		双点画线
13		双点双画线
14		三点画线
15		三点双画线

（2）基本线型的变形，见表 6-8。

表 6-8 基本线型的变形

基本线型的变形	名称	基本线型的变形	名称
	规则波浪连续线		规则锯齿连续线
	规则螺旋连续线		波浪线

注：本表仅包括表 6-7 中 No. 01 基本线型的变形，No. 02～No. 15 引用同样方法的变形表示。

（3）基本图线的颜色，CAD 工程图在计算机上的图线一般应该按照表 6-9 中提供的颜色显示。相同类型的图线应采用同样的颜色。

表 6-9 图线的颜色

图线类型		屏幕上的颜色	图线类型		屏幕上的颜色
粗实线		绿色	虚线		黄色
细实线		白色	细点画线		红色
波浪线			粗点画线		棕色
双折线			双点画线		粉红色

6.2.2.5 剖面符号

在绘制工程图时，各种剖面符号的类型比较多，各个行业还应该制定各自行业的剖面图案。

6.2.3 CAD 工程图的基本画法

绘制 CAD 工程图的基本画法在国家标准的图样画法中有详细的规定，在制图时应该遵循以下原则。

（1）在绘制 CAD 工程图时，首先应考虑看图的方便，根据产品结构特点选用适当的表达方法，在完整、清晰地表达产品各部分形状尺寸的前提下，力求制图简便。

（2）CAD 的视图、剖视图、剖面（截面）局部放大图以及简化画法应按照各行业有关规定配置或绘制。

（3）视图的选择，按照一般规律，表示物体信息量最多的那个视图应该作为主视图，通常是物体的工作、加工、安装位置，当需要其他视图时，应该按照下述基本原则选取：在明确表示物体的前提下，使数量为最小；尽量避免使用虚线表达物体的轮廓及棱线；避免不必要的细节重复。

6.3 AutoCAD 2016 基础知识

6.3.1 AutoCAD 2016 软件简介

AutoCAD 是美国 Autodesk 公司于 1982 年首先推出的通用计算机辅助绘图和设计的软件包。经过多次升级，使其功能日益增强、日趋完善。由于 AutoCAD 软件丰富的功能及相对便宜的价格，使其已经在机械、电子、建筑、环境工程、化工、纺织、轻工、商业等行业得到广泛应用，占据着主要的世界微机 CAD 市场。本章以 AutoCAD 2016 为平台，介绍其常用且重要的命令。

6.3.2　AutoCAD 2016 工作界面

在启动 AutoCAD 后，单击“开始绘制”按钮以开始绘制新图形，如图 6-6 所示。

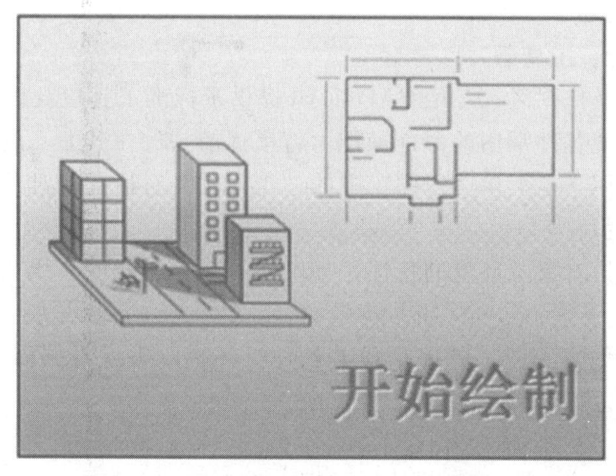

图 6-6　AutoCAD 2016 启动界面

AutoCAD 的操作界面是 AutoCAD 显示、编辑图形的区域。启动 AutoCAD 软件，进入如图 6-7 所示的经典工作界面。它主要由标题栏、菜单栏、工具栏、对象特性栏、作图窗口、十字光标、坐标系图标、命令提示窗口、选项卡、状态行等组成。

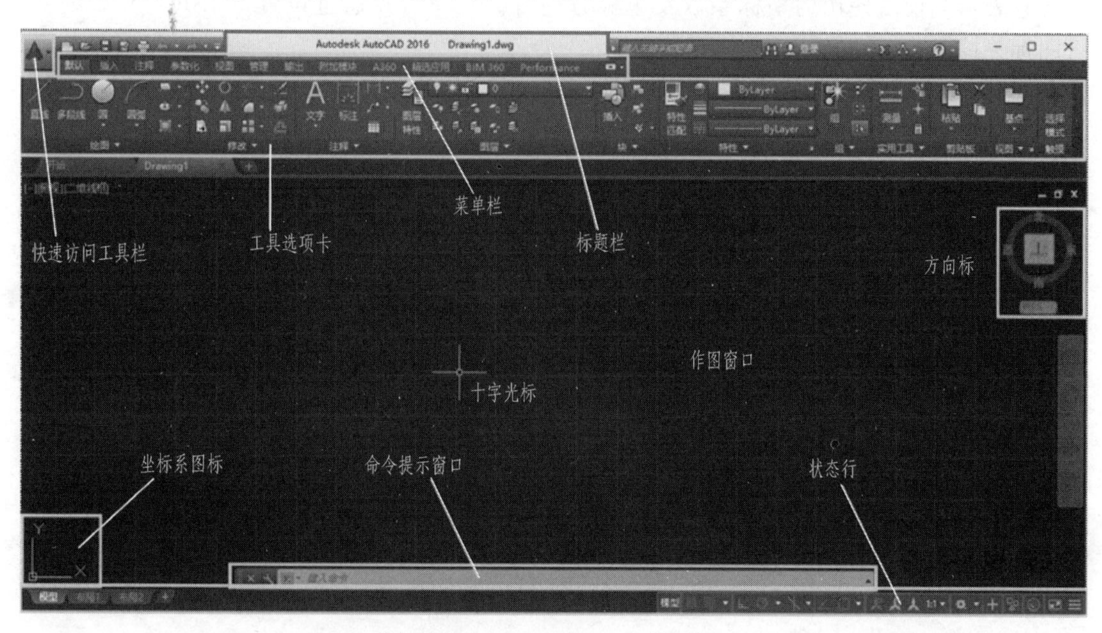

图 6-7　AutoCAD 2016 工作界面

6.3.2.1　标题栏

标题栏位于 AutoCAD 2016 工作界面的最上边，主要用于显示 AutoCAD 的程序图标、软件名称以及当前打开的文件名等信息。在标题栏的右边有 3 个控制按钮，分别用于控制最小化、最大化/还原和关闭应用程序窗口，用户可以单击相应的按钮最小化、最大化/还原或者关闭 AutoCAD 窗口。

6.3.2.2 菜单栏

菜单栏位于 AutoCAD 2016 界面的第二行，菜单栏与 Windows 界面相似。将鼠标指针移至菜单名上，并单击左键，即可打开该菜单，通过菜单栏左键选择命令名称，可执行 AutoCAD 2016 的大部分命令。

6.3.2.3 标准工具栏、工具条

在界面的第三行及作图区，AutoCAD 2016 提供了标准工具栏及很多工具条，利用它们的按钮可以方便地实现各种常用的命令操作。将鼠标箭头放在其上，点击左键可以启动该命令。点击右键或者利用下拉菜单“视图”中的“工具栏”对话框可对其进行管理。

6.3.2.4 对象特性栏

用于显示当前图形对象及环境的特性，如图层、颜色、线型、线宽等信息。

6.3.2.5 作图窗口

它是进行绘图操作的区域。周围布置了各种工具栏，可以根据需要打开或关闭各工具栏，以加大作图区域。该区域还包括光标和坐标系图标。

6.3.2.6 十字光标

当光标位于作图窗口时，为十字形状，称为十字光标。十字线的交点为光标的当前位置。随着鼠标的移动，可以清楚地看见状态栏上坐标的跟随变化。AutoCAD 的光标用于绘图、选择对象等操作。

6.3.2.7 坐标系图标

它表示当前所使用的坐标系以及坐标方向等。用户可以通过设置 UCSICON 系统变量将图标关掉。

6.3.2.8 命令提示窗口

它是显示键盘输入的命令和提示信息的区域。设置命令行窗口为 3 行，显示最后 3 次所执行的命令和提示信息。可以根据需要改变命令行窗口的大小，使其显示多于或少于 3 行。该区域是 AutoCAD 软件与用户交流的重要地点，对于初学者来说，它是最容易被忽视的，也是最不容易掌握的内容之一。需要注意的是，当开始键入命令时，它会自动完成。当提供了多个可能的命令时，可以通过单击或使用箭头键并按“Enter”或“空格”键来进行选择。

6.3.2.9 选项卡

用于显示当前的作图空间。用户可以选择“模型”和“布局”在模型空间和布局中切换。

6.3.2.10 状态行

用于显示当前的作图状态。分别为当前光标的坐标位置，绘图时是否使用栅格捕捉、栅格显示功能、正交、极坐标跟踪、目标捕捉、目标跟踪、线宽显示功能以及当前的作图空间等。

6.3.3 图形文件操作

图形文件操作包括新建一个绘图文件、打开已有的图形文件、保存图形文件等操作，见表 6-10。

表 6-10　图形文件操作

序号	命令	图标	下拉菜单	功能	说　明
1	New		文件-新建…	新建图形文件	常用方法有“从草图开始”“使用样板图”“使用导向”三种
2	Open		文件-打开…	打开图形文件	打开已经存在的图形文件
3	Qsave		文件-保存	同名保存	将当前图形以原文件名存盘
4	Save(As)		文件-另存为…	更名保存	将当前图形以新的名字存盘
5	Exit		文件-退出	退出 AutoCAD	退出 AutoCAD 绘图环境

6.3.4　绘图环境的设置

绘图环境包括绘图单位、绘图界限、线型、线宽、图层等，其设置见表 6-11。

表 6-11　绘图环境设置

序号	命令(别名)	图标	下拉菜单	功能	说明
1	Units (UN)		格式-单位…	设置绘图单位	在“图形单位”对话框中，设置长度、角度单位以及角度的测量精度方向
2	Limits		格式-图形界限	设置绘图界限	在命令行，输入绘图范围的左下角点坐标和右上角点坐标
3	Linetype		格式-线型…	设置线型	在“线型管理”对话框中，加载、删除、设置线型等
4	Ltscale (LTS)			设置线型比例	设置线型比例系数，显示效果为其定义线型与比例系数的乘积
5	Lweight (LW)		格式-线宽…	设置线宽	在“线宽设置”对话框中，设置线宽单位、线宽、默认宽度、显示比例等
6	Layer (LA)		格式-图层…	图层设置	新建、删除图层，设置图层各种属性及状态
7	Style (ST)		格式-文字样式…	设置文字样式	创建新文字样式，选择字体，设置字高、字宽等属性
8	Tablestyle (TS)		格式-表格样式…	设置表格样式	创建新表格样式或修改已有样式，可以为表格标题、列标题、数据项设置字体、字高、对中方式等

6.3.4.1　绘图界面的设置

第 1 步，启动 AutoCAD 2016 软件，执行“应用程序”→“选项”命令，如图 6-8 所示。

第2步，在“选项”对话框的“显示”选项卡中，单击“窗口元素”选项组中的“颜色”按钮，如图6-9所示。

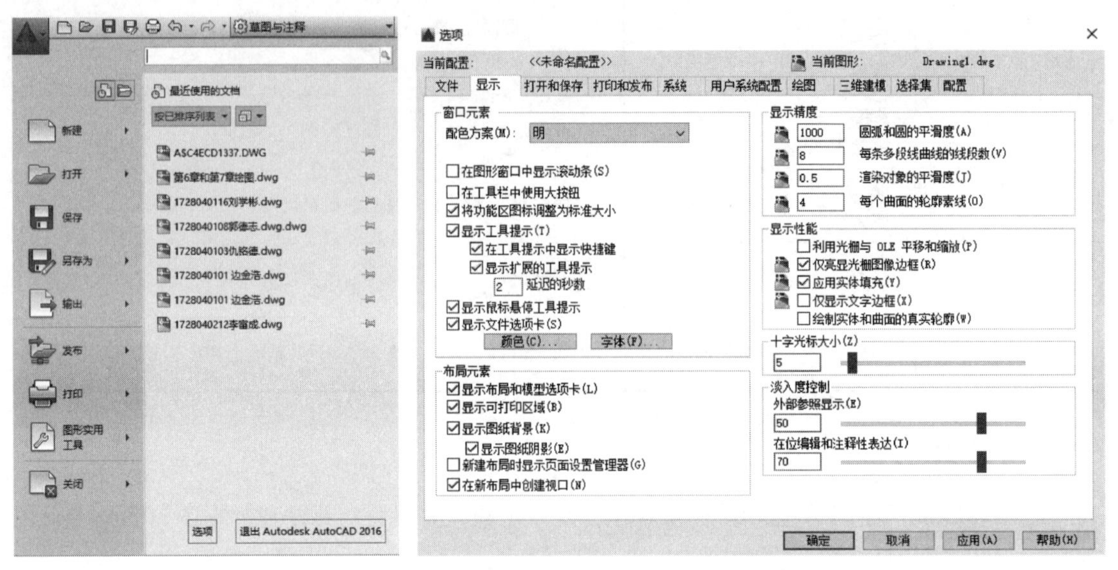

图6-8 应用程序选项界面　　　　图6-9 选项窗口设置界面

第3步，在“图形窗口颜色”对话框中的“界面元素”下拉列表中，选择“统一背景”，并在“颜色”列表中选择合适的颜色，如图6-10所示。

第4步，单击“应用并关闭”按钮，然后在“选项”对话框中单击“字体”按钮，打开“命令行窗口字体”对话框，设置好字体样式，单击“应用并关闭”按钮，如图6-11所示。

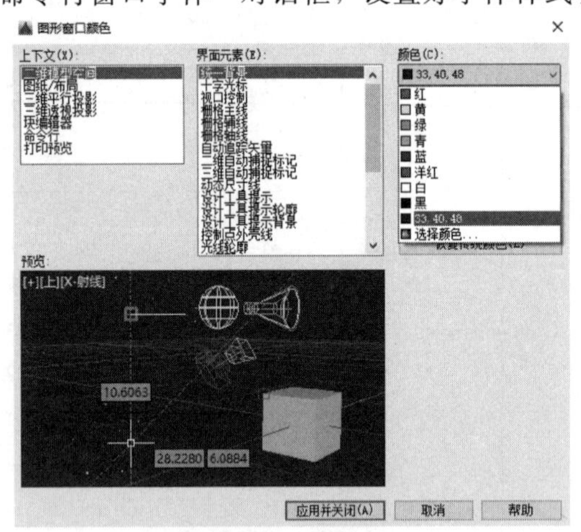

图6-10 图形窗口颜色设置界面

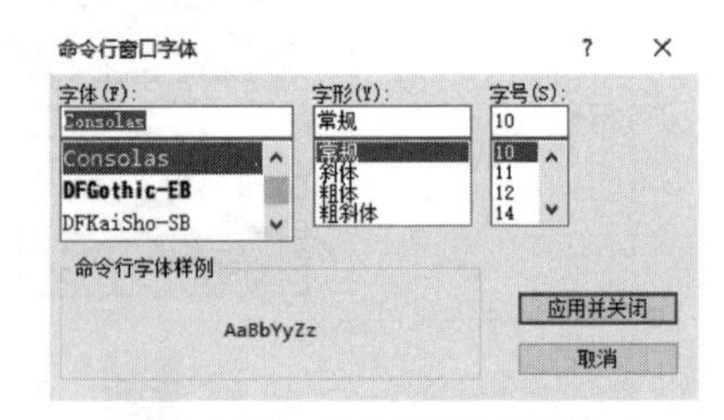

图6-11 命令行窗口界面

第5步，设置完成后单击“确定”按钮，关闭“选项”对话框。此时即可看到当前绘图窗口的变化，如图6-12所示。

图6-12 设置完命令行字体和颜色后的界面

6.3.4.2　鼠标

CAD 中鼠标具有四个功能，如图 6-13 所示。

（1）转动滚轮可以放大缩小绘图界面，但不能放大缩小绘图的实际尺寸和比例。

（2）单击滚轮后可作为抓取工具，任意控制所要绘图地点居于中心位置。

（3）单击鼠标左键选择操作选项，并接后续操作的进行。

（4）单击鼠标右键出现快捷菜单，可以进行后续操作。

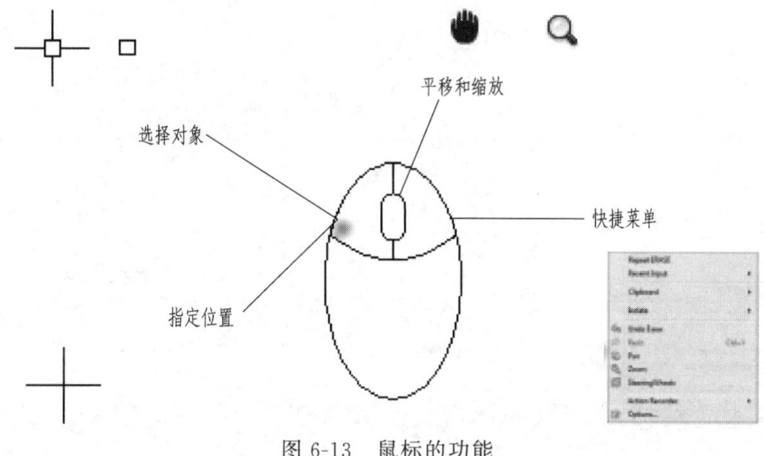

图 6-13　鼠标的功能

当查找某个选项时，可尝试单击鼠标右键。根据定位光标的位置，不同的菜单将显示相关的命令和选项。

6.3.4.3　新图形

通过为文字、标注、线型和其他几个部分指定设置，可以轻松地满足行业或公司标准的要求。所有这些设置都可以保存在“图形样板文件”中。按下“Ctrl＋N”键或者单击“新建”以从下面几个图形样板文件中进行选择，如图 6-14 所示。

图 6-14　图形样板

对于英制图形，假设单位是英寸，应使用 acad. dwt 或 acadlt. dwt。

对于公制图形，假设单位是毫米，使用 acadiso. dwt 或 acadltiso. dwt，如图 6-15 所示。

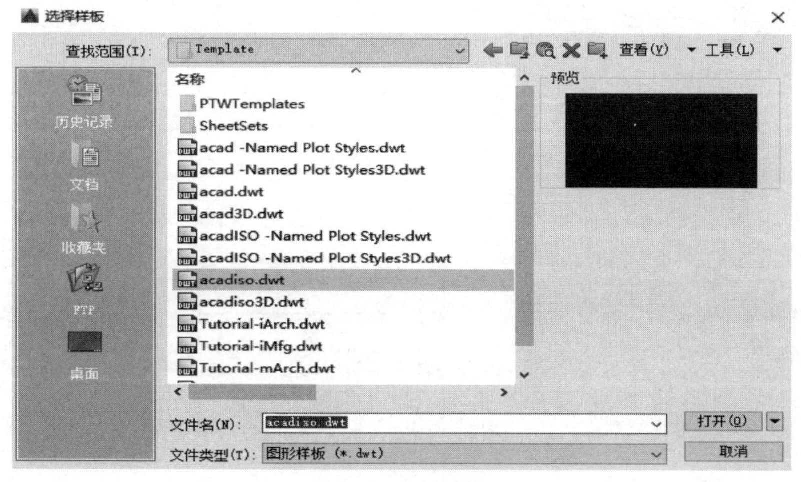

图 6-15　选择样板

6.3.4.4 绘图单位的设置

在菜单栏中单击“格式”→“单位”或在命令行中输入“UNITS”并按“Enter”或“空格”键来执行命令，如图 6-16 所示。

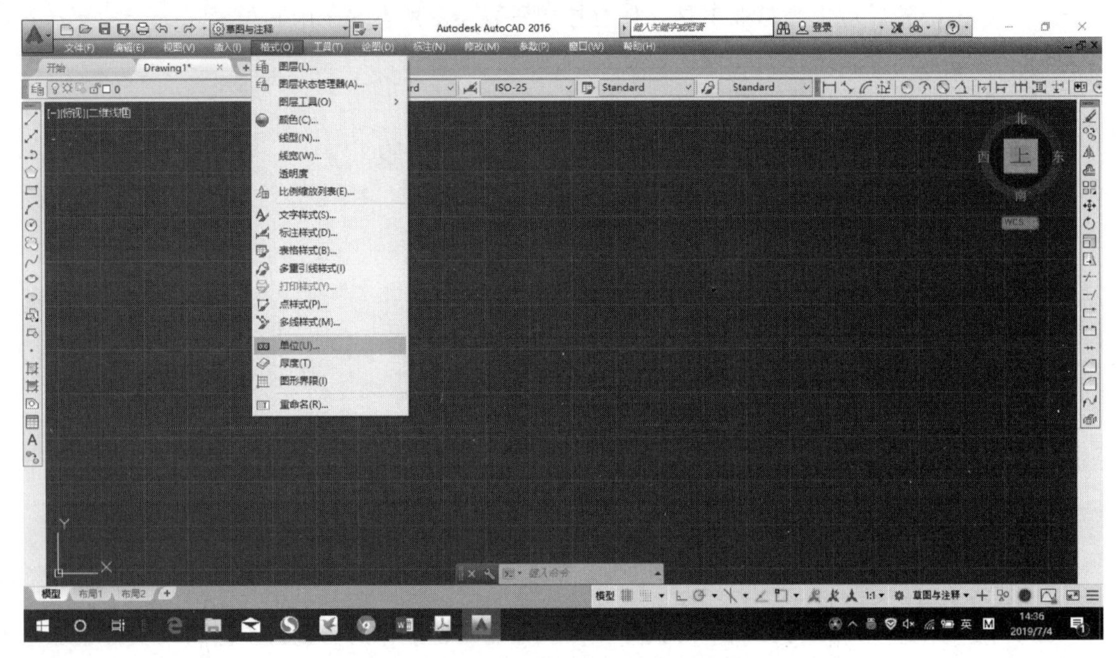

图 6-16　AutoCAD 绘图单位的设置

在“图形单位”对话框中，根据需要可设置“长度”“角度”以及“插入时的缩放单位”参数，如图 6-17 所示。

当第一次开始绘制图形时，需要确定一个单位表示长度（英寸、英尺、厘米、千米或某些其他长度单位）。如图 6-18 所示的对象可能表示两栋长度各为 125ft 的建筑，或者可能表示以毫米为测量单位的机械零件截面。

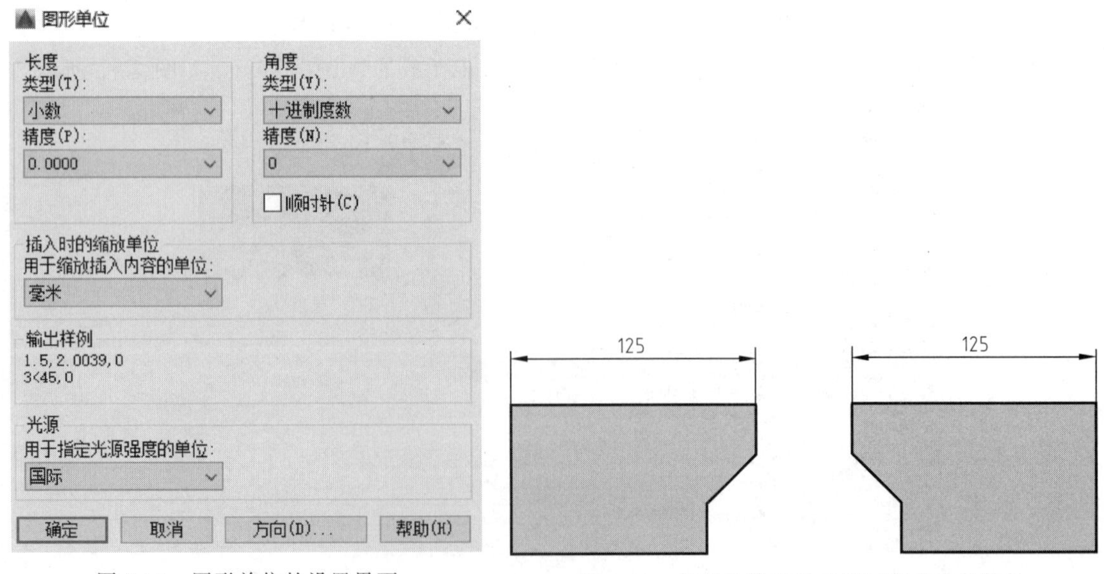

图 6-17　图形单位的设置界面

图 6-18　仅标注数字的长度可能表达的物件

在决定使用哪种长度单位之后，UNITS 命令可控制几种单位显示设置，包括格式（或类型）和精度。

（1）格式（或类型）。例如，可以将十进制长度 6.5 设置为改用分数长度 6-1/2 来显示。

（2）精度。例如，十进制长度 6.5 可以设置为以 6.50、6.500 或 6.5000 显示。

如果需要更改 UNITS 设置，应确保将图形另存为图形样板文件。否则，将需要更改每个新图形的 UNITS 设置。

6.3.4.5　选项

在工具栏里最下面打开“选项”或在命令行输入“options”，在“显示”部分可以进行设置，如图 6-19 所示，在“配色方案”可选择“暗”或“明”，“颜色”选框中可以调背景颜色，比如灰（黑）色调成白色，单击“颜色”进入“图形窗口颜色”对话框，从中选取颜色并点击“应用并关闭”，“十字光标的大小”也可根据喜好来拖动滑块进行调整。

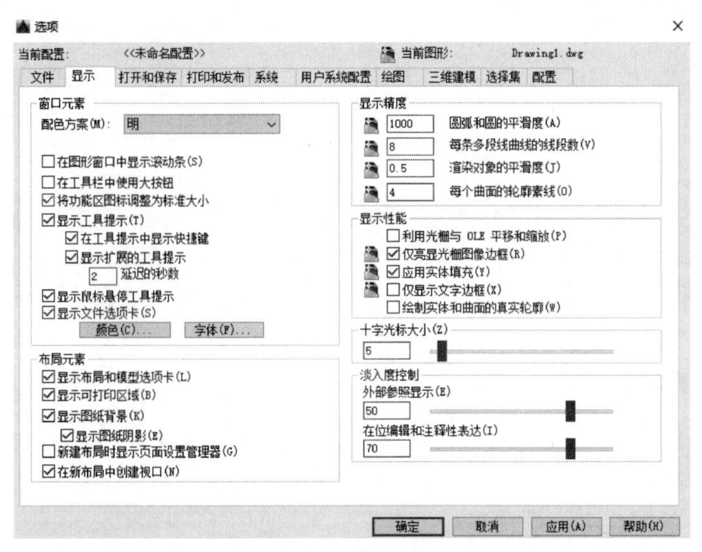

图 6-19　选项设置界面

同样，单击“打开和保存”“绘图”“选择集”等都可进行相关的设置。

6.3.4.6　标注样式

在菜单栏中单击“格式”→“标注样式”或在命令行输入“dimstyle”，出现“标注样式管理器”对话框，可以选择样式类型，如图 6-20 所示。

要打开关于正在运行的命令信息的“帮助”，只需按“F1”键。

要重复上一个命令，应按“Enter”或“空格”键。

要查看各种选项，应选择一个对象，然后单击鼠标右键，或在用户界面元素上单击鼠标右键。

要取消正在运行的命令或者感觉运行不畅，应按“Esc”键。例如，如果在绘图区域中单击，然后再输入命令，将看到与图 6-21 类似的显示。

按“Esc”键取消该预选操作。

6.3.4.7　图层的设置

一张工程图样具有多个不同性质的图形对象，如不同线型的图形对象、尺寸标注、文字注释等对象。AutoCAD 把线型、线宽和颜色等作为对象的基本特性，用图层来管理这些特

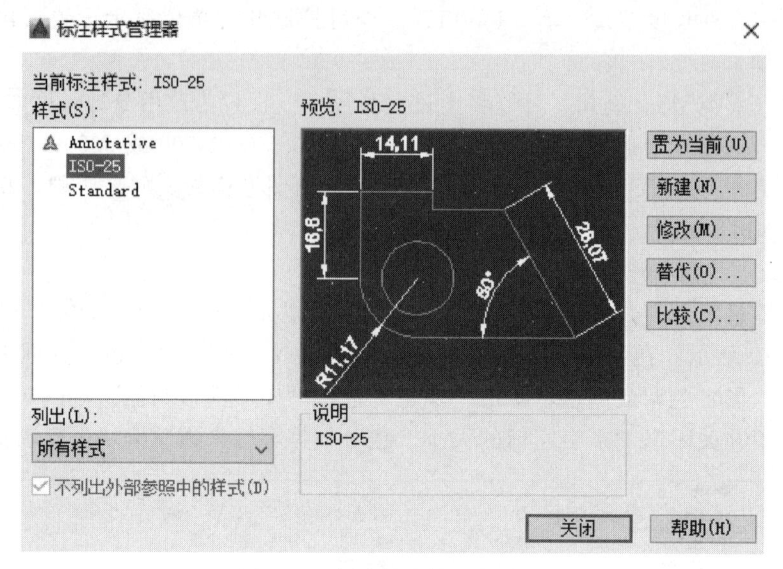

图 6-20 标注样式管理器界面

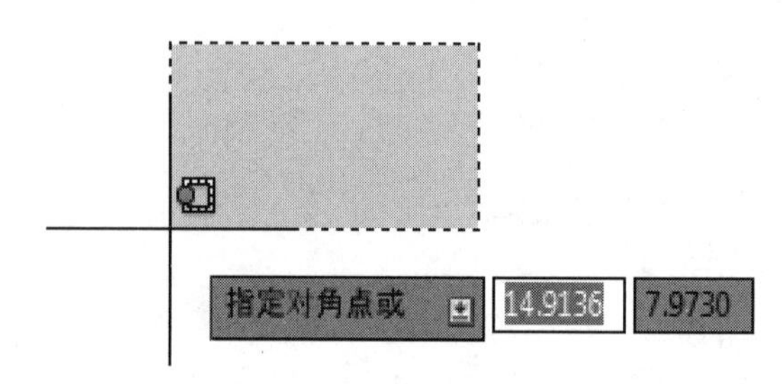

图 6-21 正在运行的命令界面

性。每一个图层相当于一张没有厚度的透明纸，且具有一种线型、线宽和颜色，在不同的纸上绘制不同特性的对象，这些透明纸重叠后便构成一个完整的图形。

图层具有以下性质。

(1) 每一个图层都具有一个名称，层名可以由 255 个字符组成。系统默认设置的图层是“0”层。

(2) 每个图层只能指定一种颜色，系统默认设置的颜色为白色。

(3) 每个图层只能指定一种线型，系统默认设置的线型为 Continuous（连续线）。

(4) 当前作图所使用的图层称为当前图层。一个图形文件中的图层数量不受限制，但当前图层只有一个，通过简单的切换可以将创建好的图层设置为当前图层。

(5) 图层有打开和关闭两个状态。打开的图层是可见的，其图形对象可以被显示、编辑或打印输出。关闭的图层则不可见，在关闭的图层上可以绘制新的对象，但不能被显示。

(6) 为加快图形重新生成的速度，可以将那些与编辑无关的图层冻结。当前图层不能被冻结。冻结后的图层可以解冻。

(7) 为了防止某图形对象被误修改，可将该对象所在的图层锁定。锁定后的图层可以解锁。

设置图层一般有三种方法：第一种方法是单击标准工具栏中的图层设置功能；第二种方法是单击菜单栏中的“格式”，在其下拉式菜单中选择“图层”；第三种方法是在命令行输入“Layer”并用“空格”或“Enter”键进行确认执行命令。三种方法均会弹出“图层特性管理器”对话框，在对话框中可以完成许多工作，如根据具体需要添加图层，设置图层颜色、线型、线宽，及图层的上锁、冻结、关闭等工作。具体设置步骤如下。

第 1 步，单击界面左上角“图层特性管理器”或在命令行输入“Layer”打开“图层特性管理器”，如图 6-22 所示。

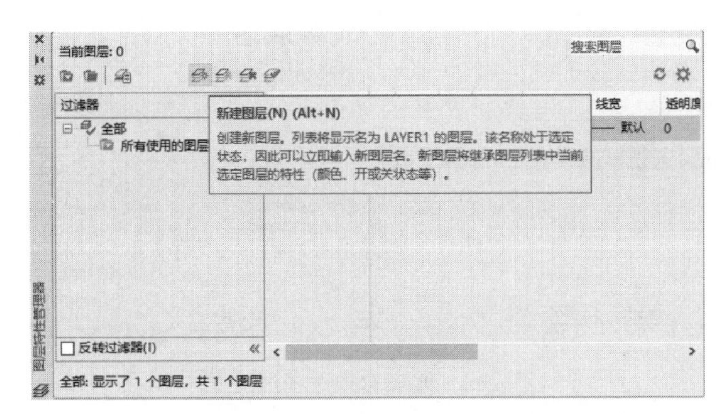

图 6-22　图层特性管理器界面

第 2 步，打开“图层特性管理器”，此时界面上只有一个图层，就是“0”图层（默认）；在界面上单击“新建图层”，点击几次就出现几个图层，如图 6-23 所示，如点击 7 次出现 7 个图层，然后依次对每一个新建图层进行命名，更改线宽、颜色和线型。设置好的图层如图 6-24 所示。

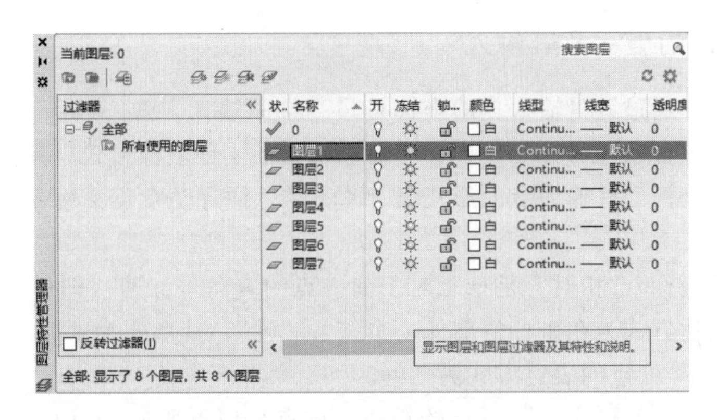

图 6-23　图层的设置

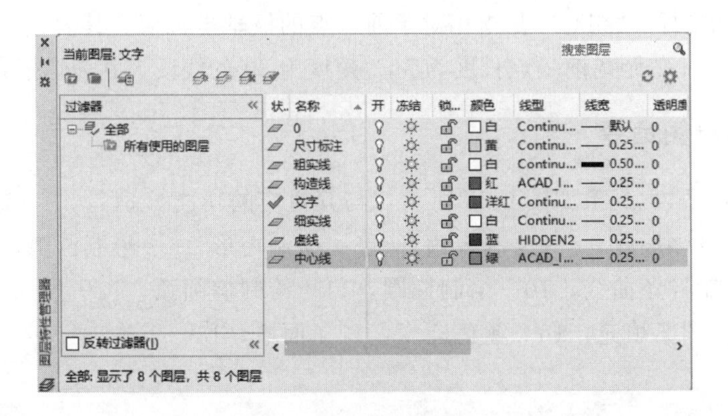

图 6-24　设置好的图层

在选择线型时会出现如图 6-25 所示的对话框，单击“加载”即可选择所需要的线型，然后点击“确定”即可选择所需加载的线型，然后点击“确定”就能设置好所需要选择的线型。

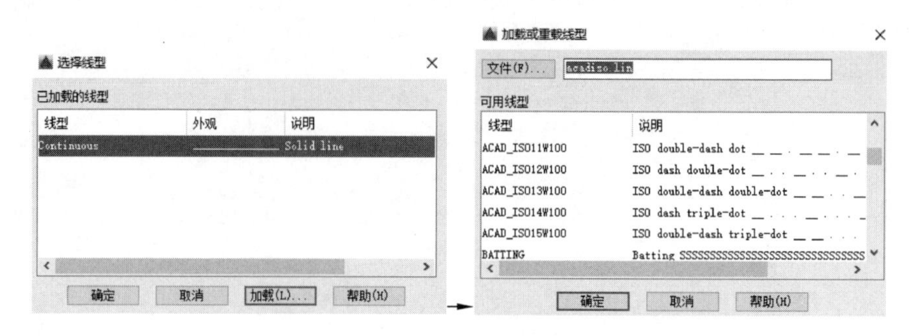

图 6-25　加载需要选择的线型

6.4　常用的绘图命令

所有的环境工程图形都是由基本的图形对象组成的，例如点、线、圆、圆弧等，要快速高效地绘制环境工程图形，必须熟悉这些基本图形的绘制命令。

6.4.1　AutoCAD 的坐标及其输入

在绘图过程中，通过键盘输入点的坐标是最直接的输入方式。AutoCAD 提供了绝对直角坐标、相对直角坐标、绝对极轴坐标、相对极轴坐标 4 种坐标形式，其输入方法如下。

(1) 绝对直角坐标　其输入点的形式为“X，Y”，注意是在英文输入法下输入并用逗号分隔 X、Y 坐标。

(2) 相对直角坐标　“相对”是指相对于前一点的直角坐标值，即后一点与前一点的同名坐标值的差。表达方式为在坐标值前加一个符号“@”，其形式为“@ΔX，ΔY”。如相对前一点坐标差值为 5、6 点的表达方式为“@5，6”。

(3) 绝对极轴坐标　输入点距原点的距离、该点与原点所连线段和 X 轴正方向之间的夹角，用“<”分隔。如距离原点 50、角度为 30°的线段应表达为“50<30”。

(4) 相对极轴坐标　“相对”是指相对于前一点的极轴坐标值。其表达方式也是在坐标值前加一个符号“@”。如距离前一点长度为 50、角度为 30°的线段，其表达形式为“@50<30”。

6.4.2　常用的绘图命令

“常用绘图命令”工具条如图 6-26 所示，与其对应的功能分别是：1—绘制直线，2—绘制构造线，3—绘制多段线，4—绘制多边形，5—绘制矩形，6—绘制圆弧，7—绘制圆，8—绘制云线，9—绘制样条曲线，10—绘制椭圆，11—绘制椭圆弧，12—插入块，13—定义块，14—绘制点，15—图案填充，16—颜色渐变，17—面域，18—表格，19—多行文字，20—添加选定对象。

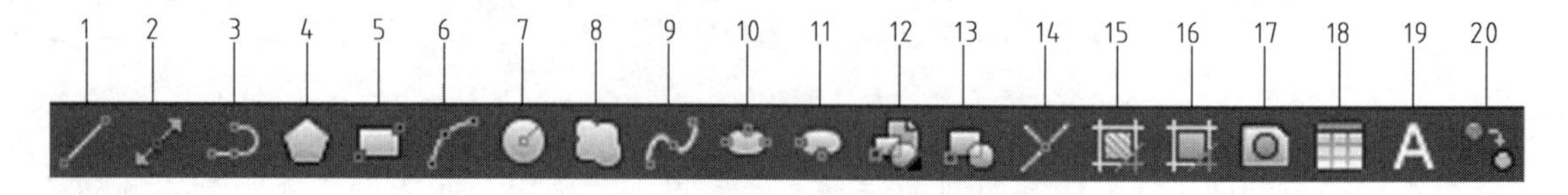

图 6-26　“常用绘图命令”工具条

6.4.2.1 直线的绘制

图标工具：点击图标。

下拉菜单：点击绘图→直线。

命令：Line，直角坐标系下，指定第一点输入“3，5”，指定下一点或［放弃（U）］输入“12，8”，指定下一点或［放弃（U）］输入“@2，8”，指定下一点或［闭合（C）放弃（U）］：C，最终形成一个封闭的三角形。极轴坐标系下，指定第一点输入“15＜30”，指定下一点或［放弃（U）］输入“20＜30”，指定下一点或［放弃（U）］输入“@5＜60”，指定下一点或［闭合（C）放弃（U）］：C，最终形成一个封闭的三角形。

6.4.2.2 构造线的绘制

图标工具：点击图标。

下拉菜单：点击绘图→构造线。

命令：Xline，绘制过指定点，两个方向上无限延长的直线。输入不同选项，可绘制水平、垂直、与X轴成指定角度、与某一直线平行、角平分线等构造线。

6.4.2.3 多段线的绘制

图标工具：点击图标。

下拉菜单：点击绘图→多段线。

命令：Polyline，指定多段的端点位置。其常用选项：“宽度（W）”，设置线宽；“圆弧（A）”，改为绘制圆弧方式；在绘制圆弧状态，选项“直线（L）”返回绘制直线方式。在各提示下，直接回车结束该命令。

6.4.2.4 正多边形的绘制

图标工具：点击图标。

下拉菜单：点击绘图→正多边形。

命令：Polygon，指定多边形的边数。选项“边（E）”，指定两点，其连线作为多边形的一条边。如果指定多边形的中心点，则选项“内接于圆（I）”所绘制的多边形将内接于假想的圆，“外切于圆（C）”所绘制的多边形将外切于假想的圆，该两项均需指定圆的半径。

6.4.2.5 矩形的绘制

图标工具：点击图标。

下拉菜单：点击绘图→矩形。

命令：Rectangle，指定矩形的两个角点。其常用选项：“倒角（C）”绘制带倒角的矩形，“圆角（F）”绘制带倒圆角的矩形，“宽度（W）”指定矩形的线宽。

6.4.2.6 圆弧的绘制

图标工具：点击图标。

下拉菜单：点击绘图→圆弧→三点（P）/起点、圆心、端点/起点、圆心、角度/……。

命令：Arc，执行下拉菜单命令后，会弹出下一级的下拉菜单，共有11种绘制圆弧的方式；用键盘或工具条输入命令后，系统会给出相应的提示，各选项对应着不同的绘制圆弧方法。

（1）指定三点画圆弧（图6-27） 已知圆弧的起点、终点（在AutoCAD中文版中译为端点）和圆弧上的任一点绘制圆弧。

第1步，调用“圆弧”命令。

第 2 步，命令提示为“指定圆弧的起点或［圆心（C）］：”时，用定点方式指定一点作为圆弧的起点，如输入“3，5”。

第 3 步，命令提示为“指定圆弧的第二个点或［圆心（C）/端点（E）］：”时，用定点方式指定一点作为圆弧上的第二个点，如输入“12，8”。

第 4 步，命令提示为“指定圆弧的端点：”时，用定点方式指定一点作为圆弧的端点，如输入“8，2”。

完成三点画圆弧的操作，如图 6-28 所示。

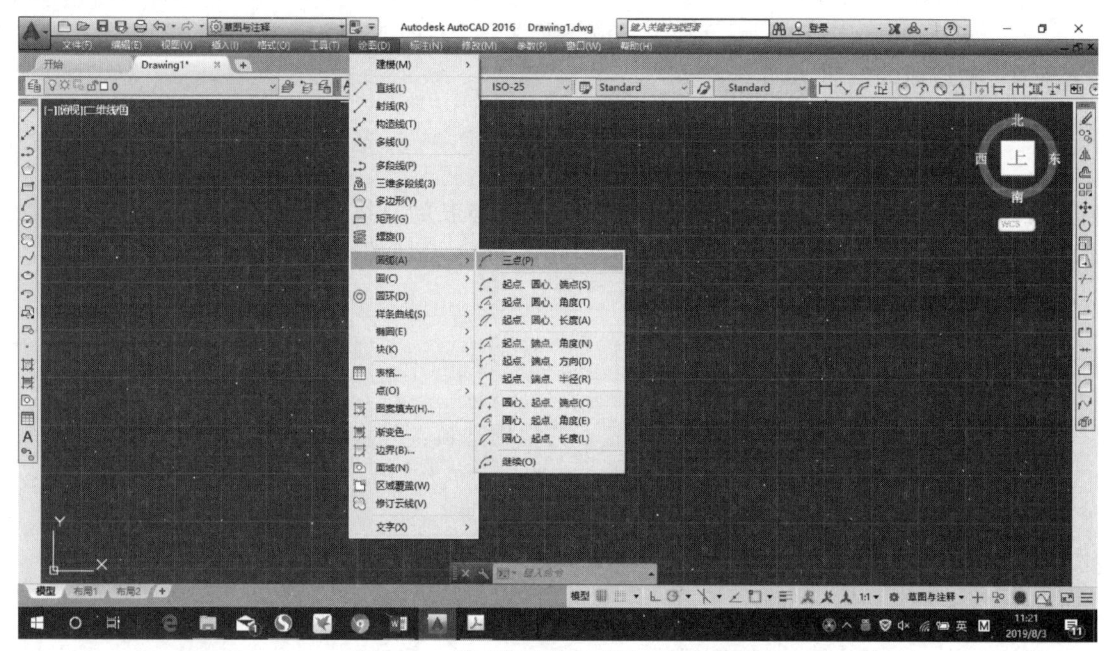

图 6-27　从下拉菜单中选择三点画圆弧

图 6-28　三点画圆弧的完成图

（2）指定起点、圆心和端点画圆弧

第1步，调用“圆弧”命令。

第2步，命令提示为“指定圆弧的起点或［圆心（C）］：”时，用定点方式指定一点作为圆弧的起点。

第3步，命令提示为“指定圆弧的第二个点或［圆心（C）/端点（E）］：”时，输入C，回车。

第4步，命令提示为“指定圆弧的圆心：”时，用定点方式指定一点作为圆心。

第5步，命令提示为“指定圆弧的端点或［角度（A）/弦长（L）］：”时，用定点方式指定一点作为圆弧的端点。

（3）指定起点、圆心和角度画圆弧

第1步，调用“圆弧”命令。

第2步，命令提示为“指定圆弧的起点或［圆心（C）］：”时，用定点方式指定一点作为圆弧的起点。

第3步，命令提示为“指定圆弧的第二个点或［圆心（C）/端点（E）］：”时，输入C，回车。

第4步，命令提示为“指定圆弧的圆心：”时，用定点方式指定一点作为圆心。

第5步，命令提示为“指定圆弧的端点或［角度（A）/弦长（L）］：”时，输入A，回车。

第6步，命令提示为“指定包含角：”时，输入圆弧包含的圆心角值，回车。

（4）指定起点、圆心和弦长画圆弧

第1步，调用“圆弧”命令。

第2步，命令提示为“指定圆弧的起点或［圆心（C）］：”时，用定点方式指定一点作为圆弧的起点。

第3步，命令提示为“指定圆弧的第二个点或［圆心（C）/端点（E）］：”时，输入C，回车。

第4步，命令提示为“指定圆弧的圆心：”时，用定点方式指定一点作为圆心。

第5步，命令提示为“指定圆弧的端点或［角度（A）/弦长（L）］：”时，输入L，回车。

第6步，命令提示为“指定弦长：”时，输入圆弧的弦长值，回车。

（5）指定起点、端点和半径画圆弧

第1步，调用“圆弧”命令。

第2步，命令提示为“指定圆弧的起点或［圆心（C）］：”时，用定点方式指定一点作为圆弧的起点。

第3步，命令提示为“指定圆弧的第二个点或［圆心（C）/端点（E）］：”时，输入E，回车。

第4步，命令提示为“指定圆弧的端点：”时，用定点方式指定一点作为圆弧的端点。

第5步，命令提示为“指定圆弧的圆心或［角度（A）/方向（D）/半径（R）］：”时，输入R，回车。

第6步，命令提示为“指定圆弧的半径：”时，输入圆弧的半径值，回车。

6.4.2.7　圆的绘制

图标工具：点击图标。

下拉菜单：点击绘图→圆。

命令：Circle，可指定圆心、半径或直径绘制圆。其余选项：“三点（3P）”指定不在一条直线上的三点绘制圆，“两点(2P)”指定两点绘制圆，该两点的连线为圆的直径，“相切、相切、半径（T）”绘制与两个实体相切，并指定半径的圆。

（1）指定圆心、半径绘制圆（图 6-29）

第 1 步，调用“圆”命令，点击绘图→圆→圆心、半径。

第 2 步，命令提示为“指定圆的圆心：”时，输入“6，8”，回车。

第 3 步，命令提示为“指定圆的半径：”时，输入“5”，回车。

完成指定圆心、半径绘制圆的操作，如图 6-30 所示。

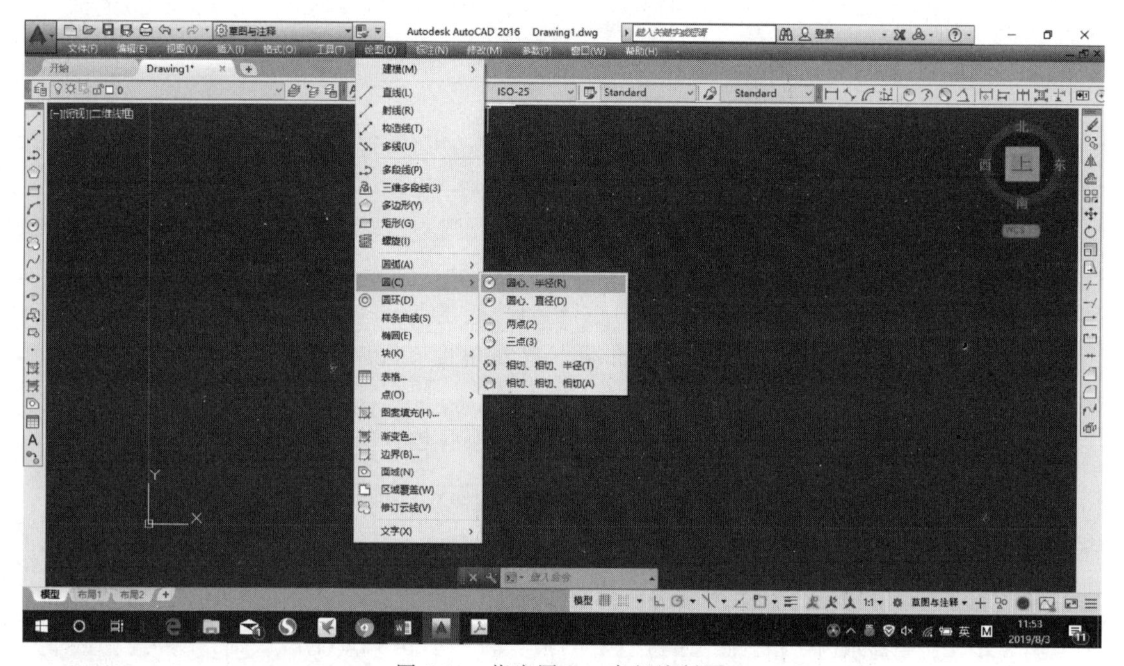

图 6-29　指定圆心、半径绘制圆

图 6-30　指定圆心、半径绘制圆的完成图

(2) 指定两点 (2P) 绘制圆

第 1 步，调用"圆"命令，点击绘图→圆→两点 (2)。

第 2 步，命令提示为"指定圆直径的第一个端点："时，输入"20，25"，回车。

第 3 步，命令提示为"指定圆直径的第二个端点："时，输入"40，60"，回车。

(3) 指定三点 (3P) 绘制圆

第 1 步，调用"圆"命令，点击绘图→圆→三点 (3)。

第 2 步，命令提示为"指定圆上的第一个点："时，输入"15，20"，回车。

第 3 步，命令提示为"指定圆上的第二个点："时，输入"30，40"，回车。

第 4 步，命令提示为"指定圆上的第三个点："时，输入"50，25"，回车。

(4) 相切、相切、半径 (T) 绘制圆

第 1 步，调用"圆"命令，点击绘图→圆→相切、相切、半径 (T)。

第 2 步，命令提示为"指定圆与第一个对象的切点："时，将光标移动到第一个对象出现切点符号时单击一下。

第 3 步，命令提示为"指定圆与第二个对象的切点："时，将光标移动到另一个对象出现切点符号时单击一下。

第 4 步，命令提示为"指定圆的半径："时，输入"10"，回车。

(5) 相切、相切、相切 (A) 绘制圆

第 1 步，调用"圆"命令，点击绘图→圆→相切、相切、相切 (A)。

第 2 步，命令提示为"指定对象与圆的第一个切点："时，将光标移动到第一个对象出现切点符号时单击一下。

第 3 步，命令提示为"指定对象与圆的第二个切点："时，将光标移动到第二个对象出现切点符号时单击一下。

第 4 步，命令提示为"指定对象与圆的第三个切点："时，将光标移动到第三个对象出现切点符号时单击一下。

6.4.2.8　云线的绘制

图标工具：点击图标。

下拉菜单：点击绘图→云线。

命令：Revcloud，指定第一个点或 [弧长(A) 对象(O) 矩形(R) 多边形(P) 徒手画(F) 样式(S) 修改(M)]；沿云线路径引导十字光标。

调用云线命令，可以看到云线当前的默认设置（最小弧长为 0.5，最大弧长为 0.5，样式为普通，类型为徒手画），也可以通过子命令"修改 (M)"来重新设置弧长和类型，当出现"指定第一个点或 [弧长 (A) 对象(O) 矩形(R) 多边形(P) 徒手画(F) 样式(S) 修改(M)]＜对象＞："时，输入"6，8"，回车，沿云线路径引导十字光标，回车。

6.4.2.9　样条曲线的绘制

图标工具：点击图标。

下拉菜单：点击绘图→样条曲线→拟合点 (F)。

命令：Spline，指定样条曲线上的点，退出该命令前，还需要指定起点和终点的切线方向。

6.4.2.10　椭圆的绘制

图标工具：点击图标。

下拉菜单：点击绘图→椭圆（E）。

命令：Ellipse，并按“空格”或“Enter”键确认执行该命令。指定椭圆的轴端点或[圆弧（A)/中心点(C)]，输入点坐标“40，50”并确认；指定轴的另一端点，输入“40”并确认；指定另一条半轴长度或［旋转（R）］，输入“10”并确认。得到如图 6-31 所示的界面。

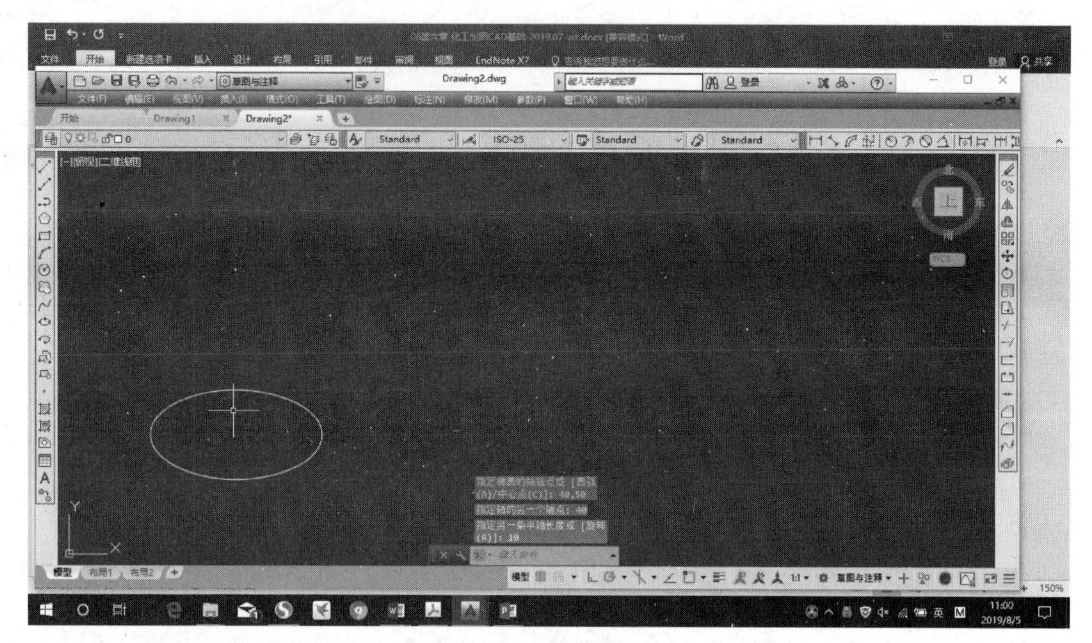

图 6-31　椭圆的绘制界面

6.4.2.11　椭圆弧的绘制

图标工具：点击图标 。

下拉菜单：点击绘图→椭圆（E）→圆弧（A）。

命令：Ellipse，调用椭圆弧命令，当命令行出现“指定椭圆弧的轴端点或［中线点(C)]：”时，输入点坐标“8，10”，回车；出现“指定轴的另一个端点：”时，输入“20，10”，回车；出现“指定另一条半轴长度或［旋转（R)]：”时，输入“3”，回车；出现“指定起始角度或［参数（P)]：”时，输入“30”，回车；出现“指定端点角度或［参数（P）夹角(I)]：”时，输入“240”，回车，如图 6-32 所示。

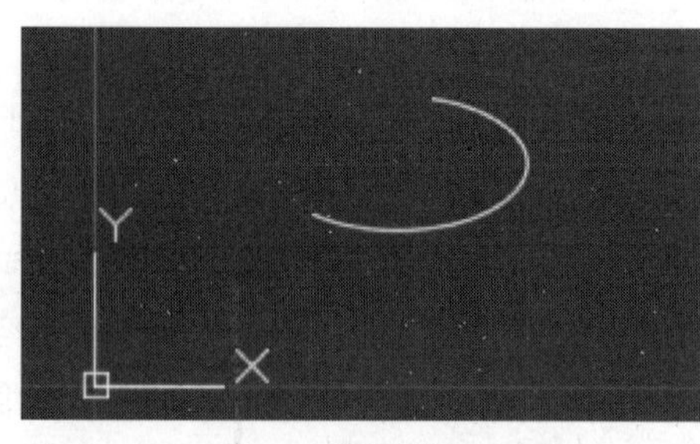

图 6-32　椭圆弧的绘制

6.4.3　综合实例

【例 6-1】　绘制一个底边与 Y 轴平行，B 点坐标为（200，100），两边 AB 和 BC 的长度分别为 40 和 50，边 AC 的长度为 60 的三角形。

解：

第 1 步，选择“粗实线”图层，单击绘图工具条中直线图标按钮或在命令行输入“line”并按“Enter”或“空格”键确定执行命令，如图 6-33 所示。

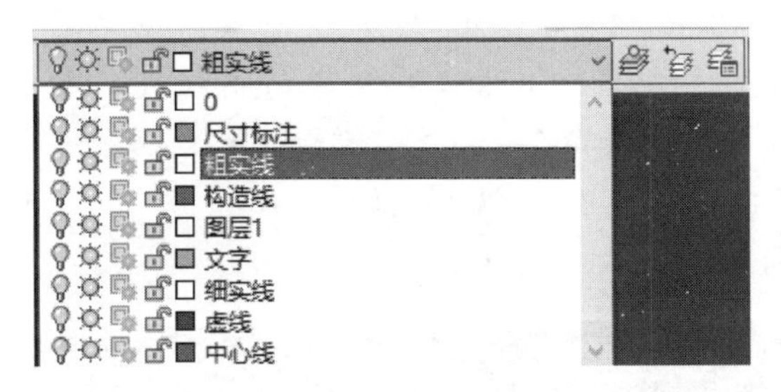

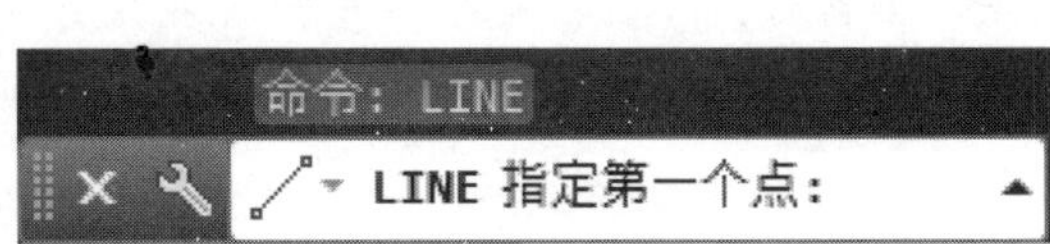

图 6-33 图层的选择与命令的输入

第 2 步，在命令行中出现指定第一点，输入“200，100”，按“Enter”或“空格”键确定，如图 6-34 所示。

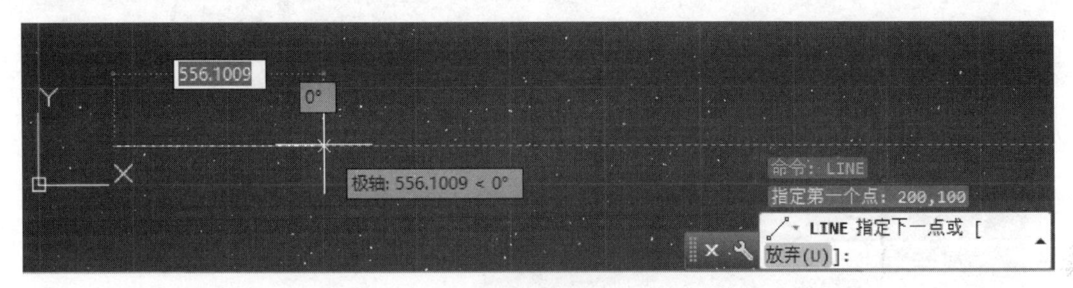

图 6-34 绝对坐标的输入（一）

第 3 步，在命令行中出现指定下一点或［放弃（U)］，输入“@50，0”，按“Enter”或“空格”键确定，如图 6-35 所示。

图 6-35 绝对坐标的输入（二）

第 4 步，命令行出现指定下一点或［放弃（U)］，此时可以输入“U”并按“Enter”或“空格”键默认结束命令。

第 5 步，选择“虚线”图层，单击绘图工具条中圆图标按钮或在命令行输入“circle”并按“Enter”或“空格”键确定执行命令，如图 6-36 所示。

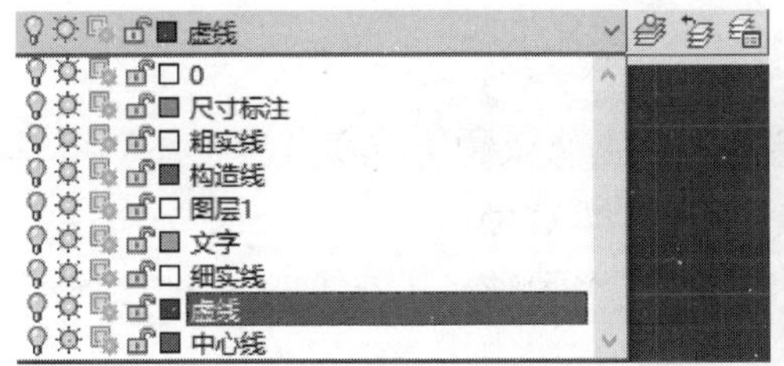

图 6-36 图层的选择与“圆”命令的输入

第 6 步，在命令行中出现指定圆的圆心或［三点（3P）两点（2P）切点、切点、半径（T）］，将光标移动到线段的一个端点单击作为圆心，在命令行中出现指定圆的半径或［直径（D）］，输入“40”并按“Enter”或“空格”键确定执行命令；将光标移动到线段的另一个端点单击作为圆心，在命令行中出现指定圆的半径或［直径（D）］，输入“60”并按“Enter”或“空格”键确定执行命令，如图 6-37 所示。

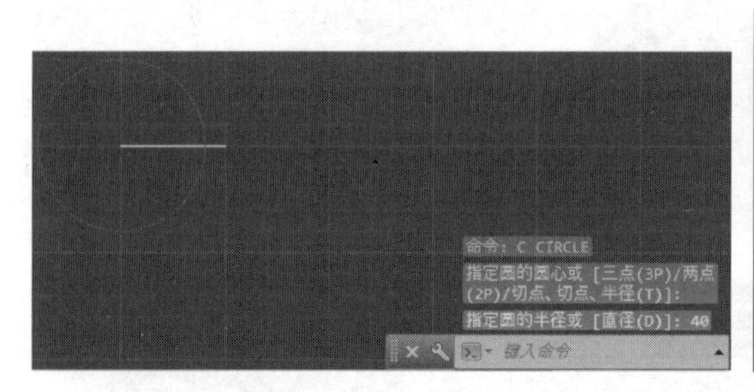

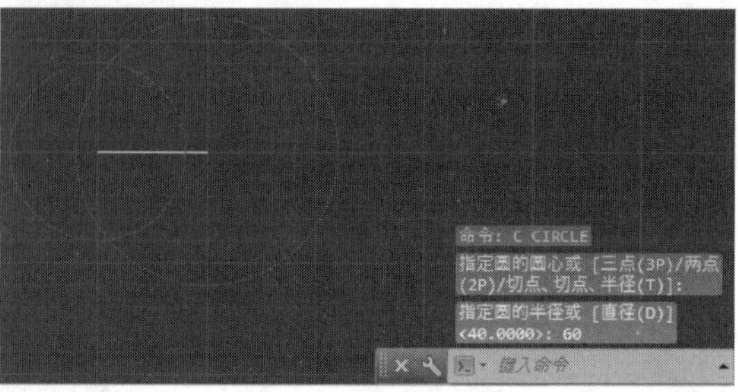

图 6-37　圆的绘制

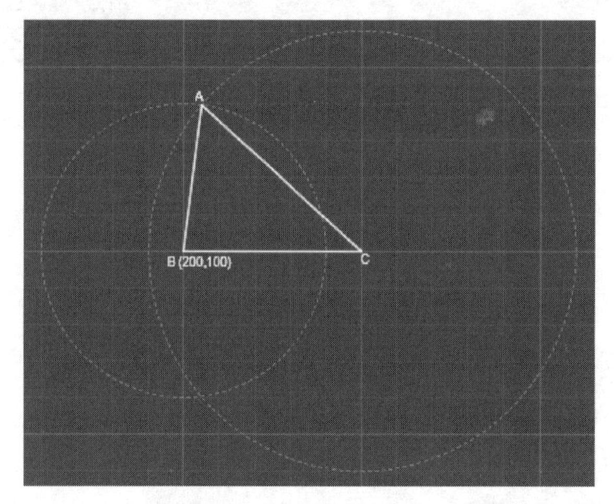

图 6-38　完成后的图

第 7 步，选择“粗实线”图层，单击绘图工具条中直线图标按钮或在命令行输入“line”并按“Enter”或“空格”键确定执行命令，单击两圆的一个交点与线段的端点，确定执行直线命令。

第 8 步，选择“文字”图层，单击绘图工具条中文字图标按钮或在命令行输入“text”并按“Enter”或“空格”键确定执行命令，分别输入“A”“B（200，100）”“C”，如图 6-38 所示。

6.5　常用的编辑命令

6.5.1　实体选择

当执行编辑命令或进行某些其他操作时，系统通常会提示“选择对象：”，此时十字光标框变成了一个小方框（称为选择框），用户可以使用这个选择框选择对象。AutoCAD 2016 提供了多种实体选择方式，下面仅介绍一些常用方式。

6.5.1.1　直接点选方式

这是一种默认的选择实体方式，用鼠标移动选择框，使之套住所选对象，然后单击左键，该对象将以高亮度（变为虚线）的方式显示，表示已被选中。

选择框的大小可以通过“工具”下拉菜单的“选项”对话框，在选择选项卡中调整。

6.5.1.2　W 窗口方式

在“选择对象：”提示下，键入“W”并回车，再用鼠标指定两个角点形成一个矩形窗口，所有窗口内的实体对象都被选中。

6.5.1.3 C窗口方式

在“选择对象：”提示下，键入“C”并回车，再用鼠标指定两个角点形成一个矩形窗口，所有窗口内的对象及与窗口边界相交的对象都被选中。

6.5.1.4 默认方式

当出现“选择对象：”提示时，如果将选择框移动到图中空白处单击鼠标左键，系统会继续提示“指定对角点：”，此时将光标移动到另一位置后再单击左键，AutoCAD会自动以这两个点作为矩形的对角顶点，确定一默认的矩形窗口。若矩形窗口定义时移动光标是从左向右，则矩形窗口为实线，相当于窗口方式；若矩形窗口定义时移动光标是从右向左，则矩形窗口为虚线，相当于交叉窗口方式。

6.5.1.5 前一选择集（Previous）方式

在“选择对象：”提示下，键入“P”并回车，将最近一次的对象选择集作为当前选择集。

6.5.1.6 全部（All）方式

在“选择对象：”提示下，键入“All”并回车，AutoCAD自动选取图上的所有对象。

6.5.2 常用编辑命令

常用“编辑命令”工具条如图6-39所示，与其对应的功能分别是：1—删除图形，2—复制图形，3—镜像复制，4—偏移复制，5—阵列，6—移动，7—旋转，8—缩放，9—拉伸，10—修剪，11—延伸，12—实体打断于指定点，13—实体打断，14—合并对象，15—倒角，16—倒圆角，17—图形分解，18—修改已填充的图案，19—修改多段线。

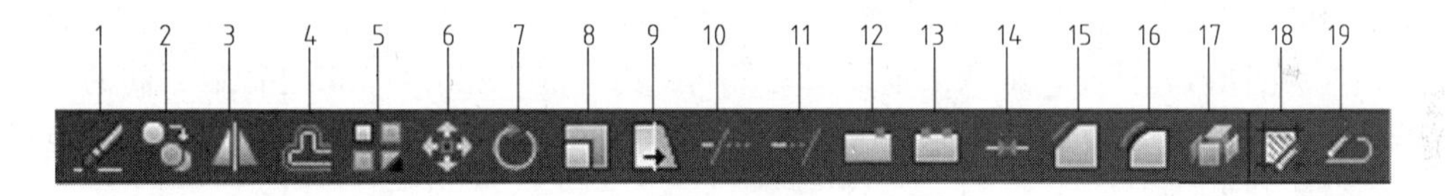

图6-39 “编辑命令”工具条

6.5.2.1 删除图形

图标工具：删除。

下拉菜单：点击修改→删除（E）。

命令：Erase（E），调用“删除”命令，选择要删除的图形对象，回车结束该命令。

6.5.2.2 复制图形

图标工具：复制。

下拉菜单：点击修改→复制（Y）。

命令：Copy（CO），调用“复制”命令，选择要复制的图形对象，指定基点、复制到指定点。

6.5.2.3 镜像复制

图标工具：镜像。

下拉菜单：点击修改→镜像（I）。

命令：Mirror（MI），创建选定对象的副本，可以创建表示半个图形的对象，选择这些对象并沿指定的线进行镜像以创建另一半。

6.5.2.4 偏移复制

图标工具：偏移。

下拉菜单：点击修改→偏移（S）。

命令：Offset（O），设置偏移的量，选择要偏移的对象，然后指定偏移的方向，以复制出对象。如果响应“通过（T）”项，则将图形通过指定点偏移复制。

6.5.2.5 阵列复制

图标工具：阵列。

下拉菜单：点击“修改”→“阵列”→矩形阵列/路径阵列/环形阵列。

命令：Array（AR），执行命令后，选择对象，按“空格”或“Enter”键，光标处出现“输入阵列类型”（图6-40），这时可以选择“矩形（R）、路径（PA）或极轴（PO）”，若选择“矩形”后，在命令行出现“选择夹点以编辑阵列或［关联（AS）基点(B)计数(COU)间距(S)列数(COL)行数(R)层数(L)退出(X)］＜退出＞：”时（图6-41），输入“S”，回车；出现“指定列之间的距离或［单位单元（U）］”时，输入“30”，回车；出现“指定行之间的距离”时，输入“30”，回车，出现“选择夹点以编辑阵列或［关联（AS）基点(B)计数(COU)间距(S)列数(COL)行数(R)层数(L)退出(X)］＜退出＞：”时，输入“COL”，回车；出现“输入列数或［表达式（E)］”时，输入“5”，回车；出现“指定列数之间的距离或［总计（T）表达式(E)］＜30＞：”时，回车，默认之前设置的列间距为“30”；出现“选择夹点以编辑阵列或［关联（AS）基点(B)计数(COU)间距(S)列数(COL)行数(R)层数(L)退出(X)］＜退出＞：”时，输入“R”，回车；出现“输入行数或［表达式（E)］”时，输入“6”，回车；出现“指定行数之间的距离或［总计（T）表达式(E)］＜30＞：”时，回车，默认之前设置的行间距为“30”；出现“指定行数之间的标高增量或［表达式（E)］＜0＞：”时，回车，默认标高增量为“0”，完成了正三角形“矩形阵列”的命令（图6-42）。

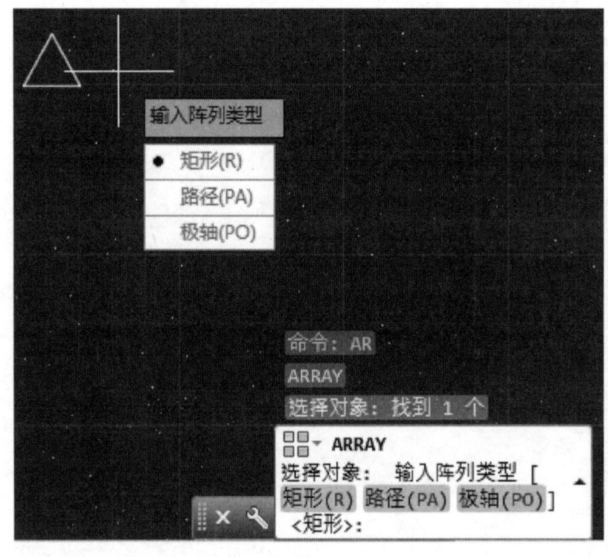

图6-40 矩形阵列选择界面

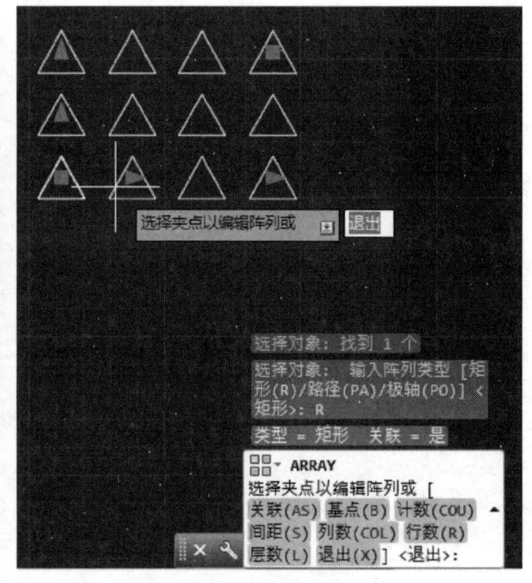

图6-41 矩形阵列设置

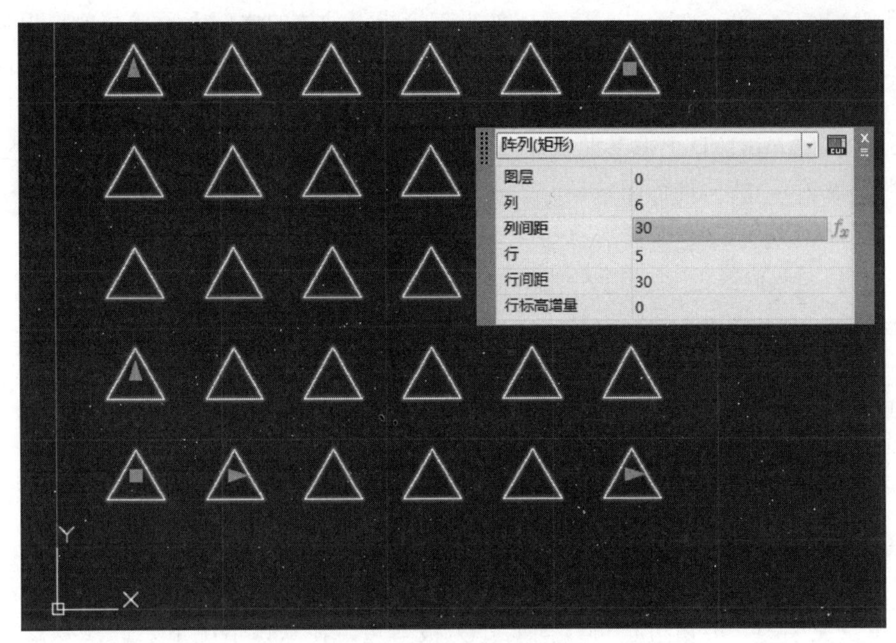

图 6-42　矩形阵列的属性

6.5.2.6　移动图形

图标工具：移动。

下拉菜单：点击修改→移动（V）。

命令：Move（M），选择要移动的图形对象，指定基点、移动目标点。

6.5.2.7　旋转图形

图标工具：旋转。

下拉菜单：点击修改→旋转（R）。

命令：Rotate（RO），选择要旋转的图形对象。指定基点、旋转角度如果响应“参照（R)”项，以参照方式旋转对象，还需指定参照角度和新角度。

执行该命令后，从命令行显示的“UCS 当前的正角方向：ANGDIR＝逆时针 ANGBASE＝0”提示信息中，可以了解到当前的正角度方向（如逆时针方向），零角度方向与 X 轴正方向的夹角（如 0°）。选择要旋转的对象（可以依次选择多个对象），并指定旋转的基点，命令行将显示“指定旋转角度或［复制（C)参照(R)］＜0＞：”提示信息。如果直接输入角度值，则可以将对象绕基点转动该角度，角度为正时逆时针旋转，角度为负时顺时针旋转；如果选择“参照（R)”选项，将以参照方式旋转对象，需要依次指定参照方向的角度值和相对于参照方向的角度值。

6.5.2.8　缩放图形

图标工具：缩放。

下拉菜单：点击修改→缩放（L)。

命令：Scale（SC），在窗口选择要缩放的对象，指定基点。

可以使用“缩放”命令按比例增大或缩小对象。可以将对象按指定的比例因子相对于基点进行尺寸缩放。先选择对象，然后指定基点，命令行将显示“指定比例因子或［复制

(C)/参照(R)]<1.0000>:”提示信息。如果直接指定缩放的比例因子，对象将根据该比例因子相对于基点缩放，当比例因子大于0而小于1时缩小对象，当比例因子大于1时放大对象；如果选择“参照（R)”选项，对象将按参照的方式缩放，需要依次输入参照长度的值和新的长度值，AutoCAD根据参照长度与新长度的值自动计算比例因子（比例因子=新长度值/参照长度值)，然后进行缩放。

6.5.2.9 拉伸图形

图标工具：拉伸。

下拉菜单：点击修改→拉伸（H)。

命令：Stretch（S)，C窗口选择要拉伸的图形对象。指定基点、拉伸目标点。

6.5.2.10 修剪图形

图标工具：修剪。

下拉菜单：点击修改→修剪（T)。

命令：Trim（TR)，先选择用作剪切边的实体对象，回车结束选择。

可以作为剪切边的对象有直线、圆弧、圆、椭圆或椭圆弧、多段线、样条曲线、构造线、射线以及文字等。剪切边也可以同时作为被剪边。在默认情况下，选择要修剪的对象(即选择被剪边)，系统将以剪切边为界，将被剪切对象上位于拾取点一侧的部分剪切掉。如果按下“Shift”键，同时选择与修剪边不相交的对象，修剪边将变为延伸边界，将选择的对象延伸至与修剪边界相交。

6.5.2.11 延伸图形

图标工具：延伸。

下拉菜单：点击修改→延伸（D)。

命令：Extend（EX)，先选择作为延伸边界的实体对象，回车结束选择。再选择要延伸的对象，按住“Shift”键选择要修剪的对象，延伸边界变成修剪边界。

6.5.2.12 实体打断于指定点

图标工具：实体打断于指定点。

命令：Break（BR)，单选要打断的实体对象，指定打断点，则从该点断为两个实体。

6.5.2.13 实体打断

图标工具：实体打断。

下拉菜单：点击修改→打断（K)。

命令：Break（BR)，单选要打断的对象，同时指定了一个点，响应“第一点（F)”重新选择第一点，再指定第二点则实体上位于该两点之间的部分被删除。如果响应了“第一点(F)”后，键入“@”，则将选取的对象在该点处断开。

6.5.2.14 合并对象

图标工具：合并对象。

下拉菜单：点击修改→合并（J)。

命令：Join（J)，合并相似对象，或将圆弧和椭圆弧修改为圆和椭圆。

6.5.2.15 倒角

图标工具：倒角。

下拉菜单：点击修改→倒角（C）。

命令：Chamfer（CHA），指定两条不平行的直线进行倒角。其主要选项为："多段线（P）"，对整条多段线的拐角进行倒角；"距离（D）"，设置倒角距离；"角度（A）"，设置一个倒角距离和一个角度来确定倒角尺寸。"修剪（T）"，设置倒角后是否删除原拐角边。

6.5.2.16　倒圆角

图标工具：倒圆角。

下拉菜单：点击修改→圆角（F）。

命令：Fillet（F），选项"半径（R）"设置圆角半径。其他选项的含义与倒角命令的同名项含义相同。可对两条平行线倒圆角，圆弧为半圆。

6.5.2.17　图形分解

图标工具：图形分解。

下拉菜单：点击修改→分解（X）。

命令：Explode（X），选择要分解的图形对象，回车结束命令。

6.6　块与属性

在绘图过程中图块的使用起到相当大的作用，通过对写块、插入块和块的导出操作熟练掌握可以提高绘图速度和绘图规范性，以下给大家讲解图块的使用、快捷命令的掌握及操作的流程。

6.6.1　创建新图块

要创建一个新图块，首先要绘制组成图块的实体，然后用创建块的相应命令完成块的创建。

图标工具：创建块。

下拉菜单：点击绘图→块（K）→创建（M）。

命令：BLOCK（B），具体步骤如下。

第1步，选中现有需要定义为块的图形（图6-43），图形的线条属性不考虑，考虑线条的属性主要体现在绘图需要上，和图块没有直接关系。

第2步，选中现有图形后输入命令BLOCK（B）并空格确定，执行块定义。

第3步，弹出块定义窗口。

（1）自定义块的名称，以下图为例（图6-44），在"名称"文本框内输入图块的名称"电机"。

（2）拾取点，拾取点的位置即插入该图块时的插入点（一般选择图形的左下角为拾取点即为插入点），单击拾取点按钮，然后移动鼠标在绘图区内选择一个点，也可在X、Y、Z文本框中输入具体的坐标值。

（3）选择对象，单击"选择对象"按钮，对现有需要定义为图块的图形进行全选并按"空格"或"回车"键确定。

（4）完成以上三步之后，点击确定。

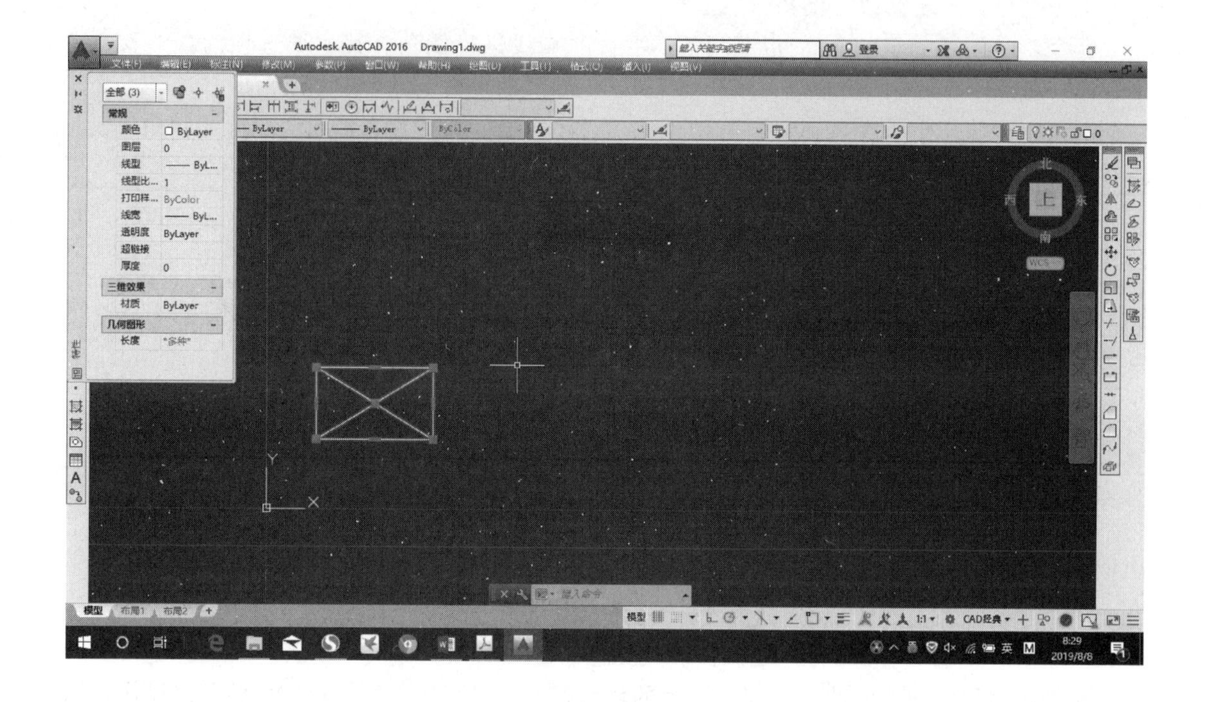

图 6-43　定义为块的图形

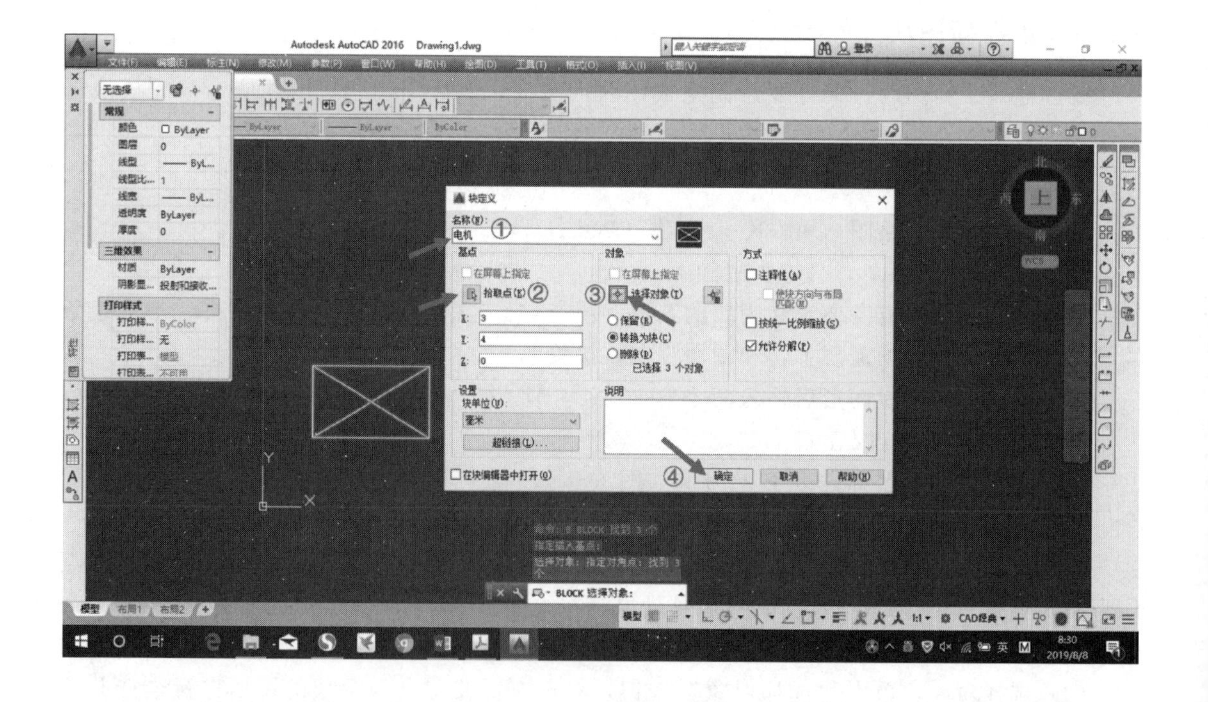

图 6-44　块定义的设置界面

第 4 步，再次选择图形查看特征，该图形已经变为图块（块参照），如图 6-45 所示。

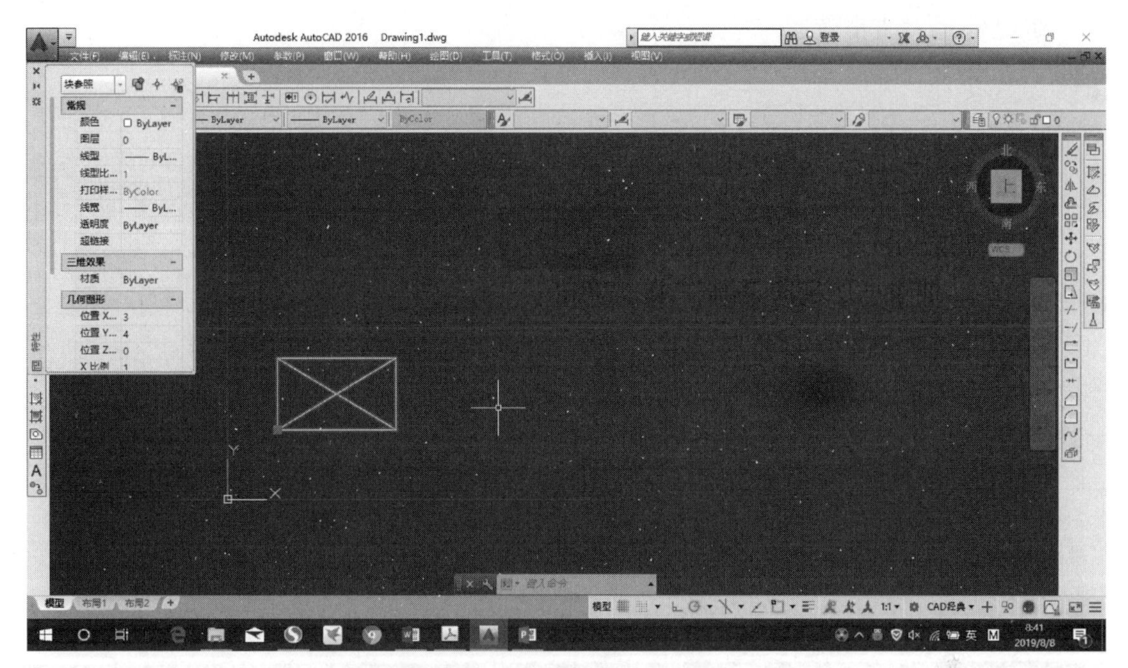

图 6-45　图形定义成块后的界面

6.6.2　插入块

第 1 步，插入图块在命令行输入 I（INSERT）并按“空格”或“回车”键确定执行命令，如图 6-46 所示。

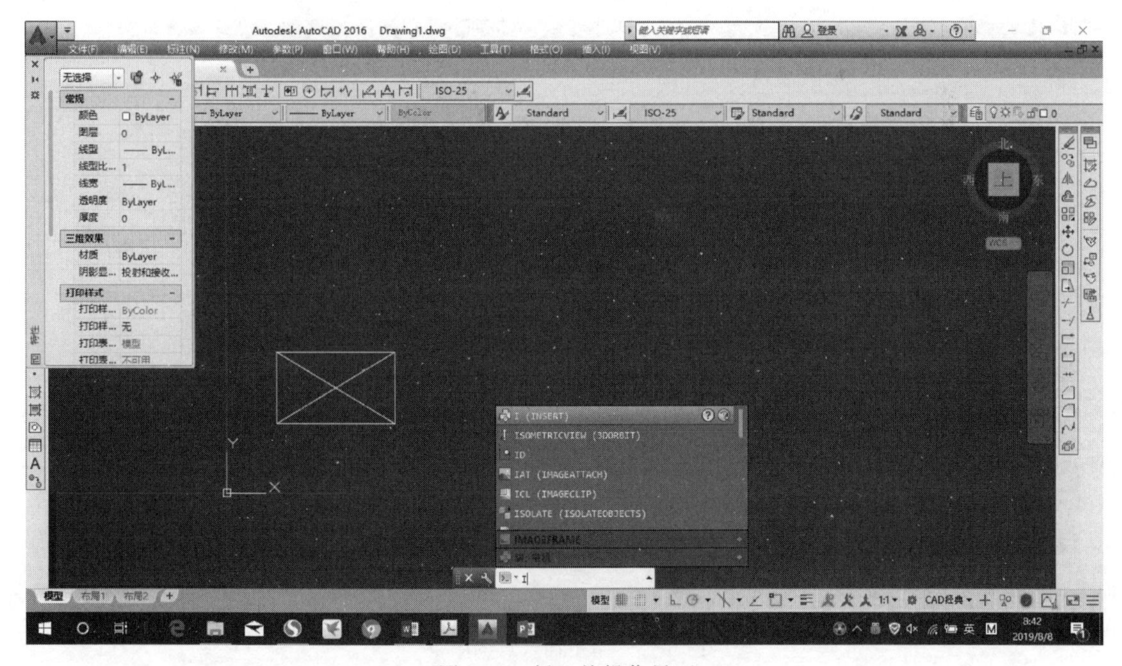

图 6-46　插入块操作界面

第 2 步，打开插入窗口，如图 6-47 所示。

（1）在名称处选择刚刚创建的图块。

（2）然后直接点击确定。

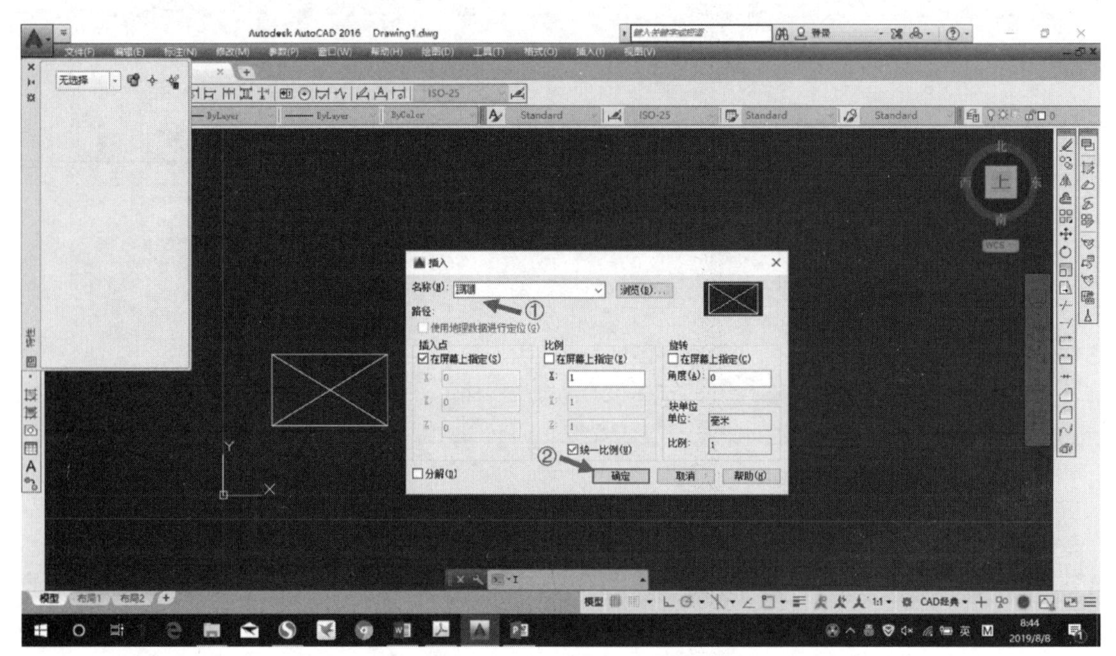

图 6-47　插入块界面设置

第 3 步，确定后选择插入点，如图 6-48 所示，在图形定义为块的时候拾取点选择左下角，插入块的时候在十字光标上也是以左下角为插入点，插入点的时候可直接点击定义插入点，或者按照提示操作插入的图块。

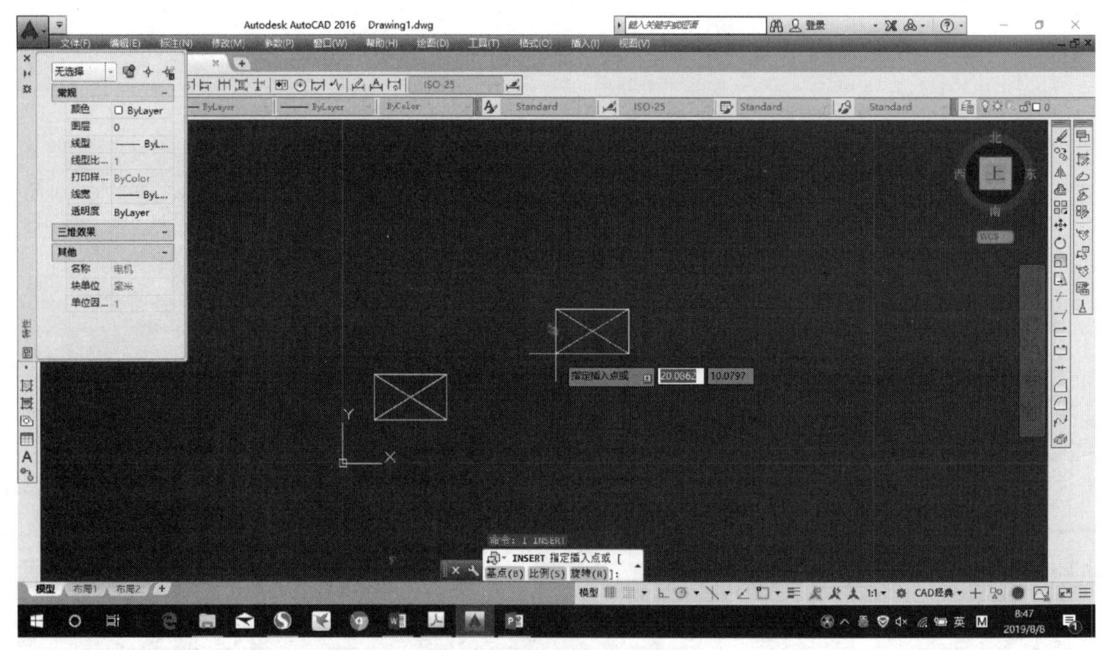

图 6-48　指定插入点的图块

6.6.3　图块的导出

首先大家要理解为什么要将图块进行导出，在当前电脑创建定义图块之后，如果软件不能正常使用需要重装、更换电脑进行操作使用和图块与同事或好友分享使用等情况，都需要将图块导出以免丢失或留存备用等。

导出的方式是在命令行输入 WBLOCK（W）并按“空格”或“回车”键确定，如图 6-49 所示。

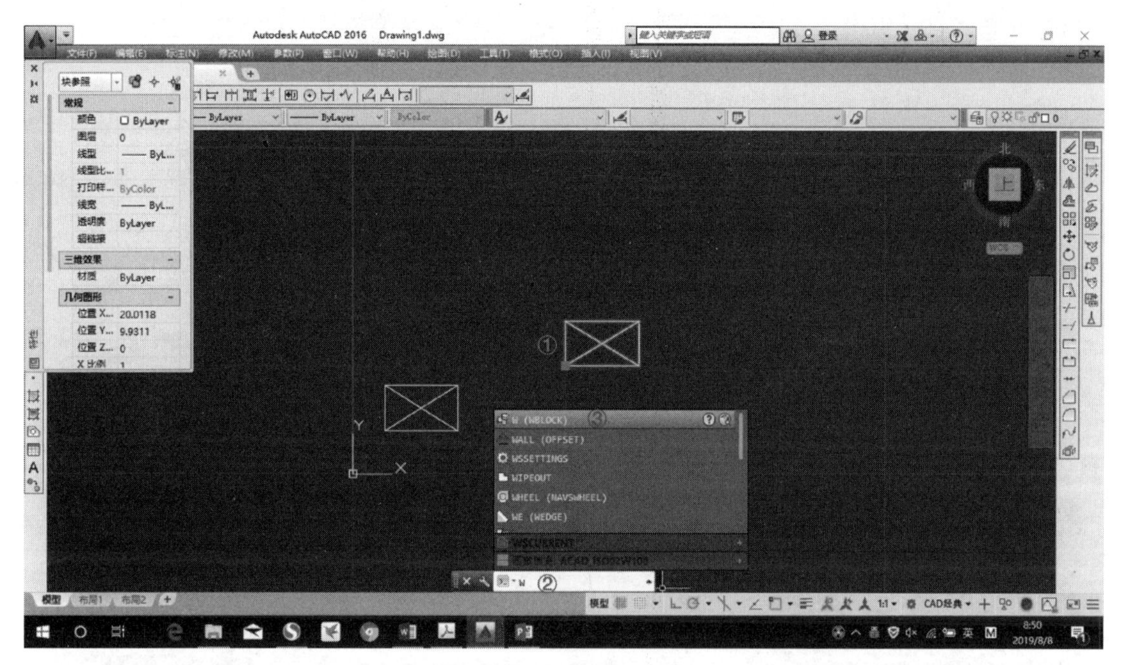

图 6-49　图块的导出

写块下的源默认为块，并在右侧选择需要导出的图块，文件名和路径可以默认也可以点击三点按钮自定义保存路径，然后点击确定，如图 6-50 所示。

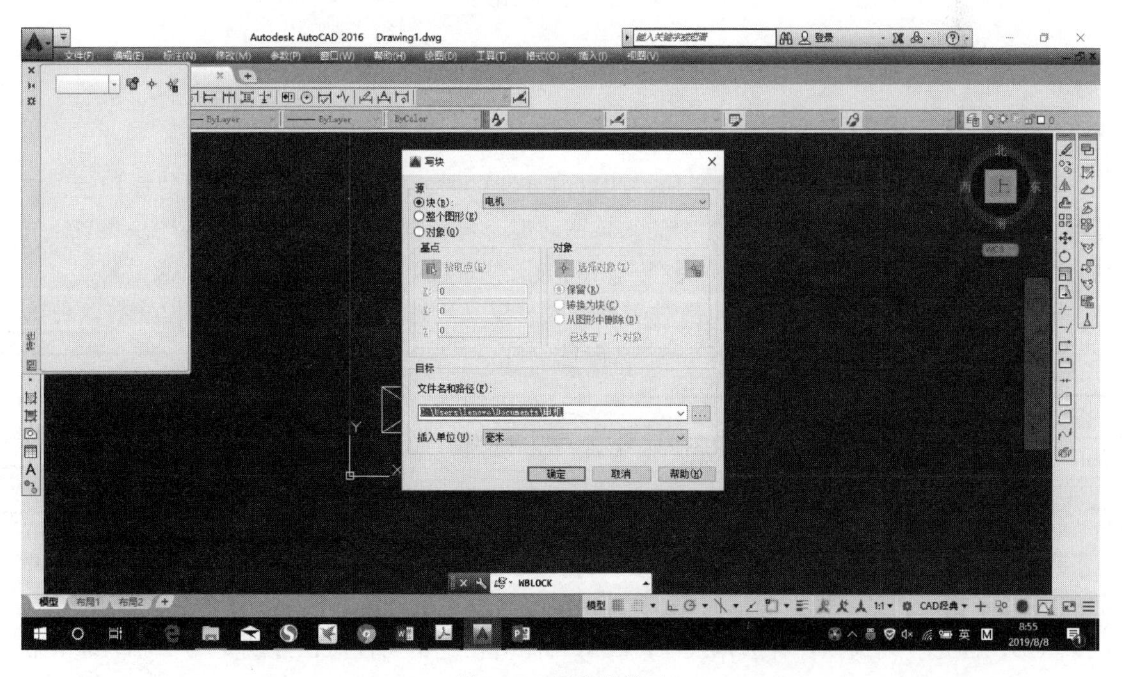

图 6-50　写块的设置

导出的图块以 *.dwg 格式存储。

当存储完成之后，不管是软件需要重装、更换电脑使用需要此图块还是与同事或好友分享该图块，如图 6-51 所示。

(1) 除分享之外都可以通过输入 I (INSERT) 插入此图块。

(2) 在名称处点击浏览。

(3) 按照保存路径找到保存的此图块并选中。

(4) 最后点击打开。

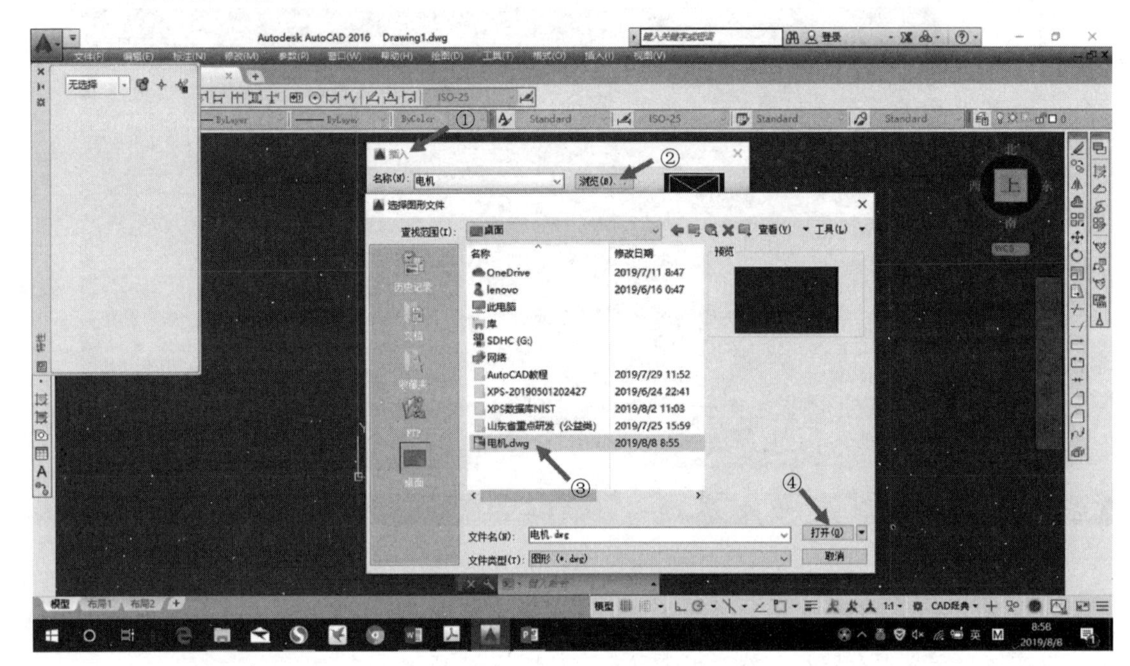

图 6-51 导出的图块

完成外部图块的导入之后，直接点击确定，并选择插入点完成插入图块即可。

6.6.4 图块的属性

AutoCAD 中，用户可为图块附加一些可以变化的文本信息，以增强图块的通用性。若图块带有属性，则用户在图形文件中插入该图块时，可根据具体情况按属性为图块设置不同的文本信息。这点对那些在绘图中要经常用到的图块来说，利用属性就显得极为重要。

在 AutoCAD 中，我们经常使用对话框方式来定义属性，打开该对话框的方法有两种。

下拉菜单：点击绘图→块 (K)→定义属性 (D)。

命令：ATTDEF (ATT)。

启动 ATTDEF 命令后，AutoCAD 打开如图所示的“属性定义”对话框，如图 6-52 所示。该对话框各部分功能如下。

“模式”选项组，用于设置属性模式。属性模式有 4 种类型可供选择。

(1) “不可见”复选框，若选择该框，表示插入图块并输入图块属性值后，属性值在图中将不显示出来。若不选择该框，AutoCAD 将显示图块属性值。

(2) “固定”复选框，若选择该框，表示属性值在定义属性时已经确定为一个常量，在插入图块时，该属性值将保持不变。反之，则属性值将不是常量。

（3）“验证”复选框，若选择该框，表示插入图块时，AutoCAD对用户所输入的值将再次给出校验提示。反之，AutoCAD将不会对用户所输入的值提出校验要求。

（4）“预置”复选框，若选择该框，表示要求用户为属性指定一个初始缺省值。反之，则表示AutoCAD将不预设初始缺省值。

“属性”选项组，用于设置属性参数，包括“标记”“提示”和“值”。定义属性时，AutoCAD要求用户在“标记”文本框中输入属性标志。在“值”文本框中输入初始缺省属性值。

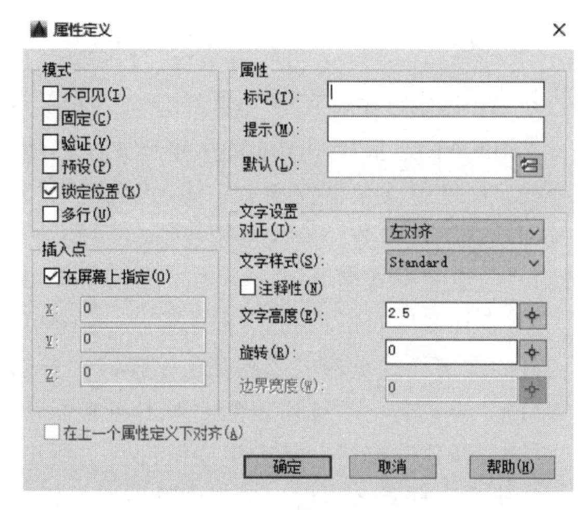

图6-52 属性定义的界面

“插入点”选项组，确定属性文本插入点。“在屏幕上指定”，用户可在绘图区内用鼠标选择一点作为属性文本的插入点。也可直接在X、Y、Z文本框中输入插入点坐标值。

“文字选项”选项组，确定属性文本的选项。该选项组各项的使用与单行文本的命令相同。

“在上一个属性定义下对齐”复选框，选择该框，表示当前属性将继承上一属性的部分参数，此时“插入点”和“文字选项”选项组失效，呈灰色显示。

属性定义好后，只有和图块联系在一起才有用处。向图块追加属性，建立带属性的块。

【例6-2】 建立一个带属性的表面粗糙度符号的图块（图6-53）。

解：

第1步，绘制如图所示的表面粗糙度符号。

第2步，选择菜单，“绘图”→块（K）→定义属性（D），打开“属性定义”对话框，对话框中各部分的设置如图6-52所示。

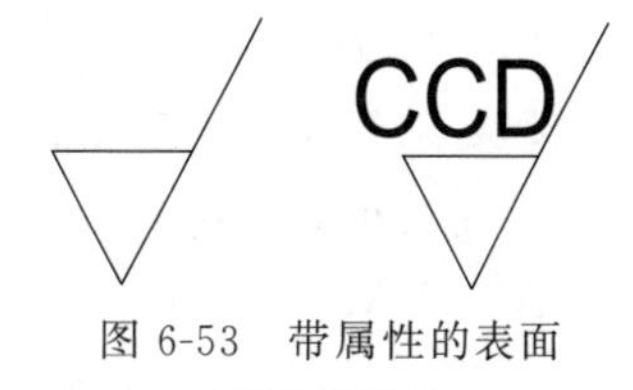

图6-53 带属性的表面粗糙度符号

第3步，在命令行输入“WBLOCK”，回车，打开“写块”对话框。利用此对话框，我们可以将绘制的图形和属性一起定义成图块，并存到我们指定的位置。

在“写块”对话框中，单击“拾取点”按钮，设置“基点”为粗糙度符号的下尖点；单击“选择对象”按钮，选择整个图形；在“目标”设置区中输入文件名、图块存放位置及插入单位。

6.7 文字、表格与尺寸标注

文字对象是AutoCAD图形中很重要的图形元素，是机械制图和工程制图中不可缺少的组成部分。在一个完整的图样中，通常都包含一些文字注释来标注图样中的一些非图形信息。例如，机械工程图形中的技术要求、装配说明，以及工程制图中的材料说明、施工要求等。另外，在AutoCAD 2016中，使用表格功能可以创建不同类型的表格，还可以在其他软件中复制表格，以简化制图操作。

6.7.1 文字

在 AutoCAD 中，所有文字都有与之相关联的文字样式。在创建文字注释和尺寸标注时，AutoCAD 通常使用当前的文字样式。也可以根据具体要求重新设置文字样式或创建新的样式。文字样式包括文字“字体”“字型”“高度”“宽度系数”“倾斜角”“反向”“倒置”以及“垂直”等参数。

6.7.1.1 设置样式名

“文字样式”对话框的“样式名”选项组中显示了文字样式的名称、创建新的文字样式、为已有的文字样式重命名或删除文字样式，各选项的含义如下。

(1)“样式名”下拉列表框。列出当前可以使用的文字样式，默认文字样式为 Standard。

(2)“新建”按钮。单击该按钮打开“新建文字样式”对话框。在“样式名”文本框中输入新建文字样式名称后，单击“确定”按钮可以创建新的文字样式。新建文字样式将显示在“样式名”下拉列表框中。

(3)“重命名”按钮。单击该按钮打开“重命名”文字样式对话框。可在“样式名”文本框中输入新的名称，但无法重命名默认的 Standard 样式。

(4)“删除”按钮。单击该按钮可以删除某一已有的文字样式，但无法删除已经使用的文字样式和默认的 Standard 样式。

6.7.1.2 设置字体

“文字样式”对话框的“字体”选项组用于设置文字样式使用的字体和字高等属性。其中，“字体名”下拉列表框用于选择字体；“字体样式”下拉列表框用于选择字体格式，如斜体、粗体和常规字体等；“高度”文本框用于设置文字的高度。选中“使用大字体”复选框，“字体样式”下拉列表框变为“大字体”下拉列表框，用于选择大字体文件。

如果将文字的高度设为 0，在使用 TEXT 命令标注文字时，命令行将显示“指定高度:”提示，要求指定文字的高度。如果在“高度”文本框中输入了文字高度，AutoCAD 将按此高度标注文字，而不再提示指定高度，如图 6-54 所示。

AutoCAD 提供了符合标注要求的字体形文件：gbenor. shx、gbeitc. shx 和 gbcbig. shx 文件。其中，gbenor. shx 和 gbeitc. shx 文件分别用于标注直体和斜体字母与数字；gb-cbig. shx 则用于标注中文。

6.7.1.3 设置文字效果

在“文字格式”对话框中，如图 6-55 所示，使用“效果”选项组中的选项可以设置文字的颠倒、反向、垂直等显示效果。在“宽度比例”文本框中可以设置文字字符的高度和宽度之比，当“宽度比例”为 1 时，将按系统定义的高宽比书写文字；当“宽度比例”小于 1 时，字符会变窄；当“宽度比例”大于 1 时，字符则变宽。在“倾斜角度”文本框中可以设置文字的倾斜角度，角度为 0°时不倾斜；角度为正值时向右倾斜；角度为负值时向左倾斜。

6.7.1.4 创建文字

指定文字的起点。在默认情况下，通过指定单行文字行基线的起点位置创建文字。如果当前文字样式的高度设置为 0，系统将显示“指定高度:”提示信息，要求指定文字高度，否则不显示该提示信息，而使用“文字格式”对话框中设置的文字高度。

然后系统显示“指定文字的旋转角度<0>:”提示信息，要求指定文字的旋转角度。文字旋转角度是指文字行排列方向与水平线的夹角，默认角度为 0°。输入文字旋转角度，或

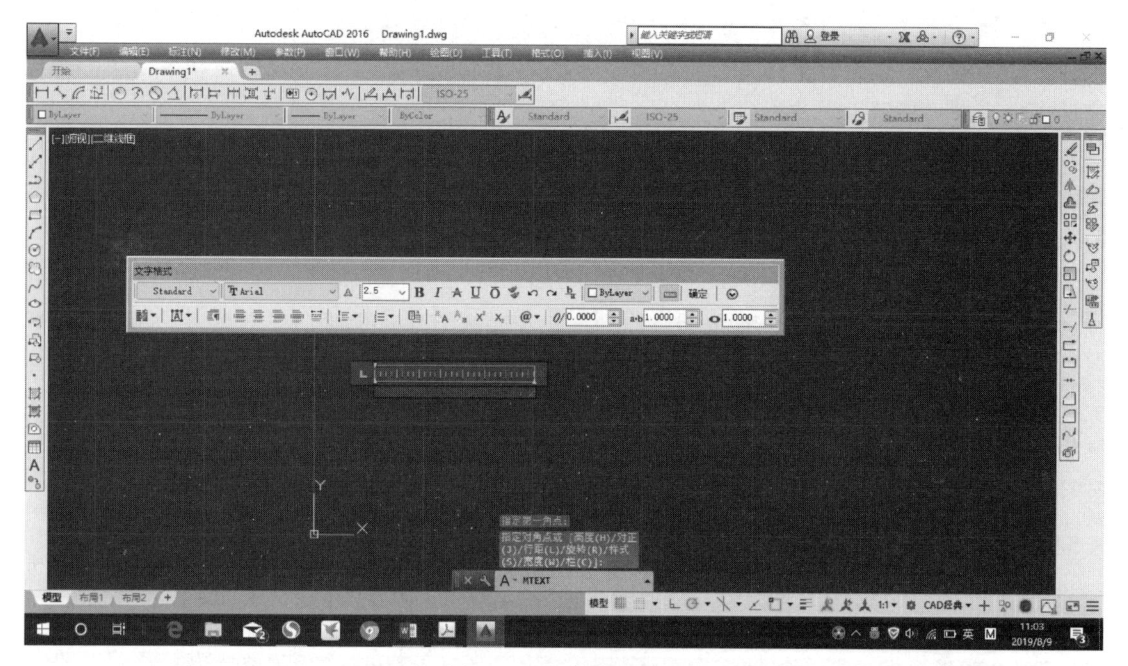

图 6-54　文字设置界面

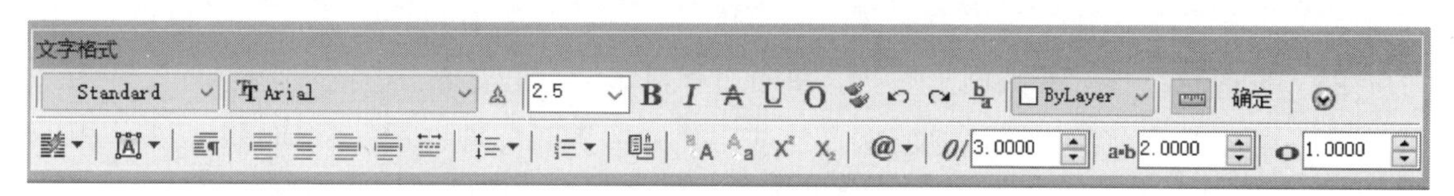

图 6-55　文字格式的设置

按“Enter”键使用默认角度 0°，最后输入文字即可。也可以切换到 Windows 的中文输入方式下，输入中文文字。

6.7.2　表格

选择“绘图”→“表格”命令，打开“插入表格”对话框，如图 6-56 所示。在“表格样式设置”选项组中，可以从“表格样式名称”下拉列表框中选择表格样式，或单击其后的按钮，打开“表格样式”对话框（图 6-57），创建新的表格样式。在该选项组中，还可以在“文字高度”下面显示当前表格样式的文字高度，在预览窗口中显示表格的预览效果。

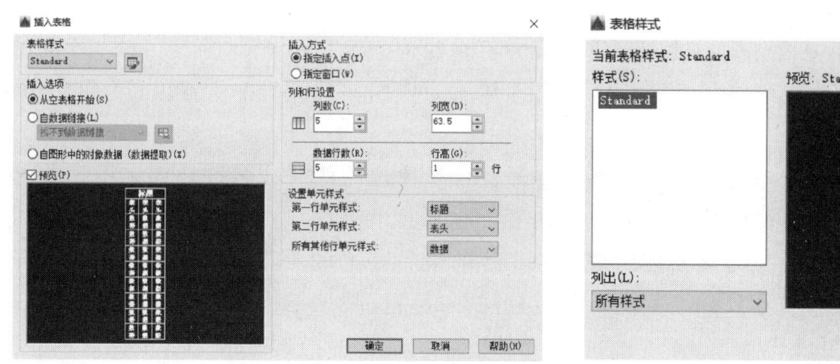

图 6-56　插入表格的设置界面

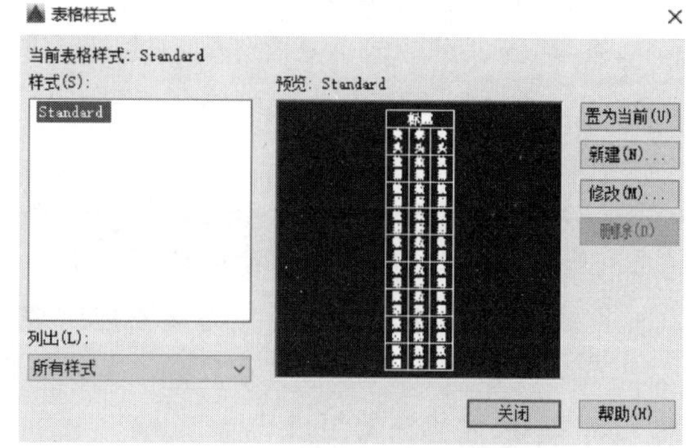

图 6-57　表格样式的设置界面

在“插入方式”选项组中，选择“指定插入点”单选按钮，可以在绘图窗口中的某点插入固定大小的表格；选择“指定窗口”单选按钮，可以在绘图窗口中通过拖动表格边框来创建任意大小的表格。

在“列和行设置”选项组中，可以通过改变“列”“列宽”“数据行”和“行高”文本框中的数值来调整表格的外观大小。

6.7.2.1 编辑表格

从表格的快捷菜单中可以看到，可以对表格进行剪切、复制、删除、移动、缩放和旋转等简单操作，还可以均匀调整表格的行、列大小，删除所有特性替代。当选择“输出”命令时，还可以打开“输出数据”对话框，以 .csv 格式输出表格中的数据。

当选中表格后，在表格的四周、标题行上将显示许多夹点，也可以通过拖动这些夹点来编辑表格。

6.7.2.2 编辑表格单元

使用表格单元快捷菜单可以编辑表格单元，其主要命令选项的功能说明如下。

(1)“单元对齐”命令。在该命令子菜单中可以选择表格单元的对齐方式，如左上、左中、左下等。

(2)“单元边框”命令。选择该命令将打开“单元边框特性”对话框，可以设置单元格边框的线宽、颜色等特性。

(3)“匹配单元”命令。用当前选中的表格单元格式（源对象）匹配其他表格单元（目标对象），此时鼠标指针变为刷子形状，单击目标对象即可进行匹配。

(4)“插入块”命令。选择该命令将打开“在表格单元中插入块”对话框。可以从中选择插入到表格中的块，并设置块在表格单元中的对齐方式、比例和旋转角度等特性。

(5)“合并单元”命令。当选中多个连续的表格单元格后，使用该子菜单中的命令，可以全部、按列或按行合并表格单元。

6.7.3 尺寸标注

在图形设计中，尺寸标注是绘图设计工作中的一项重要内容，因为绘制图形的根本目的是反映对象的形状，而图形中各个对象的真实大小和相互位置只有经过尺寸标注后才能确定。AutoCAD 2016 包含了一套完整的尺寸标注命令和实用程序，用户使用它们足以完成图纸中要求的尺寸标注。用户在进行尺寸标注之前，必须了解 AutoCAD 2016 尺寸标注的组成、标注样式的创建和设置方法。

6.7.3.1 尺寸标注的规则

在 AutoCAD 2016 中，对绘制的图形进行尺寸标注时应遵循以下规则。

(1) 物体的真实大小应以图样上所标注的尺寸数值为依据，与图形的大小及绘图的准确度无关。

(2) 图样中的尺寸以毫米为单位时，不需要标注计量单位的代号或名称。如采用其他单位，则必须注明相应计量单位的代号或名称，如度、厘米及米等。

(3) 图样中所标注的尺寸为该图样所表示的物体的最后完工尺寸，否则应另加说明。

(4) 一般物体的每一尺寸只标注一次，并应标注在最后反映该结构最清晰的图形上。

6.7.3.2 尺寸标注的组成

在机械制图或其他工程绘图中，一个完整的尺寸标注应由标注文字、尺寸线、尺寸界线、尺寸线的端点符号及起点等组成。

6.7.3.3　尺寸标注的类型

AutoCAD 2016 提供了十余种标注工具用以标注图形对象，分别位于“标注”菜单或“标注”工具栏中。使用它们可以进行角度、直径、半径、线性、对齐、连续、圆心及基线等标注。

6.7.3.4　创建尺寸标注的基本步骤

在 AutoCAD 中对图形进行尺寸标注的基本步骤如下。

(1) 选择“格式”→“图层”命令，在打开的“图层特性管理器”对话框中创建一个独立的图层，用于尺寸标注。

(2) 选择“格式”→“文字样式”命令，在打开的“文字样式”对话框中创建一种文字样式，用于尺寸标注。

(3) 选择“格式”→“标注样式”命令，在打开的“标注样式管理器”对话框设置标注样式。

(4) 使用对象捕捉和标注等功能，对图形中的元素进行标注。

6.7.3.5　创建标注样式

在 AutoCAD 中，使用“标注样式”可以控制标注的格式和外观，建立强制执行的绘图标准，并有利于对标注格式及用途进行修改。要创建标注样式，输入命令 Dimstyle、单击下拉菜单“格式”→“标注样式”或标注工具条图标，都可以弹出如图 6-58 所示的“标注样式管理器”对话框，在该对话框中可以列出当前图形已创建的标注样式的名称、预览在“样式”框中选中的标注样式的标注效果、把指定的标注样式设置为当前样式、修改已有的标注样式、设置当前样式的替代样式、对两个尺寸样式作比较或创建新标注样式等。

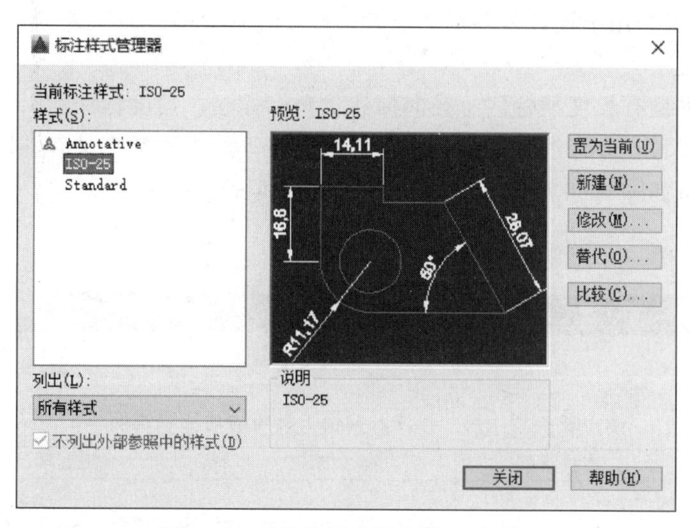

图 6-58　“标注样式管理器”对话框

新建标注样式或修改原有标注样式，会弹出类似的对话框如图 6-59 所示。在该对话框中各选项卡主要功能如下。

“直线”选项卡，设置尺寸线、尺寸界线的格式与属性。

“符号”和“箭头”选项卡，设置箭头、圆心标记、弧长符号和半径标注折弯的格式与属性。

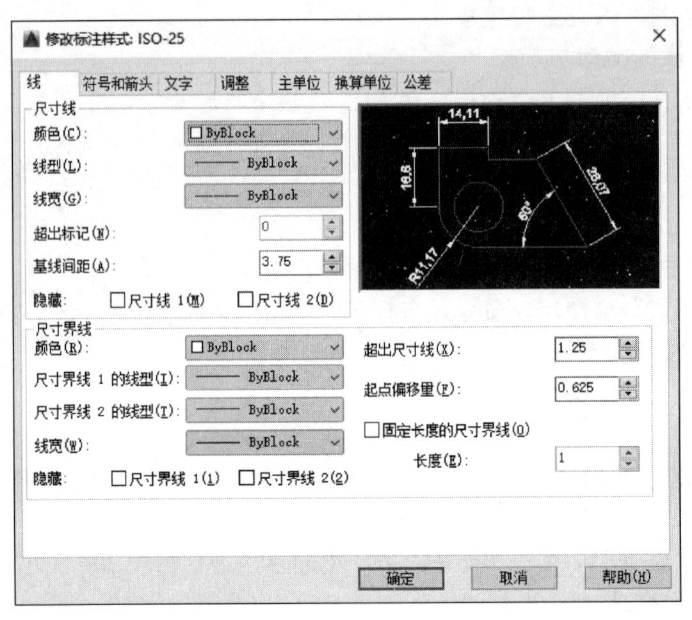

图 6-59 新建（或修改）标注样式对话框

“文字”选项卡，用于设置标注文字的样式、颜色、字高，文字相对于尺寸线的位置以及对齐方式等。

“调整”选项卡，设置标注文字、尺寸线、尺寸箭头等的位置关系。

“主单位”选项卡，用来设置主单位的格式、精度是否消除小数点前或后的零等属性。

“换算单位”选项卡，用于设置换算单位的格式。

“公差”选项卡，用于设置是否标注公差、标注方式、格式及公差值等。

6.7.3.6 尺寸标注

尺寸标注的类型有长度型标注、径向标注、坐标标注、角度标注和引线标注等。长度型标注包括线性标注、对齐标注、基线标注和连续标注等，每种类型又有不同形式。常用尺寸标注及编辑工具条如图 6-60 所示，与其对应的功能和说明见表 6-12。

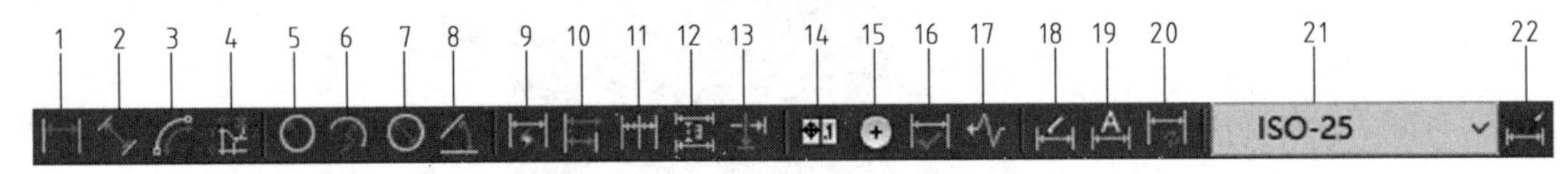

图 6-60 尺寸标注及编辑工具条

表 6-12 尺寸标注及编辑工具条的功能和说明

序号	命令	下拉菜单	功能	说明
1	Dimlin	标注\线性	垂直或水平标注	指定两个尺寸界线的起点或指定某一实体，其两端点作为两个尺寸界线的起点。用鼠标拖动指定尺寸线的位置，系统自动测定尺寸界线之间的距离作为标注文字。其他各选项的含义为：“多行文字(M)”，通过对话框输入尺寸文本；“文字(T)”，通过命令行输入尺寸文本；“角度(A)”，设置尺寸文本的旋转角度；“水平(H)”，标注水平尺寸；“垂直(V)”，标注垂直尺寸；“旋转(R)”，设置尺寸线的旋转角度

续表

序号	命令	下拉菜单	功能	说明
2	Dimali	标注\对齐	对齐标注	标注与两尺寸界线起点连线平行的尺寸，各提示及选项意义同上
3	Dimarc	标注\弧长	弧长标注	标注圆弧的长度，各提示及选项意义同上
4	Dimord	标注\坐标	坐标标注	需要指定引线的端点，系统将根据该两点之间位置关系标注坐标。若两点的X坐标差大于Y坐标差，则标注该点的Y坐标；否则标注该点的X坐标。也可以直接输入“X”或“Y”，标注X坐标或Y坐标
5	Dimrad	标注\半径	半径标注	选择要标注半径的圆或圆弧，各提示及选项意义同垂直或水平标注
6	Dimjogged	标注\弯折	弯折半径标注	标注圆或圆弧半径，可以在任意合适的位置指定尺寸线的原点
7	Dimdia	标注\直径	直径标注	选择要标注半径的圆或圆弧，各提示及选项意义同垂直或水平标注
8	Dimang	标注\角度	角度标注	可标注圆弧或圆上指定圆弧的圆心角、两条不平行直线间的角度或由三点确定的角度
9	Qdim	标注\快速	快速标注	选择要标注的图形，根据要标注的尺寸类型响应相应的选项
10	Dimbase	标注\基线	基线标注	标注与前一个尺寸标注第一根尺寸界线相重合的尺寸，直接指定第二根尺寸界线的起始点，即可标注尺寸，可进行多次基线标注。选项“选择(S)”用于重新选择已有的尺寸标注作为基准标注的基础尺寸线
11	Dimcont	标注\连续	连续标注	标注第一根尺寸界线与前一尺寸第二根尺寸界线相重合的尺寸。响应“选择(S)”，选择已有标注端作为连续标注的第一根尺寸界线。其他各提示及选项意义同上
12	Dimspace	标注\等距	等距标注	调整线性标注或角度标注之间的间距，使平行尺寸线之间的间距设为相等。也可以通过使用间距值0，使一系列线性标注或角度标注的尺寸线齐平。首先选择基准标注；然后选择要产生间距的标注；然后输入间距值或自动，确认即可
13	Dimbreak	标注\折断	折断标注	在标注或延伸线与其他对象交叉处折断或恢复标注和延伸线，可以将折断标注添加到线性标注、角度标注和坐标标注等
14	Tolerance	标注\公差	公差标注	在弹出的“形位公差”对话框中，填入相应的形位公差符号和数值，按“确定”按钮，再用鼠标拖到正确的标注位置
15	Dimcenter	标注\圆心标记	圆心符号或中心线标注	直接选择要标注的圆或圆弧。到底是标注圆心符号还是中心线，需在标注样式中设定
16	Diminspect		检验标注	添加或删除与选定标注关联的检验信息，检验标注用于指定应检查制造的部件的频率，以确保标注值和部件公差处于指定范围内
17	Dimjogline		折弯线性	在线性或对齐标注上添加或删除折弯线，标注中的折弯线表示所标注的对象中的折断。标注值表示实际距离，而不是图形中测量的距离
18	Dimedit		编辑标注	修改尺寸文本的数值、旋转角度以及尺寸界线的倾斜角度
19	Dimtedit		修改标注文本	修改尺寸文本的位置和方向
20	Dimstyle		标注更新	更新选定标注样式的各种设置
21	Dimstyle		标注样式选择	设置(或显示)当前标注样式
22	Dimstyle	格式\标注样式	设置标注样式	如6.12.2尺寸标注样式的设置所述

6.8 常用辅助命令及功能

6.8.1 画面控制功能

常用视图画面控制功能见表 6-13。

表 6-13 画面控制功能

序号	命令(别名)	下拉菜单	功能	说明
1	Zoom(Z)	视图\缩放	视图缩放	确定屏幕的显示范围。其常用选项的意义为:"全部(A)",将图形全部显示在屏幕上;"范围(E)",尽可能大地显示整个图形;"上一个(P)",恢复上次显示范围;"窗口(W)",指定窗口作为显示范围。可以用标准工具栏中的视窗缩放按钮
2	Pan(P)	视图\平移	视图平移	光标变为小手,按下左键并移动,便可移动视窗
3	Redraw(R)	视图\重画	重画功能	刷新屏幕或当前区域,擦除残留光标点
4	Regen(RE)	视图\重新生成	视图重新生成	重新计算所有图形,并在屏幕上显示出来,比重画图形要慢一些

在实际操作中常用功能平移、实时缩放、窗口缩放、返回上一画面等用图标更方便。

6.8.2 栅格显示与栅格捕捉

栅格是一种可见的位置参考图标，由一系列规则排列的点组成，类似于作图时的方格纸，以帮助定位。尤其是与捕捉功能相配合使用，可以提高作图精度和速度。

按“F7”功能键或单击状态条上按钮，可以在打开和关闭显示栅格之间切换。

按“F9”功能键或单击状态条上按钮，可以在打开和关闭捕捉栅格之间切换。

右键单击或按钮，选择“设置（S）”可弹出“草图设置”对话框，可在“捕捉和栅格”选项卡中设置是否显示栅格、栅格点的间距、是否捕捉栅格、捕捉点的间距以及栅格的旋转角度和基点等。

6.8.3 正交模式

用于控制是否以正交方式绘图。在正交方式下，可以方便地绘出与当前 X 轴或 Y 轴平行的线段。

按“F8”功能键或单击状态条上的按钮，可以在打开和关闭正交模式之间切换。

6.8.4 点的目标捕捉

在绘图过程中，希望选取某些特殊点（如圆心、切点、线或圆弧的端点、中点等）时，可以利用目标捕捉功能，准确地得到这些点。

6.8.4.1 临时捕捉方式

临时捕捉方式每使用一次必须重新启动，可以通过快捷菜单（“Shift”键＋鼠标右键）、在命令提示窗口输入关键字或如图 6-61 所示对象捕捉工具条来启动捕捉功能。各种捕捉模式的含义、关键字见表 6-14。

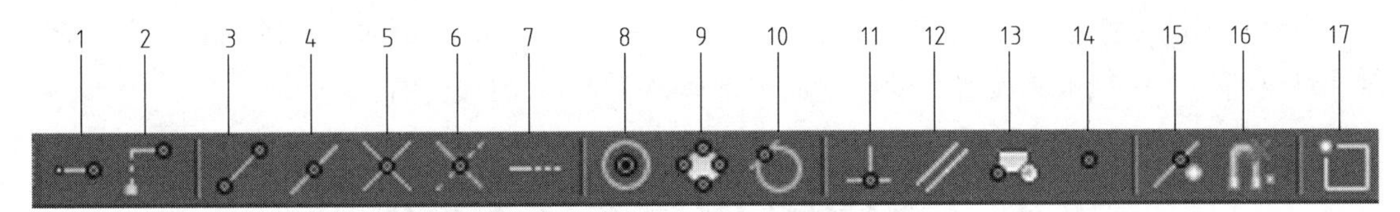

图 6-61　对象捕捉工具条

表 6-14　对象捕捉功能

序号	快捷菜单项	关键字	功能
1	临时追踪点	TT	创建临时追踪点
2	捕捉自	FROM	临时指定一基点，相对确定另一点
3	端点	END	捕捉端点
4	中点	MID	捕捉中点
5	交点	INT	捕捉交点
6	外观交点	APP	捕捉视线交点
7	延长线	EXT	捕捉延长线上的点
8	圆心	CEN	捕捉圆心
9	象限点	QUA	捕捉圆周上 0°、90°、180°、270°位置的点
10	切点	TAN	捕捉切点
11	垂足	PER	捕捉垂足
12	平行线	PAR	捕捉与指定线平行的线上的点
13	插入点	INS	捕捉块、文本等的插入点
14	节点	NOD	捕捉用绘制点、等分点、等距点命令确定的点
15	最近点	NEA	捕捉对象上离选取点最近点
16	无	NON	取消捕捉
17	对象捕捉设置	OS	设置自动捕捉模式

6.8.4.2　自动捕捉方式

为了提高绘图效率，AutoCAD 提供了一种自动捕捉模式。当需要指定点时，只要将光标移动到特征点附近，系统会自动在特征点处给出一个标志。

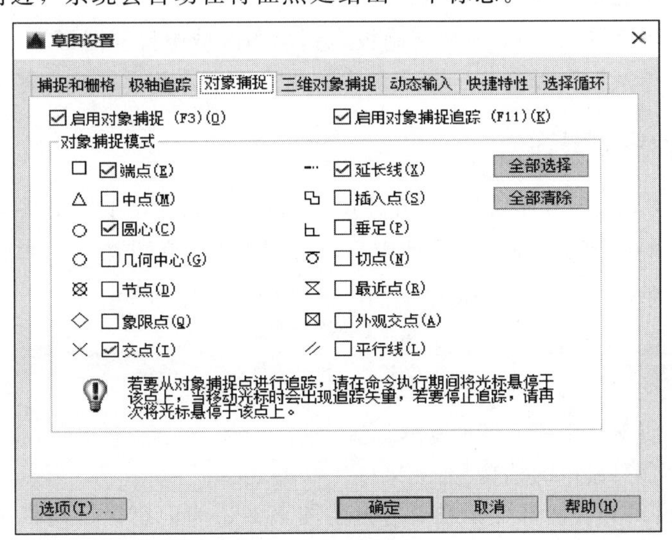

图 6-62　“草图设置”对话框

按“F3”功能键或单击状态条上的按钮，可以在打开和关闭自动捕捉功能之间切换。

右键单击按钮，选择“设置（S）”，可弹出图6-62所示的“草图设置”对话框，在“对象捕捉”选项卡中设置自动捕捉的类型以及是否打开自动捕捉。

6.9 AutoCAD设计中心的应用

6.9.1 概述

AutoCAD设计中心（AutoCAD Design Center，ADC），它是AutoCAD 2016中的块、图案填充和其他图形内容访问的人性化操作环境。用户可以将源图形中的任何内容拖动，是个非常有用的工具。设计中心采用Windows惯用的资源管理器界面，提供用户对当前图形进行管理；可以将图形、块和填充拖动到工具选项板上，甚至可以将源图形放置在用户的计算机上、网络位置或网站上。

同时，如果在绘图区打开多个文档，则可以通过设计中心在图形之间复制和粘贴其他内容。粘贴内容除了包含图形本身外，还包含图层定义、布局、文字样式等内容。如此就可以让资源得到再利用和共享，从而简化绘图过程，提高了图形管理和图形设计的效率。

使用AutoCAD设计中心可以完成如下工作。

（1）浏览用户计算机、网络驱动器和网页上的图形内容，例如图形或符号库等。

（2）查看图形文件中命名对象的定义（例如块和图层的定义），然后将定义插入、附着、复制和粘贴到当前图形中。

（3）更新（重定义）块定义。

（4）在新窗口中打开图形文件，并可创建指向常用图形、文件夹和Internet地址的快捷方式。

（5）向图形中添加内容，例如添加外部参照、块和填充内容等。

（6）将图形、块和填充拖动到工具选项板上以便于访问。

（7）通过将图形文件（DWG）从控制板拖到绘图区域中打开图形。

（8）将光栅文件从控制板拖到绘图区域中，借此查看和附着光栅图像。

6.9.2 了解设计中心界面

在AutoCAD中，设计中心是一个相对独立的浮动窗口，用户可以控制设计中心的大小、位置和外观。要启动AutoCAD设计中心，可用以下4种方法。

（1）工具栏　单击“标准”工具栏上的“设计中心”按钮。

（2）快捷键　按下“Ctrl+2”快捷键。

（3）菜单　选择“工具”→“选项板”→“设计中心”。

（4）命令　在命令行中输入“adcenter”。

6.9.2.1 “设计中心”窗口的结构

“设计中心”窗口分为两部分，左边为树状图，右边为内容区。用户可以在树状图中创建内容的源，然后在内容区显示内容。另外，用户还可以在内容区中将项目添加到图形或工具选项板中。而在内容区的下方将会显示选定图形、块、填充图案或者外部参照的预览或说明。窗口顶部的工具栏也提供若干选项和操作，如图 6-63 所示。

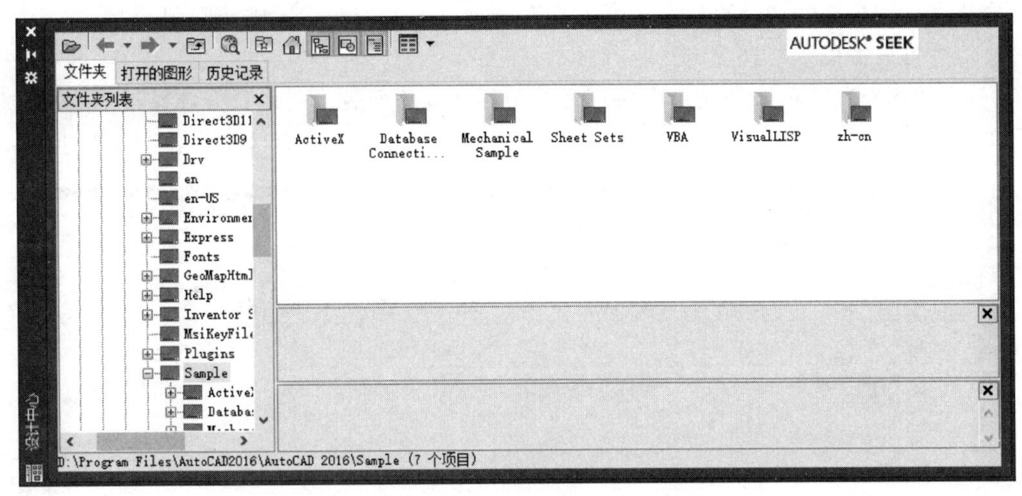

图 6-63 “设计中心”窗口

6.9.2.2　调整“设计中心”窗口的大小、位置和外观

在默认的状态下，“设计中心”以浮动窗口的形式显示在应用程序窗口中，用户可以控制设计中心的大小、位置和外观。

(1) 调整内容区与树状图的大小。打开“设计中心”浮动窗口，使用鼠标按住内容区与树状图之间的边框，左右拖动即可调整内容区与树状图的大小。

(2) 调整“设计中心”窗口的大小。让“设计中心”窗口处于浮动状态，使用鼠标按住窗口右下角的斜线边框上，当向外拖动即可放大窗口；当向内拖动即可缩小窗口。

6.9.2.3　固定“设计中心”窗口

当“设计中心”窗口处于浮动状态，可将它拖至应用程序窗口右侧或左侧的固定区域，当程序捕捉到固定位置后，放开鼠标即可。

6.9.2.4　浮动“设计中心”窗口

当“设计中心”固定在程序窗口上，可以使用鼠标按住工具栏上方的区域，将“设计中心”拖出固定区域即可。

6.9.2.5　“锚定”窗口

当“设计中心”窗口处于浮动状态，可以在窗口标题栏上单击右键，从快捷菜单中选择“锚定居左”或“锚定居右”命令，窗口锚定在左边或右边。

6.9.2.6　隐藏“设计中心”窗口

当“设计中心”窗口处于浮动状态时，可以在窗口标题栏上单击右键，从快捷菜单中选择“隐藏”命令即可。

6.9.3　使用设计中心访问内容

在“设计中心”窗口中，可以通过左侧的树状图和 4 个设计中心选项卡来查找内容，并将内容加载到内容区中。

6.9.3.1　“文件夹”选项卡

在“设计中心”窗口的“文件夹”选项卡中，显示了文件的导航图标和层次结构；可选择的导航目录包括网络和计算机、网络地址、计算机驱动器、文件夹、图形和相关的支持文件。另外，外部参照、布局、填充样式等对象，包括图形中的块、图层、线型、文字样式、标注样式和打印样式等，都可以在“文件夹”选项卡左侧的树状图中访问到。

6.9.3.2 “打开的图形”选项卡

“打开的图形”选项卡是显示当前打开的图形文件的列表。用户只需选择某个图形文件，然后单击列表中的一个定义表，即可将图形文件的内容加载到内容区中，如图 6-64 所示。

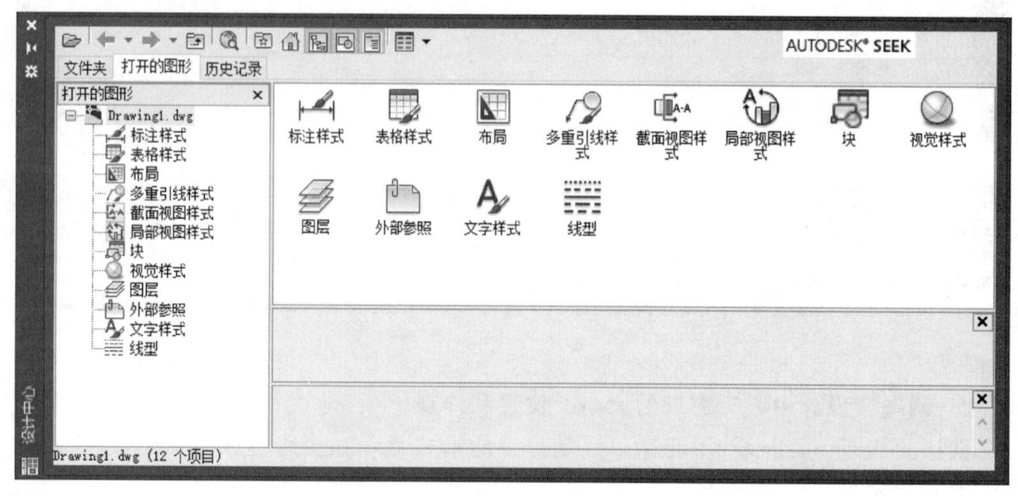

图 6-64　查看“打开的图形”内容

6.9.3.3 “历史记录”选项卡

“历史记录”选项卡的作用是显示设计中心中曾打开的文件列表。当用户双击列表中的某个图形文件时，就可以在“文件夹”选项卡中的树状图中指定该图形文件，并将其内容加载到内容区中。

6.9.3.4 “联机设计中心”选项卡

“联机设计中心”选项卡是提供互联网联机设计中心网页中的内容。用户只需成功连接联机设计中心，即可通过联机设计中心访问数以千计的符号、制造商的产品信息以及内容收集者的站点。

6.9.4 通过设计中心进行搜索

设计中心除了进行一般的文件管理外，还提供用户搜索的功能。用户可以利用设计中心的本机搜索和联机中心搜索的功能，根据指定条件和范围来搜索图形和其他内容，例如搜索图形、块、填充图案、布局等。

6.9.5 通过设计中心操作内容

设计中心左侧为树状图，右侧为内容区。因此，用户通过树状图打开文件后，即可在“设计中心”窗口的内容区对显示的内容进行操作。例如，双击图形图像将显示若干图标（包括代表块的图标），又或者双击“块”图标，即可显示图形中每个块的图像。

6.9.5.1 向图形添加块

在 AutoCAD 设计中心中，用户可以使用三种不同方法插入块。

(1) 选择需要插入的块，然后将它拖动到打开图形的图形区内，即可按照默认设置将块插入。

（2）在内容区中选择需要添加的块，然后单击右键，并在快捷菜单中选择“插入块”命令，打开“插入”对话框后，设置插入点、比例及旋转角度后，单击“确定”按钮将块添加到打开的图形上。

（3）在内容区中双击块，即会打开“插入”对话框，设置相关参数后即可为打开的图添加块对象。

6.9.5.2　更新块定义

通过 AutoCAD 的设计中心，用户可以更新当前图形中的块定义，块定义的源文件可以是图形文件或符号库图形文件中的嵌套块。若需要更新块定义，则可以在内容区中的块或图形文件上右击，然后从弹出的快捷菜单中选择“仅重定义”或“插入并重定义”命令，即可更新选定的块定义。

6.10　二维夹点编辑

在 AutoCAD 中，单纯地使用绘图命令或绘图工具只能创建出一些基本图形对象，要绘制较为复杂的图形，就必须借助于图形编辑命令。在编辑图形之前，选择对象后，图形对象通常会显示夹点。夹点是一种集成的编辑模式，提供了一种方便快捷的编辑操作途径。例如，使用夹点可以对对象进行拉伸、移动、旋转、缩放及镜像等操作。

6.10.1　选择对象的方法

在对图形进行编辑操作之前，首先需要选择要编辑的对象。在 AutoCAD 中，选择对象的方法很多。例如，可以通过单击对象逐个拾取，也可利用矩形窗口或交叉窗口选择；可以选择最近创建的对象、前面的选择集或图形中的所有对象，也可以向选择集中添加对象或从中删除对象。AutoCAD 用虚线显示所选的对象。

6.10.2　编辑对象的方法

在 AutoCAD 中，用户可以使用夹点对图形进行简单编辑，或综合使用“修改”菜单和“修改”工具栏中的多种编辑命令对图形进行较为复杂的编辑。

6.10.2.1　夹点

夹点是一些实心的小方框，使用定点设备指定对象时，对象关键点上将出现夹点，可以拖动这些夹点快速拉伸、移动、旋转、缩放或镜像对象。选择执行的编辑操作称为夹点模式，夹点图形显示如图 6-65 所示。

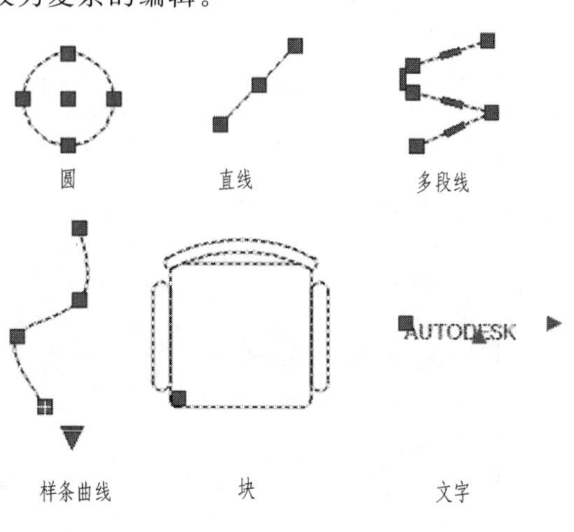

图 6-65　夹点图形显示

6.10.2.2　夹点操作

夹点打开后，可以在输入命令之前选择要操作的对象，然后使用定点设备操作这些对象。要使用夹点模式，应选择作为操作基点的夹点（基准夹点，选定的夹点也称为热夹点)，然后选择一种夹点模式。可以通过按“Enter”或“空格”键循环选择这些模式，还可以使用快捷键或单击鼠标右键查看所有模式和选项。

6.10.2.3 使用夹点拉伸

可以通过将选定夹点移动到新位置来拉伸对象。

6.10.2.4 文字、块参照、直线中点、圆心和点对象上的夹点

上述对象上的夹点是移动对象而不是拉伸它，这是移动块参照和调整标注的好方法。

6.10.2.5 使用夹点移动

可以通过选定的夹点移动对象，选定的对象被亮显并按指定的夹点位置移动一定的方向和距离。

6.10.2.6 使用夹点旋转

可以通过拖动和指定点位置来绕基点旋转选定对象，还可以输入角度值。这是旋转块参照的好方法。

6.10.2.7 使用夹点缩放

可以相对于基点缩放选定对象。通过从基准夹点向外拖动并指定点位置来增大对象尺寸，或通过向内拖动减小尺寸，也可以为相对缩放输入一个值。

6.10.2.8 使用夹点创建镜像

可以沿临时镜像线为选定对象创建镜像。打开“正交”有助于指定垂直或水平的镜像线。

6.11 图形输出

功能：将绘制好的图形通过打印机、绘图仪等设备打印输出。

下拉菜单：“文件”→“打印”。

命令：Plot，回车，弹出如图 6-66 所示的“打印”对话框。

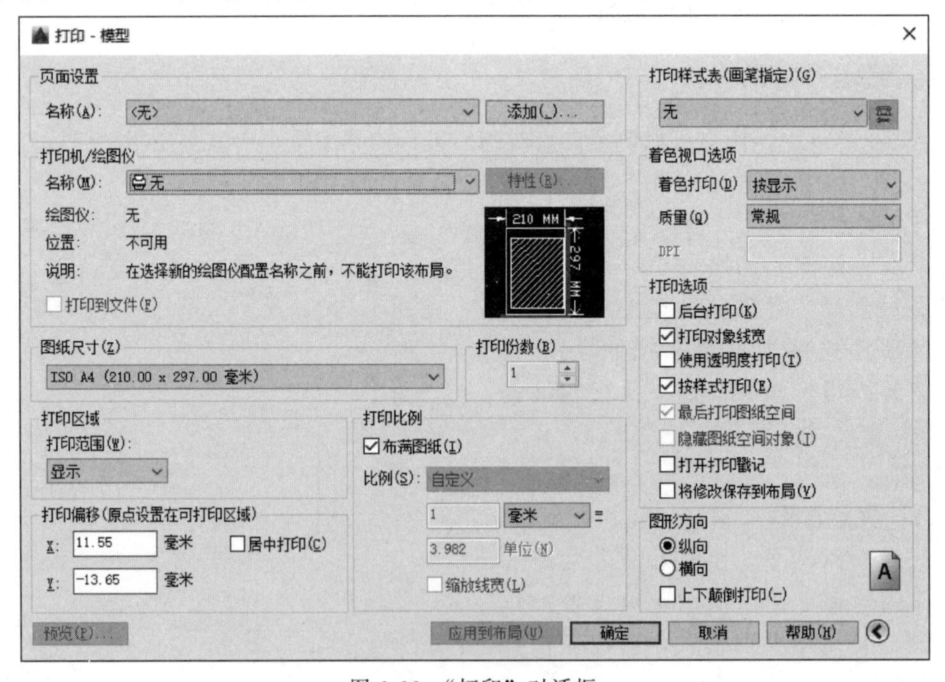

图 6-66 “打印”对话框

（1）“页面设置”栏，设置打印的页面配置。如果已经有配置好并保存下来的页面设置，可以直接从下拉列表选择，或者单击“添加”按钮，创建新的页面设置。

（2）“打印机/绘图仪”栏，用于选择打印设备。

（3）“图纸尺寸”栏，用于设置当前打印设备的图纸尺寸。

（4）“打印区域”栏，设置图形实际打印的区域，可以按绘图极限、显示范围或用窗口选择打印区域。

（5）“打印比例”栏，用于控制打印比例。

（6）“打印偏移”栏，用于指定打印区域相对图纸左下角的偏移量。

（7）“预览”按钮，预览图形打印效果。

6.12 化工 CAD 制图标准样板图的建立

样板图是绘制新图时可以套用的格式样板，可以将常用的、固定的格式固化在模板图中。这样，在开始绘制一张新图时，不用每次都从头到尾重复设置，而是通过模板图直接套用相应的格式，提高了设计效率。

6.12.1 样板图的内容和创建步骤

（1）选择初始模板　我国的制图标准有很多方面与国际制图标准接近，但并不完全相同，选择最接近我国制图标准的 Acadiso. dwt 作为初始模板。

（2）图层设置　图层是图形中使用的主要组织工具，可以使用图层将信息按功能编组以及执行线型、颜色及其他标准。用户只需分别在不同的图层上绘制不同的对象，然后将这些图层重叠起来，就可以达到制作复杂图形的目的。

图层的作用主要是组合与控制不同的对象，用户可以通过创建图层，然后将类型相似的对象指定给同一个图层使其相关联。利用图层还可以控制对象是否显示，是否打印对象以及如何打印，是否可以修改等。

（3）定义文字样式　在 AutoCAD 中，所有文字都有与之相关联的文字样式，用户可以根据需要自定样式的“字体”“字型”“高度”“宽度系数”“倾斜角”“反向”“倒置”以及“垂直”等参数。

（4）尺寸标注样式设定　标注样式可用来控制标注的外观，如箭头样式、文字位置和尺寸公差等。用户可以创建标注样式，以快速指定标注的格式，并确保标注符合行业或项目标准。

（5）创建图框和标题栏　国家标准对各种图幅的图框和标题栏都有相应的规定，可根据需要在 0 层上按照国家标准尺寸绘制某种图框和标题栏，由于标题栏对所有图形来说可能是一致的，因此可以将其制作成图块，在以后的模板图制作中可以随时插入、调用。

（6）保存样板　样板做好后，以 DWT 格式存盘，注意一定要存盘，并将其复制到 AutoCAD 安装目录的 Template 子目录下。

（7）模板图的应用　绘制新图时，在创建新图形对话框中，选择使用模板按钮，再选择合适的样板图名称开始新图作业。

6.12.2 创建标准样板图实例

下面以 A3 图幅样板图为例，介绍样板图的建立方法。

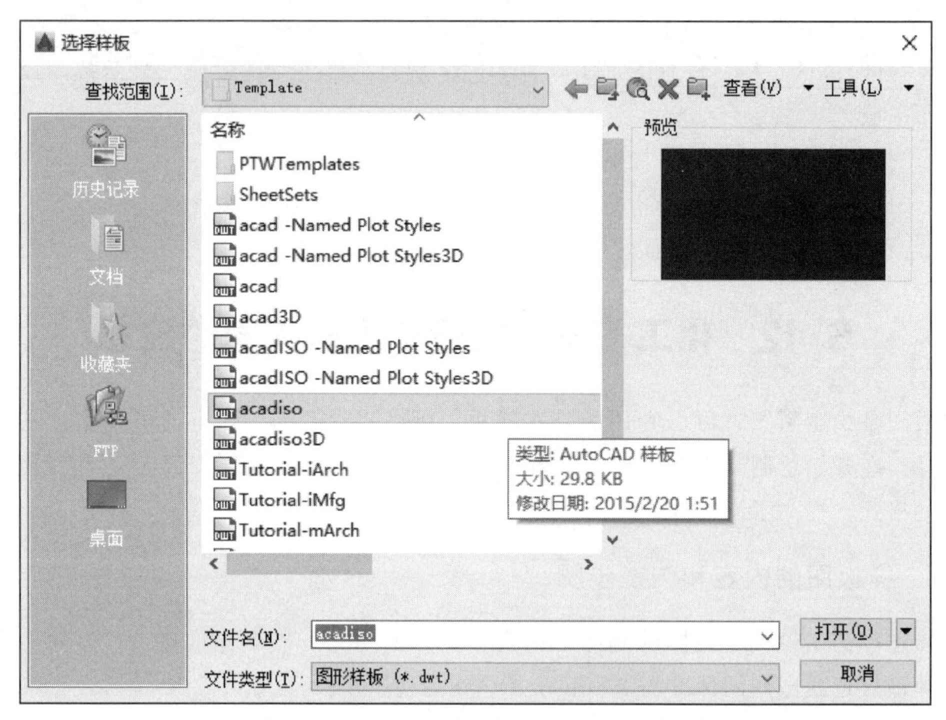

图 6-67 “创建新图形”对话框

(1) 选择初始模板　输入命令 New，弹出图 6-67 所示的“创建新图形”对话框，选择“Acadso. dwt”样板，单击“确定”按钮。

(2) 创建图层　输入命令 Layer，或点击图标，弹出如图 6-68 所示的“图层特性管

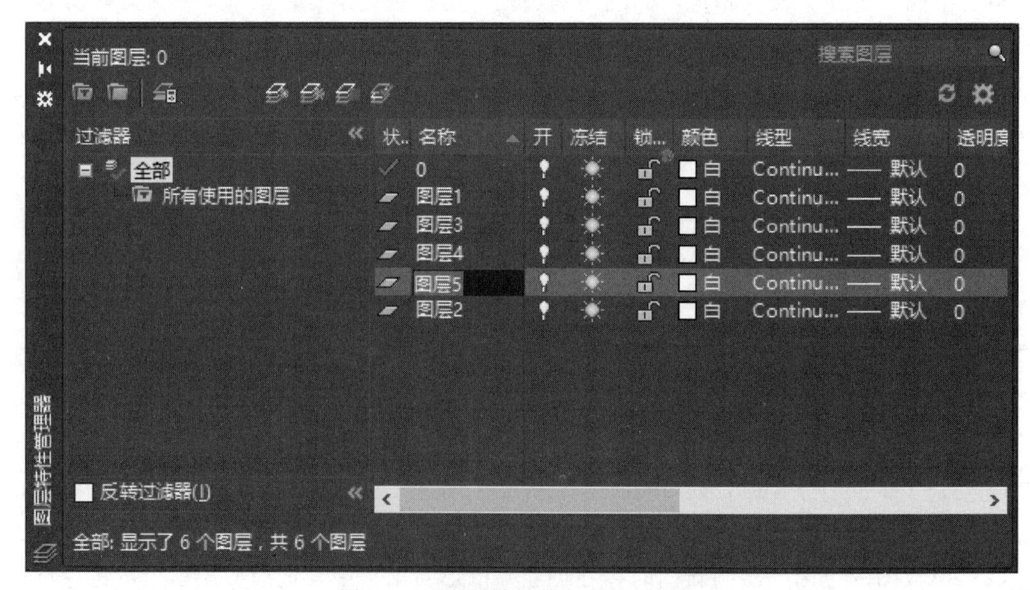

图 6-68 “图层特性管理器”对话框

理器”对话框，单击“新建”按钮，创建以下新图层：“设备”层，白色，线型 Continuous，默认线宽；“流程线”层，绿色，线型 Continuous，线宽为 0.5；“图表”层，青色，线型 Continuous，默认线宽；“管道”层，棕色，线型 Continuous，默认线宽；“中心线”层，红色，线型 Center，默认线宽；“虚线”层，白色，线型 Dashed，默认线宽；“标注”层，洋红色，线型 Continuous，默认线宽。

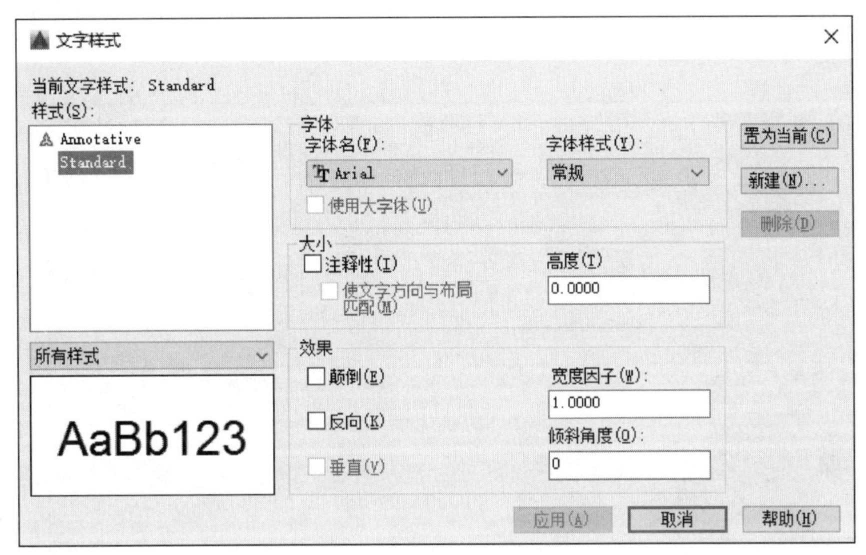

图 6-69 “文字样式”对话框

（3）设置文字样式　输入命令 ST，或选择“格式\文字样式”菜单命令，弹出如图 6-69 所示的“文字样式”对话框。在该对话框中，新建文本样式 ST，字体为宋体，宽度比例为 0.8；文字样式 XW，字体为 Times new roman，宽度比例为 0.8。

（4）设定尺寸标注样式　输入命令 Dimstyle，或单击标注工具条图标右下角，弹出“标注样式管理器”对话框。新建标注样式 BZYS，用于“所有标注”，弹出“新标注样式 BZYS”对话框。在该对话框的“直线”选项卡“尺寸线”选项栏中，设置“基线间距”为 8，其余为默认值。

创建 BZYS 用于角度标注的字样式，在“文字”选项卡“文字对齐”选项栏中，选择“水平”，其余为默认值。

创建 BZYS 用于半径标注的字样式，在“文字”选项卡“文字对齐”选项栏中，选择“ISO 标准”。在“调整”选项卡“调整选项”选项栏中，选择“文字”，在“优化”选项栏中，选中“手工放置文字”。其余为默认值。

与半径标注类似，设置直径标注字样式。

（5）创建图框　用矩形命令绘制边框。

命令：REC ↙（绘制 A3 横幅外边框）

指定第一个角点或[倒角(C)/标高(E)/圆角(F)/厚度(T)/宽度(W)]：0,0 ↙

指定另一个角点或[面积(A)/尺寸(D)/旋转(R)]：420,297 ↙

命令：REC ↙（绘制带装订边的内边框）

指定第一个角点或[倒角(C)/标高(E)/圆角(F)/厚度(T)/宽度(W)]：W ↙（设置线宽）

指定矩形的线宽＜0.0000＞:0.7↙

指定第一个角点或[倒角(C)/标高(E)/圆角(F)/厚度(T)/宽度(W)]:25,5↙

指定另一个角点或[面积(A)/尺寸(D)/旋转(R)]:395,292↙

(6) 保存样板图　选择“文件”→“另存为”菜单命令，弹出如图 6-70 所示的“图形另存为”对话框，在“文件类型”下拉文本框中，选择“AutoCAD 图形（*.dwt）”，文件位置自动转到 Template 子目录下，输入文件名“HA3”，单击“保存”按钮，完成样板图建立。

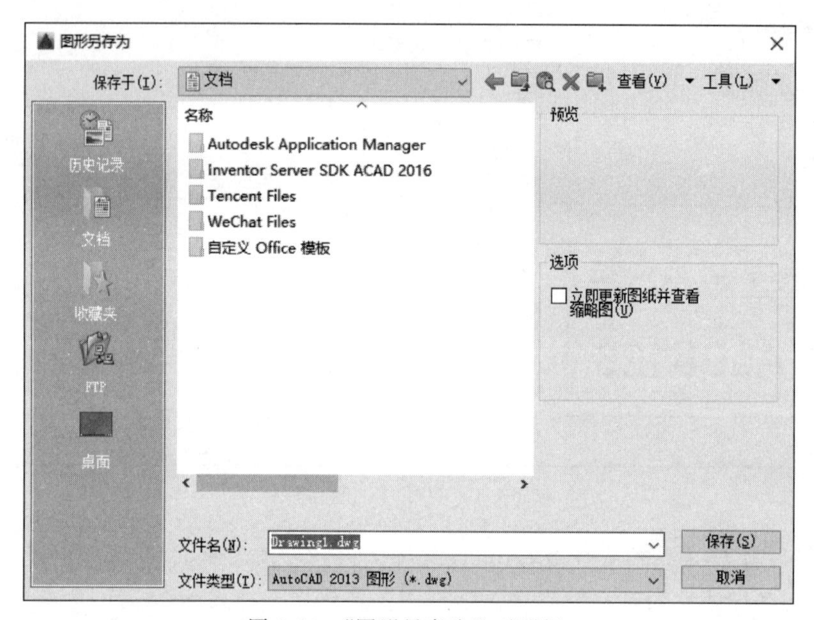

图 6-70 “图形另存为”对话框

第7章　化工图样绘制方法与实例

7.1　概　　述

随着CAD技术的迅速发展，将CAD技术应用在化工设计领域，为化工设计行业培养中高级CAD技术应用人才，依然是高等工科院校的重要内容之一。利用CAD软件进行化工图样的绘制是CAD技术应用在化工设计领域的重要组成部分。

7.2　工艺流程图的绘制方法及实例

7.2.1　概述

工艺流程设计的各个阶段设计成果都是用各种工艺流程图和表格表达出来的，工程图以形象的图形、符号、代号，表示出工艺过程。按照设计阶段的不同，有方框流程图、工艺流程草（简）图、工艺物料流程图、带控制点工艺流程图和管道仪表流程图等种类。方框流程图是在工艺路线选定后，工艺流程进行概念性设计时完成的一种流程图，不编入设计文件；工艺流程草（简）图是一个半图解式的工艺流程图，它实际上是方框流程图的一种变体或深入，只带有示意的性质，供化工计算时使用，也不列入设计文件；工艺物料流程图和带控制点工艺流程图列入初步设计阶段的设计文件中；管道仪表流程图列入施工图设计阶段的设计文件中。本节通过实例介绍流程图绘制方法和技巧。

7.2.2　工艺流程图的绘制方法与技巧

（1）开始新图作业　输入命令New，或选择“文件\新建…”菜单命令，弹出图7-1所示的“创建新图形”对话框。选择“Acadsio.dwt”样板。单击“确定”按钮，开始新图作业。

（2）创建新图层，并设置其颜色、线型、线宽等　输入命令Layer，或点击图标或选择“格式\图层”菜单命令，弹出如图7-2所示的“图层特性管理器”对话框，单击“新建”按钮，创建以下新图层。

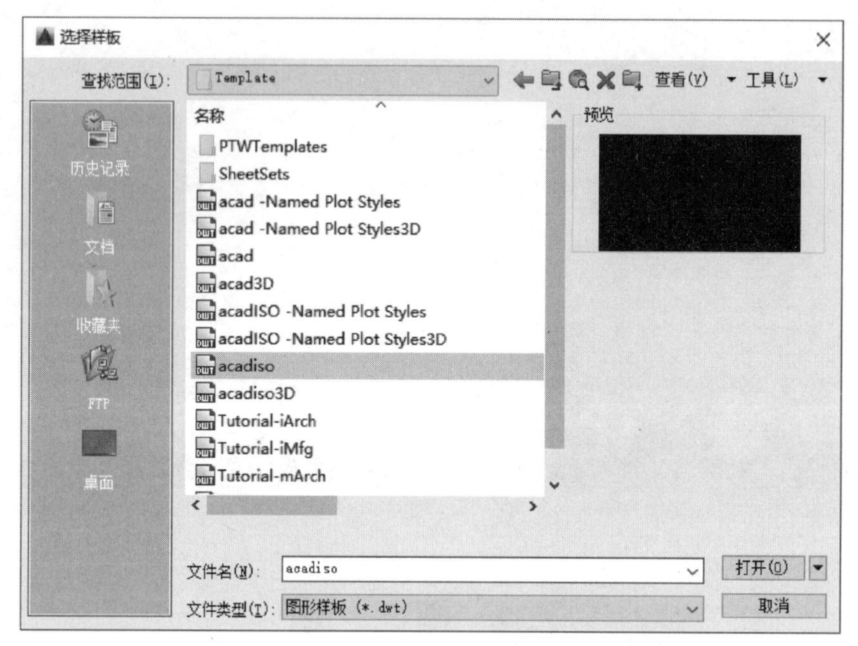

图 7-1 “创建新图形”对话框

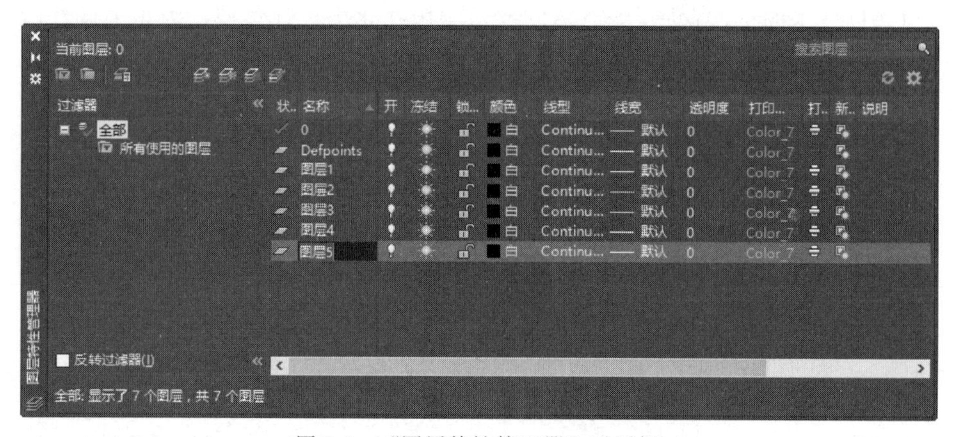

图 7-2 “图层特性管理器”对话框

“设备”层，白色，线型 Continuous，默认线宽；“流程线”层，绿色，线型 Continuous，线宽为 0.5；“图表”层，青色，线型 Continuous，默认线宽；“管道”层，棕色，线型 Continuous，默认线宽；“中心线”层，红色，线型 Center，默认线宽；“虚线”层，白色，线型 Dashed，默认线宽；“标注”层，洋红色，线型 Continuous，默认线宽。

(3) 设置文字样式　输入命令 ST，或选择“格式 \ 文字样式…”菜单命令，弹出如图 7-3 所示的“文字样式”对话框。在该对话框中，新建文本样式 ST，字体为宋体，宽度比例为 0.8；文字样式 XW，字体为 Times new roman，宽度比例为 0.8。

(4) 绘制写有文字的方框　打开“细线”层，颜色、线型、线宽随层。

用矩形命令绘制方框。

命令：REC↙

指定第一个角点或[倒角(C)/标高(E)/圆角(F)/厚度(T)/宽度(W)]：(指定方框左上角点)

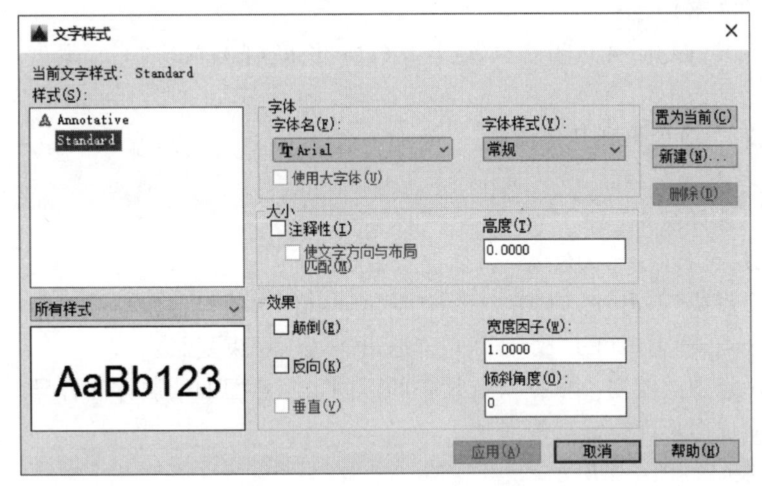

图 7-3 “文字样式”对话框

指定另一个角点或[尺寸(D)]：(指定方框右下角点)，根据框中文字，用鼠标拖曳确定

打开“文本”层，颜色、线型、线宽随层。

用“多行文字”命令，输入方框中文字，并使之居中对齐。

命令：MT ↙

当前文字样式：Standard

当前文字高度：2.5

指定第一角点：(捕捉方框左上角点)

指定对角点或[高度(H)/对正(J)/行距(L)/旋转(R)/样式(S)/宽度(W)]：J ↙(设置对齐方式)

输入对正方式[左上(TL)/中上(TC)/右上(TR)/左中(ML)/正中(MC)/右中(MR)/左下(BL)/中下(BC)/右下(BR)]＜左上(TL)＞：MC ↙(正中对齐)

指定对角点或[高度(H)/对正(J)/行距(L)/旋转(R)/样式(S)/宽度(W)]：H ↙(设置字体高度)

指定高度＜2.5＞：3.5 ↙(根据需要设置字高，本例设为 3.5)

指定对角点或[高度(H)/对正(J)/行距(L)/旋转(R)/样式(S)/宽度(W)]：(方框右下角点)

弹出的多行文字编辑器，输入文字，单击“确定”按钮即可；在该编辑器中也可以选择样式、字体或进行其他属性设置。

(5) 绘制流程线及箭头　打开“粗线”层，颜色、线型、线宽随层。

① 打开正交模式，用“直线”命令绘制各流程线。

② 用“多段线”命令绘制箭头。

命令：PL ↙

指定起点：(指定箭头的左端点)

指定下一个点或[圆弧(A)/半宽(H)/长度(L)/放弃(U)/宽度(W)]：W ↙

指定起点宽度＜0.0000＞：0.5(指定箭头大端宽度，一般为线宽的 2 倍)

指定端点宽度＜0.5000＞：0 ↙

指定下一个点或[圆弧(A)/半宽(H)/长度(L)/放弃(U)/宽度(W)]：(指定箭头长度，一

般为箭头大端的 6 倍）

指定下一点或[圆弧(A)/闭合(C)/半宽(H)/长度(L)/放弃(U)/宽度(W)]：↙（结束命令）

③ 用“复制”命令得到其他箭头。

命令：CO ↙

选择对象：(选择箭头)

指定基点或[位移(D)]<位移>：(捕捉箭头小端)

指定第二个点或[退出(E)/放弃(U)]<退出>：(依次捕捉各流程线端点)

指定第二个点或[退出(E)/放弃(U)]<退出>：↙(结束复制)

(6) 设备示意图的绘制　根据所选设备的不同，示意图的绘制方法各异，可将常用的设备简图或符号做成图形库，需要时调用。

① 泵的绘制，如图 7-4 所示。

命令：C ↙(绘制圆 1)

指定圆的圆心或[三点(3P)/两点(2P)/相切、相切、半径(T)]：(左键指定圆心)

指定圆的半径或[直径(D)]：3 ↙(设圆半径为 3)

命令：L ↙(绘制直线部分)

指定第一点：(捕捉圆左象限点)

指定下一点或[放弃(U)]：@0,4 ↙

指定下一点或[放弃(U)]：@2,0 ↙

指定下一点或[闭合(C)/放弃(U)]：(打开极轴追踪，捕捉极轴与圆的交点)

指定下一点或[闭合(C)/放弃(U)]：↙(结束)

命令：SCL ↙(放大水平直线)

选择对象：(选择水平直线)↙

指定基点：(捕捉水平直线中点)↙

指定比例因子或[复制(C)/参照(R)]：2 ↙

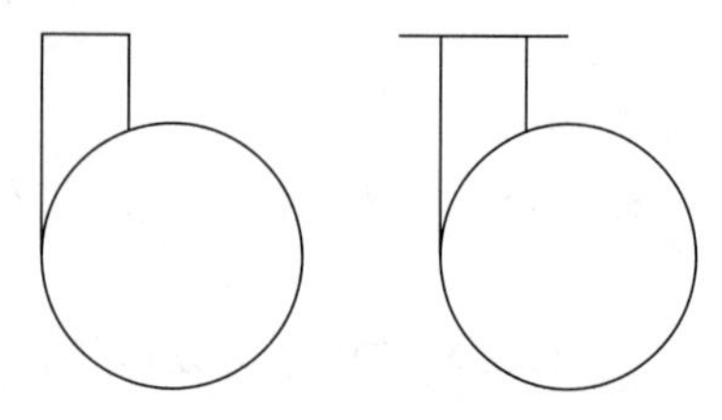

图 7-4　泵的绘制

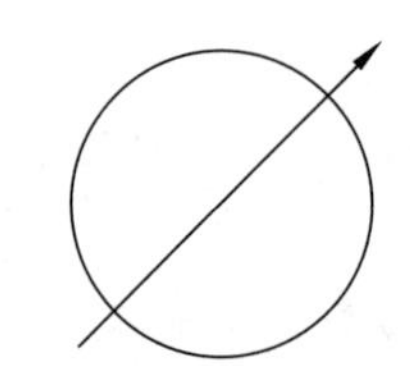

图 7-5　热交换器的绘制

② 热交换器的绘制，如图 7-5 所示。

命令：C ↙(绘制圆 1)

指定圆的圆心或[三点(3P)/两点(2P)/相切、相切、半径(T)]：(左键指定圆心)

指定圆的半径或[直径(D)]：3 ↙(设圆半径为 3)

命令：PL ↙(绘制直线)

指定起点：(圆附近任意点左键)

当前线宽为 0.0000

指定下一个点或[圆弧(A)/半宽(H)/长度(L)/放弃(U)/宽度(W)]：@8<45(直线部分

长度）

指定下一点或[圆弧(A)/闭合(C)/半宽(H)/长度(L)/放弃(U)/宽度(W)]：W（设置箭头）

指定起点宽度＜0.0000＞：0.5↙

指定端点宽度＜0.7000＞：0↙

指定下一点或[圆弧(A)/闭合(C)/半宽(H)/长度(L)/放弃(U)/宽度(W)]：L↙（沿直线方向画箭头）

指定直线的长度：2↙（指定箭头大小）

指定下一点或[圆弧(A)/闭合(C)/半宽(H)/长度(L)/放弃(U)/宽度(W)]：↙（退出）

命令：M↙（移动直线和箭头）

选择对象：（选择直线和箭头）↙

指定基点或[位移(D)]＜位移＞：（捕捉直线部分中点）

指定第二个点或＜使用第一个点作为位移＞：（捕捉圆心点）

③ 阀门的绘制，如图 7-6 所示。

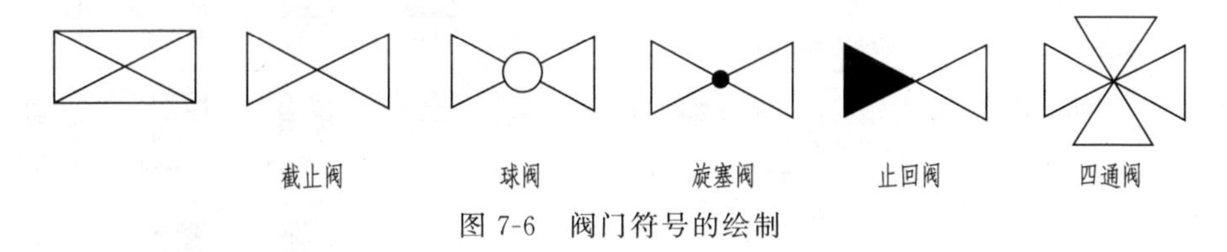

图 7-6　阀门符号的绘制

命令：REG↙（绘制矩形）

指定第一个角点或[倒角(C)/标高(E)/圆角(F)/厚度(T)/宽度(W)]：（指定左上角点）

另一个角点或[尺寸(D)]：（指定右下角点）

命令：L↙（绘制对角线）

指定第一点：（捕捉矩形左上角点）

指定下一点或[放弃(U)]：（捕捉对角点）↙

命令：L↙（绘制对角线）

指定第一点：（捕捉矩形左下角点）

指定下一点或[放弃(U)]：（捕捉对角点）↙

命令：TR↙（修剪多余线段）

当前设置：投影＝UCS，边＝无

选择剪切边…

选择对象或＜全部选择＞：（选择矩形）↙

选择要修剪的对象，或按住“Shift”键选择要延伸的对象：（选择矩形上、下边）↙

对于球阀用“圆”命令绘制。

对于中心处有圆的球阀，用“C（圆）”命令，以中心交点为圆心，绘制出圆，再用“TR（修剪）”命令，以圆为修剪边界，修剪掉多余线段。

对于中心处有圆点的旋塞阀如下。

命令：DO↙（实心圆环）

指定圆环的内径＜0.0000＞：0↙

指定圆环的外径＜0.5000＞：1↙（圆点半径）

指定圆环的中心点或＜退出＞:(捕捉阀门中心交点)

指定圆环的中心点或＜退出＞:↙

对于有填充面的止回阀，输入命令“H（图案填充）”，弹出如图7-7所示的“图案填充”对话框，单击“图案”右侧按钮[...]，弹出如图7-8所示的“填充图案选项板”对话框，在其他预定义选项卡中选择“SOLID”图样；单击“添加拾取点”按钮，在要填充的区域内单击左键，回车返回对话框，预览合适“确定”。

对于四通阀，用阵列或镜像命令复制即可。

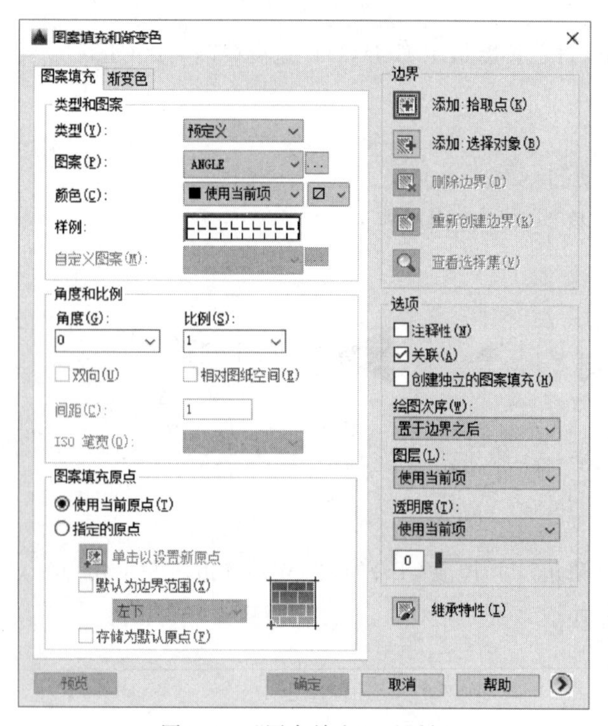

图7-7 “图案填充”对话框

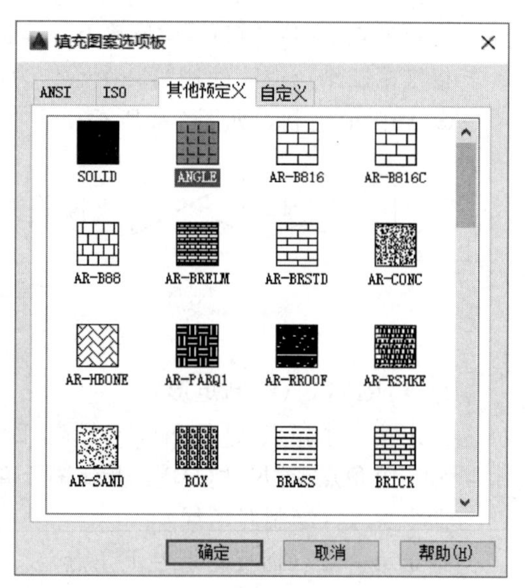

图7-8 “填充图案选项板”对话框

（7）物料表的绘制

① 创建表格样式。表格的外观主要由表格样式控制。创建表格时，可以指定标题、表头和数据的格式。

选择“格式”/“表格样式”菜单命令，或者在命令行输入“TS”，打开如图7-9所示的“表格样式”对话框。单击“新建”，打开“创建新的表格样式”对话框，在“新样式名”文本框中输入样式名称，例如“WLB”，然后在“基础样式”下拉列表框中选择一个表格样式为新的表格样式，如图7-10所示，单击“继续”按钮，打开“新建表格样式：WLB”对话框，如图7-11所示。

在“数据”选项卡中通过“基本”选项组，设置“向下”创建由上而下读取的表格；通过“单元特性”选项组，设置“文字高度”为3.5；“对齐”为“中上”；“格式”为“文字”，其余为缺省值。

在“标题”选项卡“单元特性”选项组中，取消选中“包含标题”复选框。因本例表格没有标题。

完成其他选项卡的表格样式定义操作后，单击“确定”按钮退出对话框，返回到“表格样式”对话框中即可预览新建的表格样式，单击“置为当前”并“关闭”退出。

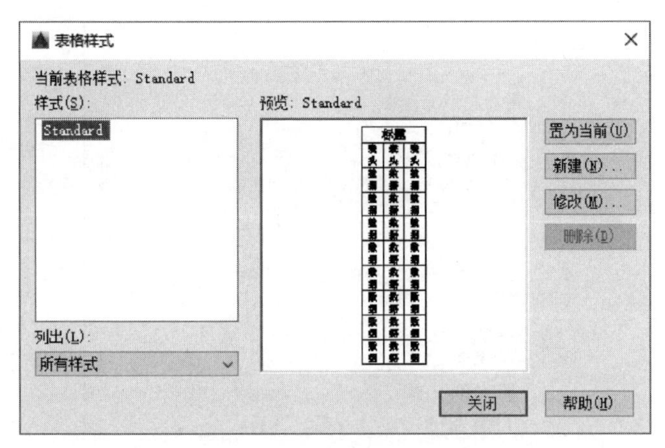

图 7-9　“表格样式”对话框

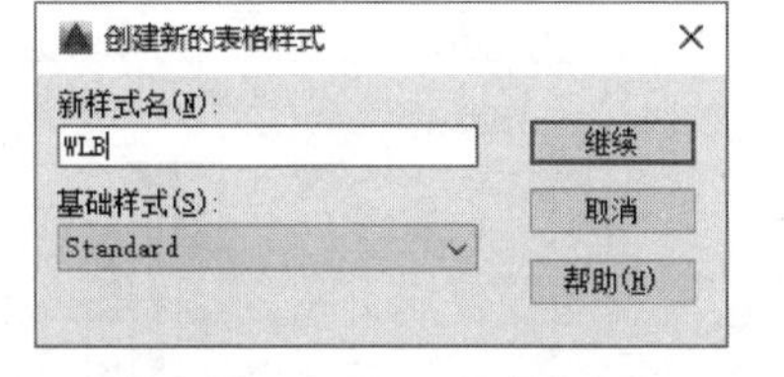

图 7-10　“创建新的表格样式”对话框

② 创建物料表。选择“绘图”/“表格”菜单命令，或者在“绘图”工具栏中单击“表格”按钮，打开如图 7-12 所示的“插入表格”对话框。在“表格样式名称”下拉列表框中选择 WLB 表格样式。在“插入方式”选项组中选中“指定插入点”，在“行和列设置”选项组中指定“列”数为 6、“数据行”数为 6、“列宽”为 20、“行高”为 1，单击“确定”按钮，用鼠标拖动指定插入点，即可出现如图 7-13 所示的结果，并提示用户输入表格内容。

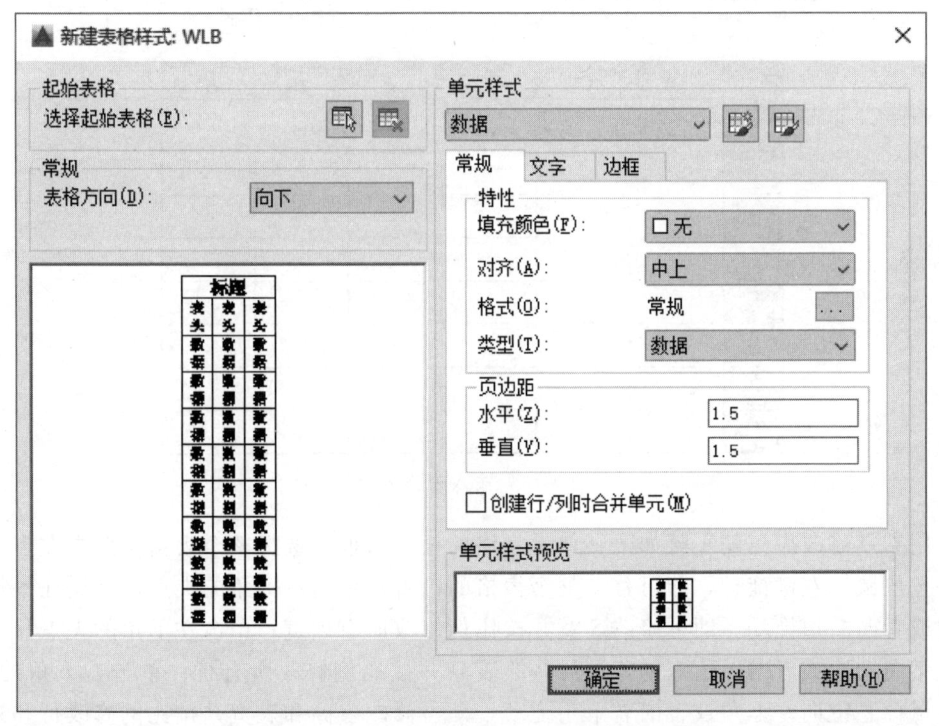

图 7-11　“新建表格样式：WLB”对话框

③ 编辑表格。表格创建完成后，用户可以单击表格上的任意网格线以选中该表格，然后通过使用“特性”选项板或夹点来修改该表格。

修改表格的高度或宽度时，行或列将按比例变化。修改列的宽度时，表格将加宽或变窄以适应列的变化。

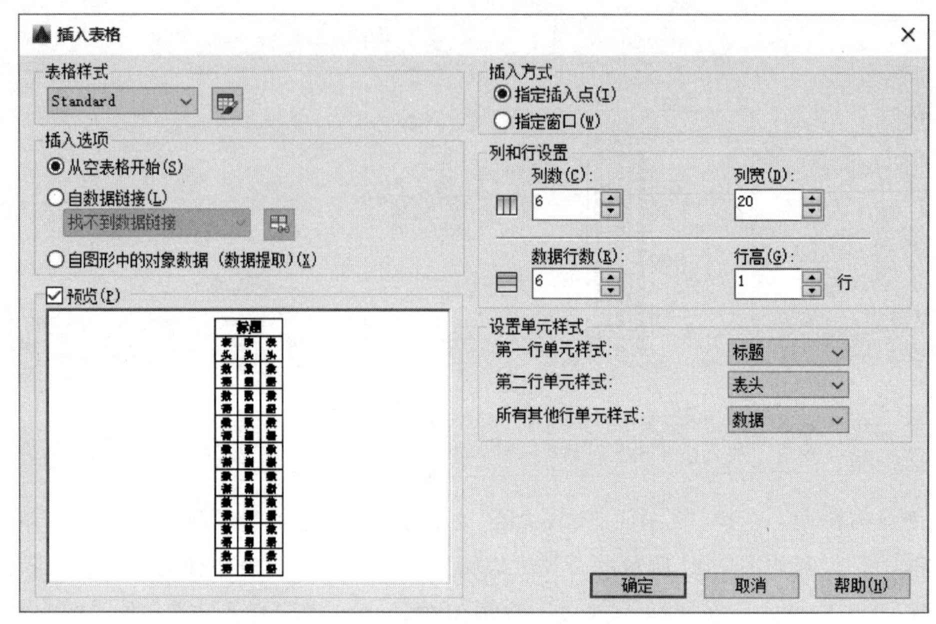

图 7-12　“插入表格”对话框

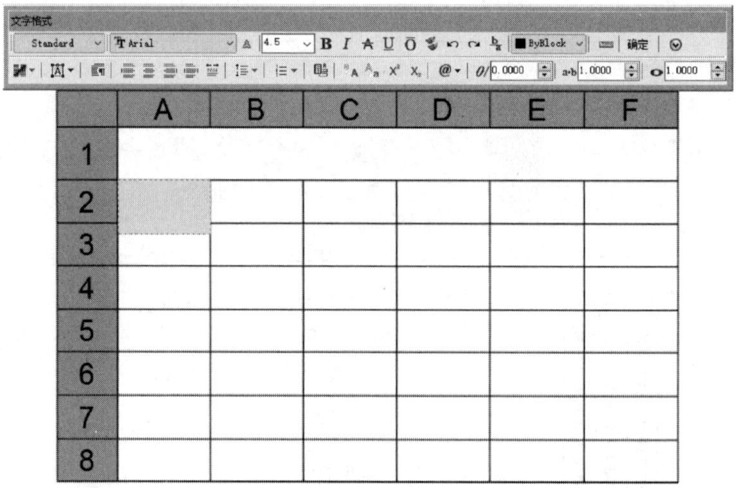

	A	B	C	D	E	F
1						
2						
3						
4						
5						
6						
7						
8						

图 7-13　输入表格内容

使用夹点修改表格的步骤如下：单击表格的任一边框，选择整个表格；单击左上角的夹点，并按住鼠标左键拖动，即可移动整个表格的位置；单击右上角的夹点，并按往鼠标左键向左边或者向右边拖动，即可修改表宽并按比例修改所有列宽；单击左下角的夹点，并按往鼠标左键向上边或者向下边拖动，即可修改表高并按比例修改所有行；单击右下角的夹点，并按往鼠标左键向左上角或者向右下角拖动，即可修改表高和表宽并按比例修改行和列。

④ 编辑单元格。选中单元格后，拖动单元格上的夹点可以改变单元格及其列或行的大小。选中单个或者多个单元后，在其上右击，即可打开快捷菜单；用户可以利用各个命令进行删除、合并单元格与插入、删除行和列等操作。

标题栏也可以用类似的方法绘制。

(8) 设备（位号、名称及特性数据）标注　用引线标注和文字标注。

命令：LE↙(引线标注)

指定第一个引线点或[设置(S)]＜设置＞：S↙

弹出图7-14所示“引线设置”对话框，在“引线和箭头”选项卡中通过“箭头”选项组，设置“无”创建无箭头引线；在“附着”选项卡中选中“最后一行加下划线”复选框。单击“确定”按钮返回。

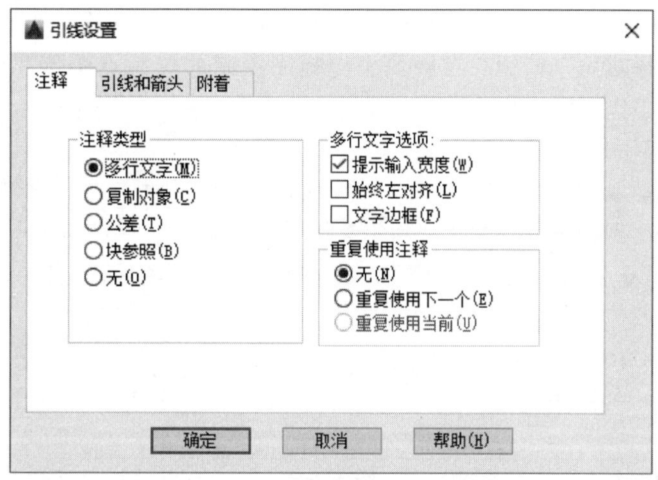

图7-14　“引线设置”对话框

指定第一个引线点或[设置(S)]＜设置＞：(指定引线起点)

指定下一点：(指定引线起点)↙

指定文字宽度＜0＞：↙

输入注释文字的第一行＜多行文字(M)＞：(输入横线上方的内容)↙(结束)

再用文字标注命令标注横线下方文字。

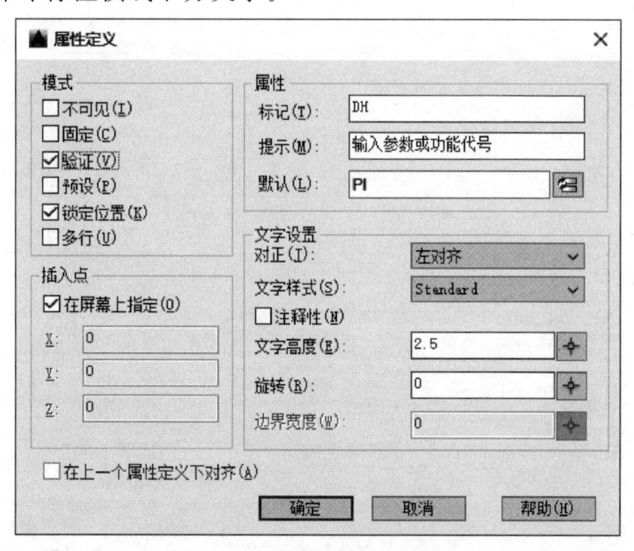

图7-15　“属性定义”对话框

(9) 控制点的标注　用带属性的块标注：用“C (圆)”命令和“L (直线)”命令绘制控制点图形符号；用“ATT (定义属性)”命令定义属性“参量或功能代号”和“仪表位号”，输入命令后，弹出图7-15所示“属性定义”对话框，在“模式”选项组中，选择“验证”；在“属性”选项组中，输入“标记”“提示”“初始值”；在“文字选项”选项组中，设置文字样式、对齐方式、转角等。单击“确定”按钮在圆中指定文字插入点，结果如图 7-16 所示。

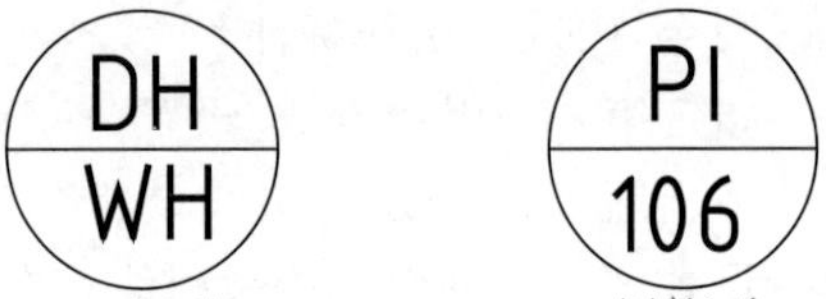

DH WH

(a) 定义前

PI 106

(b) 插入后

图 7-16 带属性的块

输入“B（块定义）”命令，弹出如图 7-17 所示的“块定义”对话框。在“名称”文本框中填入块名“KZD”；单击“选择对象”按钮，在屏幕中选择刚绘制的控制点图形和树形；单击“拾取点”按钮，选择圆心作为图块插入基点。单击“确定”按钮。

命令：I↙（插入块）

执行该命令后，弹出如图 7-18 所示的“插入”对话框。在“名称”文本框中选择“beng”，选择合适比例和角度，单击“确定”按钮，在屏幕上指定插入点。继续提示：

指定插入点或[基点(B)/比例(S)/X/Y/Z/旋转(R)]：(指定插入点)

输入属性值

输入仪表位号＜103＞：106↙

输入功能代号＜PI＞：PI↙

验证属性值

图 7-17 “块定义”对话框

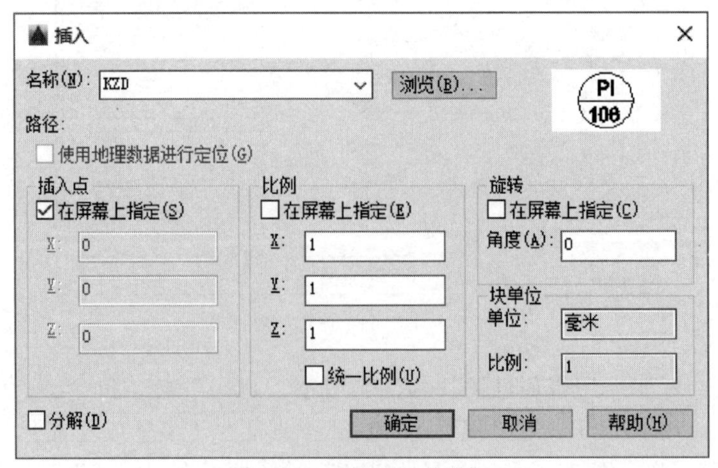

图 7-18 “插入”对话框

输入仪表位号<106>：

输入功能代号<PI>：

（10）文字说明标注　打开“文本”层，用“多行文字”命令，输入文字，对齐方式根据具体情况可选择默认的左对齐或中间对齐。图中竖写的文字，在提示“指定对角点或［高度(H)/对正(J)/行距(L)/旋转(R)/样式(S)/宽度(W)］”时，输入“R”响应“旋转（R）”项，并输入“90”，使文字行旋转90°。

7.3　常用化工机械零件图形的绘制方法及实例

7.3.1　概述

化工设备零件是化工设备的主要组成部分，通过化工设备零件的绘制，为化工设备的绘制打下基础。化工设备的零件非常多，其绘制方法各不相同，本节主要介绍法兰、封头、接管、支座、手孔、人孔等通用性较强的零件绘制方法。这些零件常有各种标准，其主要尺寸在标准中都可以查到，如果在化工设备中选用这些标准零件，那么在设备图中一般无须绘制其详细结构图，只要在零件说明表中说明其标准即可，但必须在装配图中标注其安装尺寸。

7.3.2　封头的绘制

化工设备中常用的封头形式有半球形、椭圆形、碟形和锥形等种类。

（1）半球形封头　半球形封头由半个球壳组成，如图7-19所示。对于直径较小、厚度较薄的半球形封头可以采用整体热压成形加工技术，对于大直径的半球形封头则采用分瓣冲压后焊接组合的加工技术。半球形封头结构较简单，且受力较均匀。其绘图的关键尺寸只有两个：半球形封头的内直径 D（或半径 R），封头的厚度 S。具体绘制过程如下。

① 输入命令New，选择“Acadsio.dwt”样板。开始新图作业。

② 输入命令Layer，在“图层特性管理器”对话框设置创建新图层：“细实线”层，白色，线型Continuous，默认线宽；“粗实线”层，绿色，线型Continuous，线宽为0.5；“中心线”层，红色，线型Center，默认线宽；“标注”层，黄色，线型Continuous，默认线宽。

③ 绘制垂直中心线，打开“中心线”层，颜色、线型、线宽随层。用“直线”命令绘制中心线。

命令：L↙

指定第一点：(在适当的位置左键)

指定下一点或[放弃(U)]：@0,250↙(根据封头半径确定中心线长度)

指定下一点或[放弃(U)]：↙(退出)

④ 绘制轮廓线（设定封头内径为400mm，厚度为10mm），打开“粗实线”层，颜色、线型、线宽随层。用“圆弧”命令绘制内轮廓线。

命令：A↙

ARC 指定圆弧的起点或[圆心(C)]：C↙

指定圆弧的圆心(捕捉中心线上最近点)

指定圆弧的起点：@200,0↙(假定封头内径为400)

指定圆弧的端点或[角度(A)/弦长(L)]:@－200,0 ↙

用“平移复制”命令绘制外轮廓线。

命令:O ↙

当前设置:删除源＝否,图层＝源,OFFSETGAPTYPE＝0

指定偏移距离或[通过(T)/删除(E)/图层(L)]<通过>:10 ↙

选择要偏移的对象,或[退出(E)/放弃(U)]<退出>:(选择内轮廓线)

指定要偏移的那一侧上的点,或[退出(E)/多个(M)/放弃(U)]<退出>:↙(在内轮廓线外部左键)

选择要偏移的对象,或[退出(E)/放弃(U)]<退出>:(选择内轮廓线)↙

⑤ 填充剖面线和尺寸标注输入命令“H (图案填充)”,在“图案填充”对话框中,单击图案右侧的按钮[...],在“填充图案选项板”对话框“ANSI”中,选择“ANSI3”图样;单击“添加拾取点”按钮,在要填充的区域内单击左键,回车返回对话框,预览合适“确定”。

单击“线性”图标[⊢⊣],标注封头内径。

命令:_dimlinear

指定第一条尺寸界线原点或<选择对象>:(捕捉内轮廓线左下端点)

指定第二条尺寸界线原点:(捕捉内轮廓线右下端点)

指定尺寸线位置或[多行文字(M)/文字(T)/角度(A)/水平(H)/垂直(V)/旋转(R)]:T(输入尺寸文字)

输入标注文字<536.95>:D400 ↙

指定尺寸线位置或[多行文字(M)/文字(T)/角度(A)/水平(H)/垂直(V)/旋转(R)]:(鼠标拖动,左键)

同理标注封头厚度。

(2) 椭圆形封头　椭圆形封头是化工设备中较常用的封头,一般用于换热器、反应器等设备上。椭圆形封头和球形相比多了直边段,对于较小的椭圆形封头既可热压成形也可铸造加工。

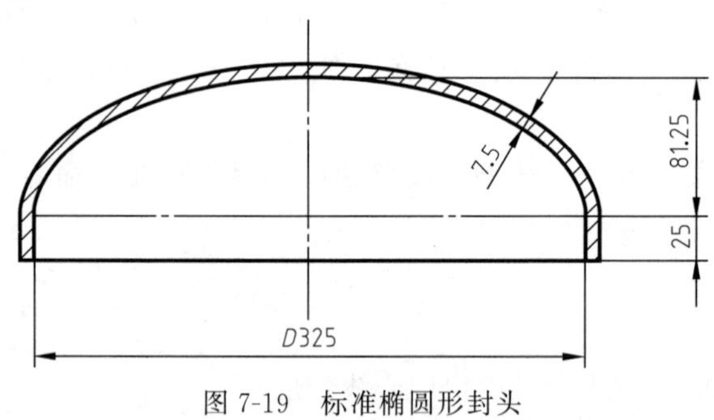

图 7-19　标准椭圆形封头

椭圆形封头的关键尺寸为内轮廓线的长轴 D、短轴 $2h$ (一般已知封头高度 h)、直边高度 h_1 及厚度 S。下面以图 7-19 所示的标准椭圆形封头为例,说明椭圆形封头的绘制过程。本例中:$D=325$mm,$h=81.25$mm,$h_1=25$mm,$S=7.5$mm。

① 开始新图作业,创建必要的图层(参考前例)。

② 绘制中心线,打开“中心线”层,用“直线”“移动”命令绘制中心线。

命令:L ↙(绘制垂直中心线)

指定第一点:(在适当的位置左键)

指定下一点或[放弃(U)]:@0,130 ↙(根据封头半径确定垂直中心线长度)

指定下一点或[放弃(U)]:↙(退出)

命令:L ↙(绘制水平中心线)

指定第一点：(在适当的位置左键)

指定下一点或[放弃(U)]：@325,0↙(根据封头半径确定水平中心线长度)

指定下一点或[放弃(U)]：↙(退出)

命令：M↙(移动)

选择对象：(选择水平中心线)↙

指定基点或[位移(D)]＜位移＞：(捕捉水平中心线中点)

指定第二个点或＜使用第一个点作为位移＞：(捕捉垂直中心线中点)

③ 绘制轮廓线（设定封头内径为400mm，厚度为10mm），打开“粗实线”层，用“椭圆弧”“直线”命令绘制内轮廓线。

命令：EL↙(绘制椭圆弧)

指定椭圆的轴端点或[圆弧(A)/中心点(C)]：A↙

指定椭圆弧的轴端点或[中心点(C)]：C↙

指定椭圆弧的中心点：(捕捉中心线交点)

指定轴的端点：(捕捉水平中心线右端点)

指定另一条半轴长度或[旋转(R)]：81.25

指定起始角度或[参数(P)]：0↙

指定终止角度或[参数(P)/包含角度(I)]：180↙

命令：L↙(绘制左直边线段)

指定第一点：(椭圆弧左端点)

指定下一点或[放弃(U)]：@0,－25↙

指定下一点或[放弃(U)]：↙(退出)

命令：L↙(绘制右直边线段)

指定第一点：(椭圆弧右端点)

指定下一点或[放弃(U)]：@0,－25↙

指定下一点或[放弃(U)]：↙(退出)

用“平移复制”命令绘制外轮廓线。

命令：O↙

当前设置：删除源＝否，图层＝源，OFFSETGAPTYPE＝0

指定偏移距离或[通过(T)/删除(E)/图层(L)]＜通过＞：7.5↙

选择要偏移的对象，或[退出(E)/放弃(U)]＜退出＞：(选择椭圆弧)

指定要偏移的那一侧上的点，或[退出(E)/多个(M)/放弃(U)]＜退出＞：↙(在椭圆弧外部左键)

选择要偏移的对象，或[退出(E)/放弃(U)]＜退出＞：(选择左直边线)

指定要偏移的那一侧上的点，或[退出(E)/多个(M)/放弃(U)]＜退出＞：↙(在左直边线外部左键)

选择要偏移的对象，或[退出(E)/放弃(U)]＜退出＞：(选择右直边线)

指定要偏移的那一侧上的点，或[退出(E)/多个(M)/放弃(U)]＜退出＞：↙(在右直边线外部左键)

选择要偏移的对象，或[退出(E)/放弃(U)]＜退出＞：(选择内轮廓线)

参考半球形封头绘制实例填充剖面线、标注尺寸。

(3) 碟形封头　如图 7-20 所示，碟形封头由三部分组成：半径为 R 的部分球面 CC'；半径为 r 的过渡圆弧 bc 和 $b'c'$；高度为 h 的直边 ab 和 $a'b'$。

下面通过实例说明封头绘制的要点。设：$D=1000$mm，$S=10$mm，$R=1000$mm，$r=150$mm，$h_1=226$mm，$h=40$mm。

要画出图示碟形封头，必须确定两个过渡圆弧的圆心及球壳大圆弧的圆心，如果能确定该三圆的圆心，再根据图中提供的数据关系式，就能方便地绘出碟形封头。

在“中心线”层，用“直线”命令绘制十字中心线 1；用“平行复制”命令指定偏移距离为 350(500－150)，复制两条垂直中心线 1、2，以确定圆弧 r 的圆心。

在“粗实线”层，用“圆”命令，指定圆心、半径绘制两个半径为 r 的圆；再用“圆”命令绘制半径为 R 的圆，如图 7-21 所示。

命令：C ↙

指定圆的圆心或[三点(3P)/两点(2P)/相切、相切、半径(T)]：T ↙

指定对象与圆的第一个切点：(捕捉左边圆的左上方)

指定对象与圆的第二个切点：(捕捉右边圆的右上方)

指定圆的半径<55.2242>：1000 ↙

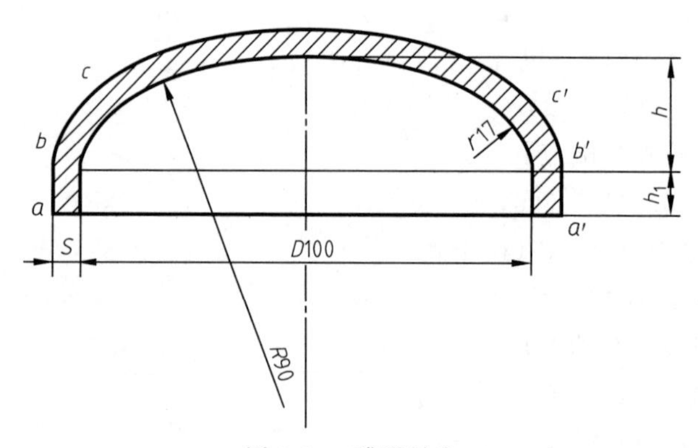

图 7-20　碟形封头

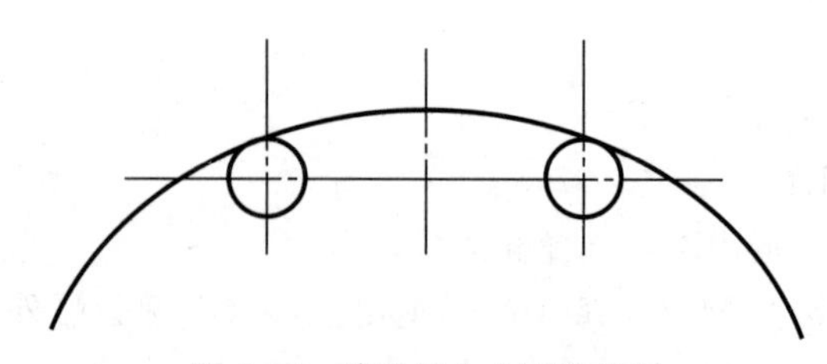

图 7-21　碟形封头大圆的绘制

再用“直线”命令绘制其余部分；用“修剪”命令修剪掉多余线段；用“偏移复制”命令复制出外轮廓线，填充剖面线、标注尺寸即可。

(4) 锥形封头的绘制　锥形封头常用于立式容器的底部，以便卸除物料，它一般直接与容器筒体焊接。封头可分为两种结构：不带折边的锥形封头（图 7-22）和带折边的锥形封头（图 7-23）。不带折边的锥形封头与筒体连接处存在较大的边界应力，有时需要将连接处的筒体和封头加厚。

不带折边的锥形封头关键尺寸包括封头大端内径 D、封头的小端内径 d、封头的厚度 S 及封头的半锥角 α。

带折边的锥形封头关键尺寸包括封头大端内径 D、封头的小端内径 d、封头的厚度 S、封头的半锥角 α、封头的过渡圆半径 r 及封头的直边高度 h_1。

下面以图 7-24 所示的带折边的锥形封头为例，说明其绘制的要点。

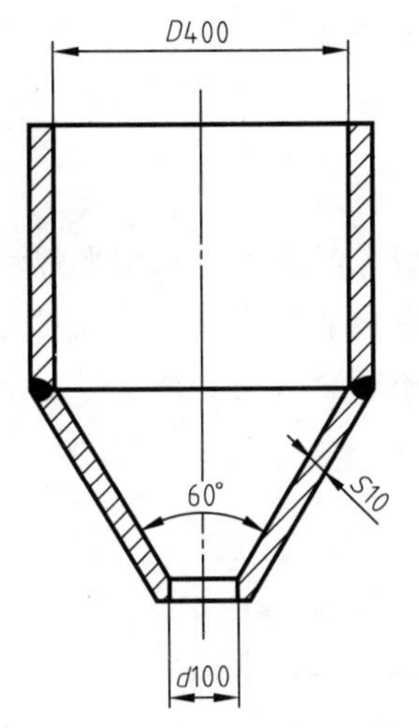

图 7-22 不带折边的锥形封头

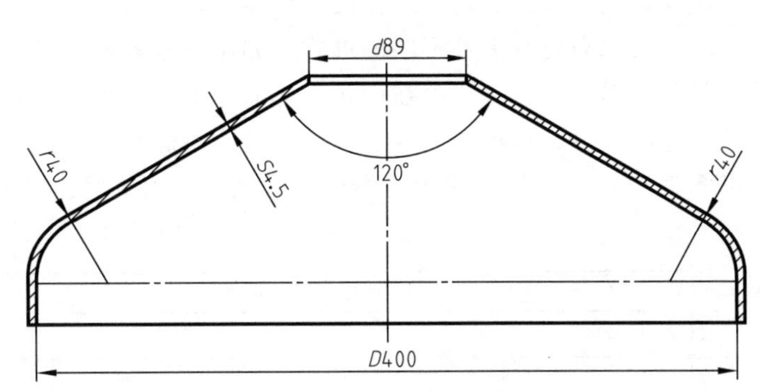

图 7-23 带折边的锥形封头

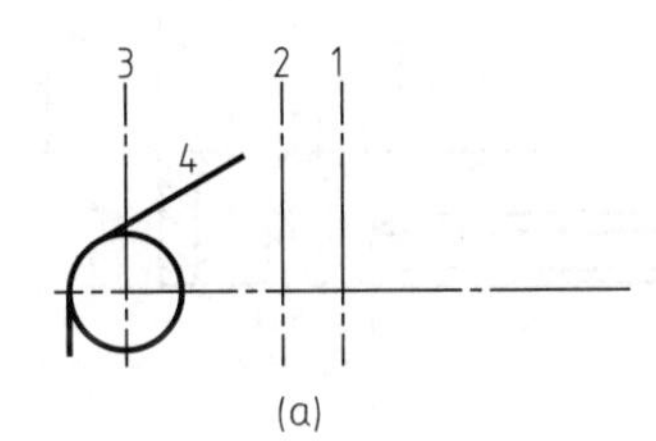

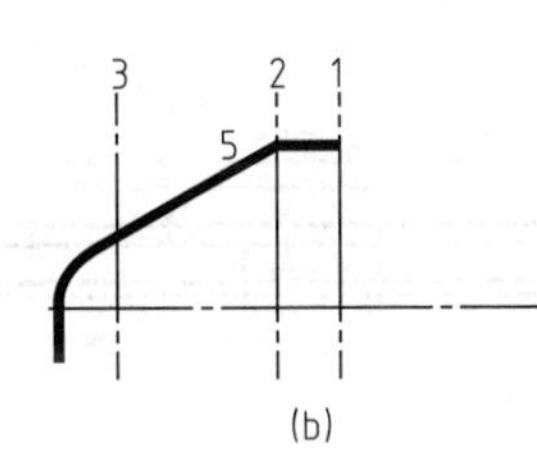

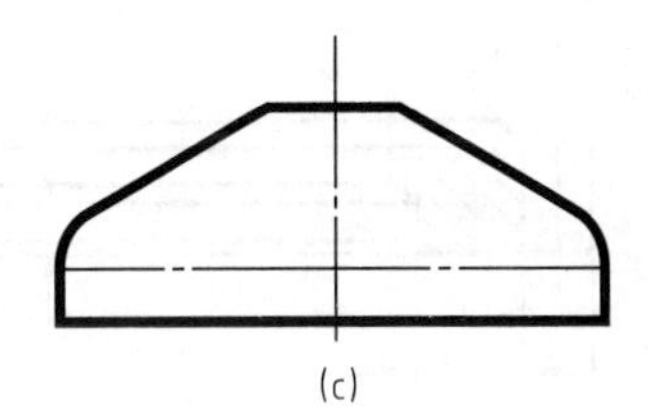

图 7-24 锥形封头绘制过程

用前述方法绘制中心线并偏移复制出小端内径线 2 和过渡圆弧的中心位置线 3，如图 7-24（a）所示。

用“圆”命令绘制出左边小圆，用“直线”命令绘制出线段 4 和左端直线。

命令:L↙(绘制直线 4)

命令:L↙(绘制左端直线)

指定第一点:(捕捉圆的左上切点)

指定下一点或[放弃(U)]:@80＜30(长度不重要,角度一定要准确)

指定下一点或[放弃(U)]:↙

用“修剪”命令修剪圆多余部分;用“偏移复制”命令复制出外轮廓线。

命令:EX↙(延伸线段 4、5)

当前设置:投影＝UCS,边＝无

选择边界的边…

选择对象或＜全部选择＞:(选择中心线 1)↙

选择要延伸的对象,或按住“Shift”键选择要修剪的对象:(分别选择直线 4、5)↙

分别过直线 4、5 与 1 的交点绘制水平直线，如图 7-24（b）所示。

命令:MI↙(镜像复制图形右半部)

选择对象:(用 W 窗口选择封头轮廓线)↙

指定镜像线的第一点:(捕捉中心线 1 端点)

指定镜像线的第二点:(打开正交,在垂直方向左键)

要删除源对象吗?[是(Y)/否(N)]＜N＞:N↙(不删除原对象)

结果如图 7-24（c）所示，再填充剖面线、标注尺寸即可。

7.3.3 法兰的绘制

法兰是化工设备和管道连接的常用零件。

法兰根据需要有多种不同的形式，如压力容器的法兰可分为甲型平焊法兰、乙型平焊法兰、长颈对焊法兰。管法兰在原化工部的标准中有板式平焊法兰、带颈平焊法兰、带颈对焊法兰、整体法兰、承接焊法兰、螺纹法兰、对焊环松套法兰、平焊环松套法兰 8 种型号。下面以图 7-25 所示的甲型平焊容器法兰为例，说明法兰绘制方法。

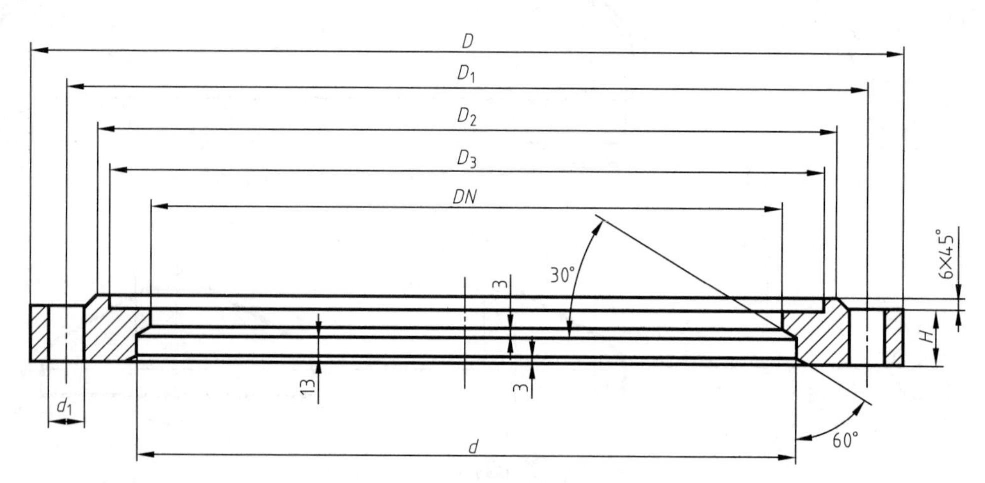

图 7-25　甲型平焊容器法兰

图 7-26 所示为采用凹凸密封面的甲型平焊法兰，其中有些尺寸已标上具体数字，表明该类型无论何种规格的法兰在这方面的尺寸都是不变的。而其他以字母表示的尺寸，需要根据具体的规格查表得到。如：$DN=300$mm，$D_3=340$mm，$D_2=350$mm，$D_1=380$mm，$D=415$mm，$d=314$mm，$d_1=18$mm，$H=36$mm。

（1）开始新图形、创建图层、绘制中心线　参考封头的绘制。

（2）绘制轮廓线　如图 7-26（a）所示。

命令：L↙

指定第一点：(捕捉中心线下部最近点)

指定下一点或[放弃(U)]：@207.5,0↙(D/2=207.5)

指定下一点或[放弃(U)]：@207.5,36↙(H=36)

指定下一点或[闭合(C)/放弃(U)]：@−26.5,0↙($D/2-D_2/2-6=26.5$)

指定下一点或[闭合(C)/放弃(U)]：@−6,6↙(45°倒角)

指定下一点或[闭合(C)/放弃(U)]：@−5,0↙($D_2/2-D_3/2=5$)

指定下一点或[闭合(C)/放弃(U)]：@0,−6↙

指定下一点或[闭合(C)/放弃(U)]：@−20,0↙($D_3/2-DN2=20$)

指定下一点或[闭合(C)/放弃(U)]：@0,−23↙(H−13=23)

指定下一点或[闭合(C)/放弃(U)]：@5.2,−3↙(3×tan60=5.2)

指定下一点或[闭合(C)/放弃(U)]：@0,−10↙(13−3=10)

指定下一点或[闭合(C)/放弃(U)]:@3.5,－3↙(3×tan60≈3.5)

指定下一点或[闭合(C)/放弃(U)]:↙(退出)

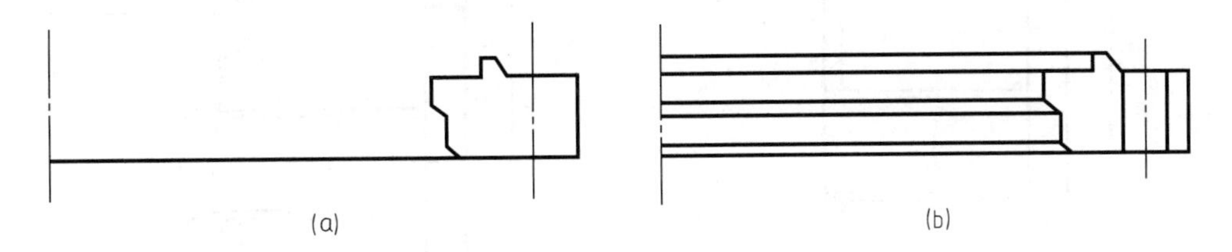

图 7-26　甲型平焊法兰绘制过程

用“偏移复制”命令作螺栓孔辅助线，用“直线”命令捕捉交点或垂足绘制其余直线，如图 7-26 (b) 所示。再镜像复制左半部分图形、填充剖面线、标注尺寸即可。

7.3.4　管道接头的绘制

(1) 接管绘制的基本原则　几乎所有的化工设备都有接管。接管按其用途分，可分为物料的进口管、物料的出口管、排污管及不凝性气体排放管等。有些接管需伸进设备内部，目的是避免物料沿设备内壁流动，减少摩擦及腐蚀；而有些接管则直接焊在设备的壁面上，与设备的内壁面齐平。这些接管的大小、长度及空间位置必须在化工设备图上正确地表达出来。一般在化工设备装配图上，这些接管的大小及长度在明细栏里有详细说明，而接管上所焊接的法兰及其附属的螺栓、垫片等也在明细栏里有说明。对于接管上的法兰可采用简单的表示方法。在设备装配图上需清晰表达的是接管的空间位置，一般需要两个视图。通常采用的是正视图和接管方位图，一般情况下通过这两个视图都可以明确表达接管的空间位置。

(2) 筒体上接管的绘制　筒体上接管的绘制一般有图 7-27 所示的四种情况：筒体全剖，接管部分剖；接管伸进筒体；筒体全剖，接管全剖；筒体不剖，接管部分剖。筒体上接管绘制的关键在于接管的空间位置及接管离筒体外壁的距离，只要接管的空间位置及离筒体外壁的距离准确地表达出来了，采用何种简略画法并不重要，除非有时候对接管在筒体上的焊接或法兰在接管上的焊接有特殊要求时，才需要采用相应的画法。

(3) 封头上接管的绘制　封头上接管的绘制一般有图 7-28 所示的四种情况：封头全剖，接管不剖；封头全剖，接管全剖；封头不剖，接管部分剖；接管伸进封头。封头上接管绘制的关键在于接管的空间位置及接管离封头外壁的距离，只要接管的空间位置及离筒体外壁的距离准确地表达出来了，采用何种简略画法并不重要，除非有时候对接管在封头上的焊接或法兰在接管上的焊接有特殊要求时，才需要采用相应的画法。

(4) 接管绘制实例　接管绘制的关键是要表达清楚接管的空间位置及其长度（即离开安装壁面的距离），至于其他方面的内容可以采用简单绘制方法。下面以图 7-27 (a) 所示的筒体全剖、接管部分剖为例，说明接管的绘制要点。

假设筒体已画好，用“偏移复制”命令，由水平基准线复制接管水平中心线，由接管水平中心线复制接管的内壁线、外壁线，法兰外径、螺栓控制中心线，由筒体的外壁线复制接管法兰两端面，如图 7-29 (a) 所示。

用“样条曲线”绘制断面线。

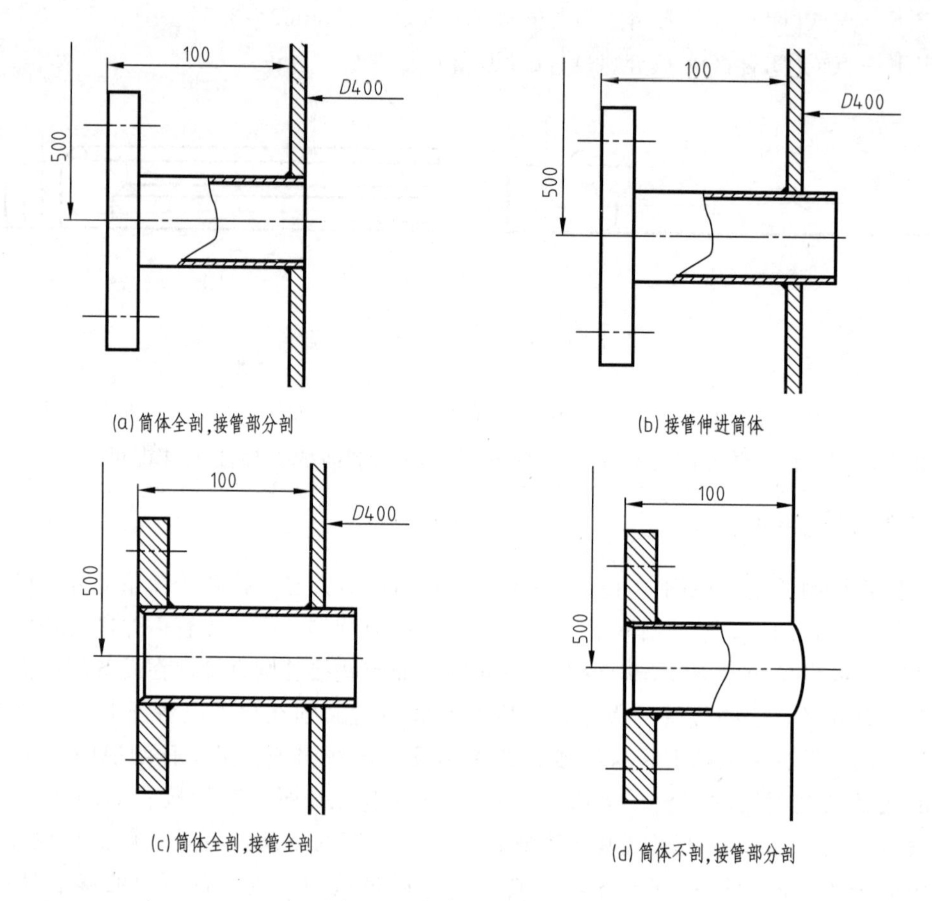

图 7-27 筒体上接管的绘制

命令:SPL↙

指定第一个点或[对象(O)]:(捕捉接管上方外壁上的一点)

指定下一点或[闭合(C)/拟合公差(F)]<起点切向>(适当位置左键)

指定下一点或[闭合(C)/拟合公差(F)]<起点切向>(适当位置左键)

指定下一点或[闭合(C)/拟合公差(F)]<起点切向>(适当位置左键)

指定下一点或[闭合(C)/拟合公差(F)]<起点切向>(捕捉接管下方外壁上的一点)

指定起点切向:(鼠标拖动适当位置左键)

指定端点切向:(鼠标拖动适当位置左键)

用“修剪”和“打断”命令删除线段多余部分,如图 7-29(b)所示。填充剖面线、标注尺寸即可。

7.3.5 人孔和手孔的绘制

人孔和手孔的设置是为了检查压力容器在使用过程中是否产生变形、裂纹、腐蚀等问题以及装填物料或卸下催化剂等。

人孔和手孔的基本结构由筒节、端盖、法兰、密封垫片、螺栓、螺母以及其他相关开启配件如把手、轴销等组成。人孔中采用的法兰也和前面介绍的法兰一样,可根据具体情况采用不同的法兰。图 7-30 所示为几种常见的人孔和手孔。

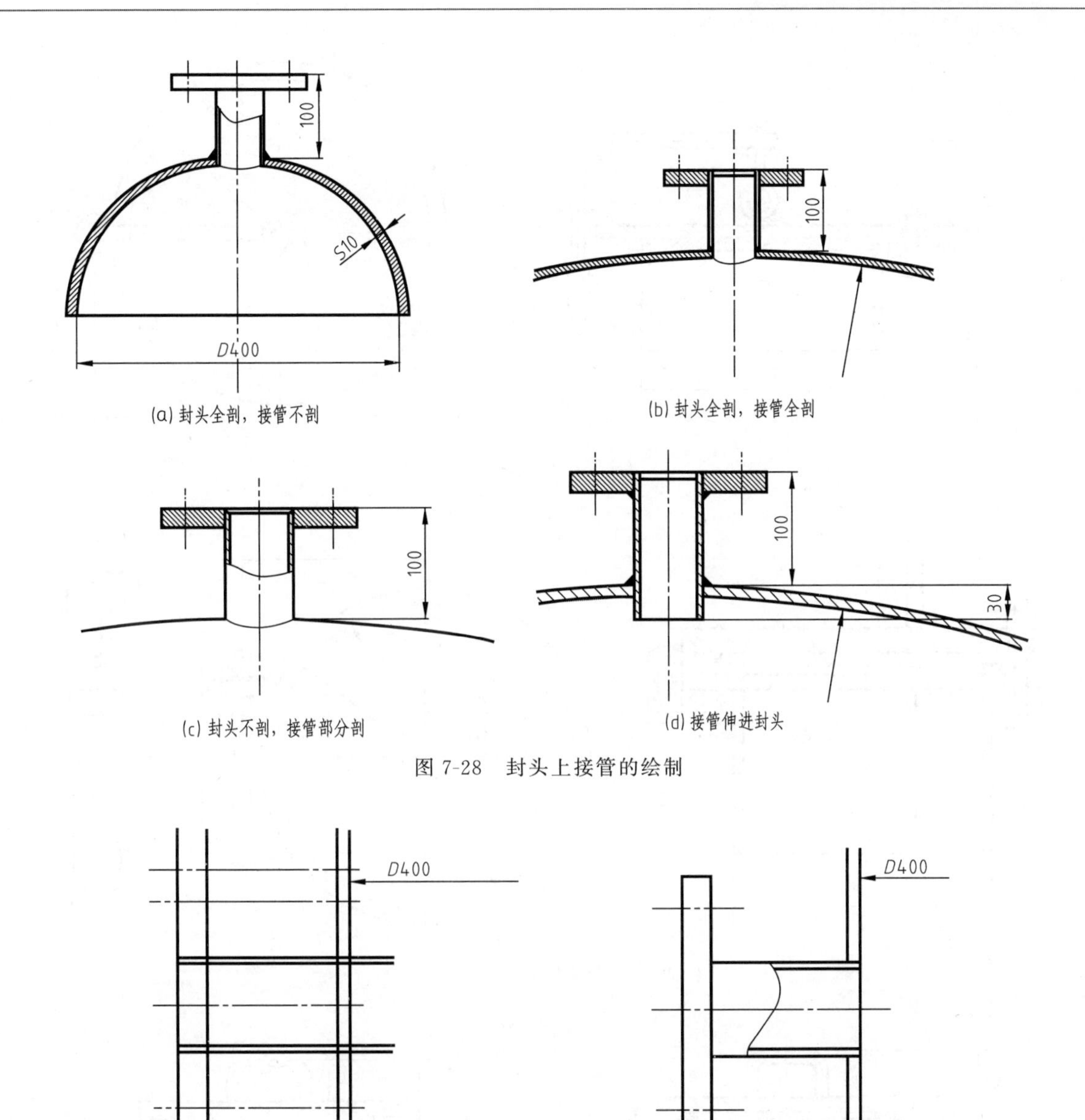

图 7-28 封头上接管的绘制

图 7-29 接管的绘制过程

下面以图 7-30（c）所示的板式平焊手孔为例，说明手孔的绘制方法。分析图形，可知手孔由把手、法兰盖、垫片、法兰及筒节组成。要完全表达手孔的结构及其大小，必须将该五个部分的本身大小及其相互之间的关系表达清楚。而要表达这些内容，就必须知道以下几个关键尺寸（以 $DN100$ 的手孔为例，括号内为实际数据）：把手的高度 h_1(66)、长度 l_1(10)、直径 d_1(10) 及其和法兰的关系（在法兰盖的直径线上）；法兰盖外径 D_2(210)、螺栓孔直径 K_2(17，采用 M16 螺栓)、凸面直径 B_2(144)、凸面高度 f_2(2)、法兰总高 h_2(18)；垫片外径 $D_3=B_2$(144)、内径 d_3(110)、厚度 δ_1（3)；法兰外径 D_4(210)、螺栓孔直径 K_4(17，采用 M16 螺栓)、凸面直径 B_4(144)、凸面高度 f_4(2)、法兰总高 h_4(18)、法兰内径 d_4(110)；筒节高度 h_5(160，包括焊接部分，本例中焊接部分取 5)、外径 D_5(108)、

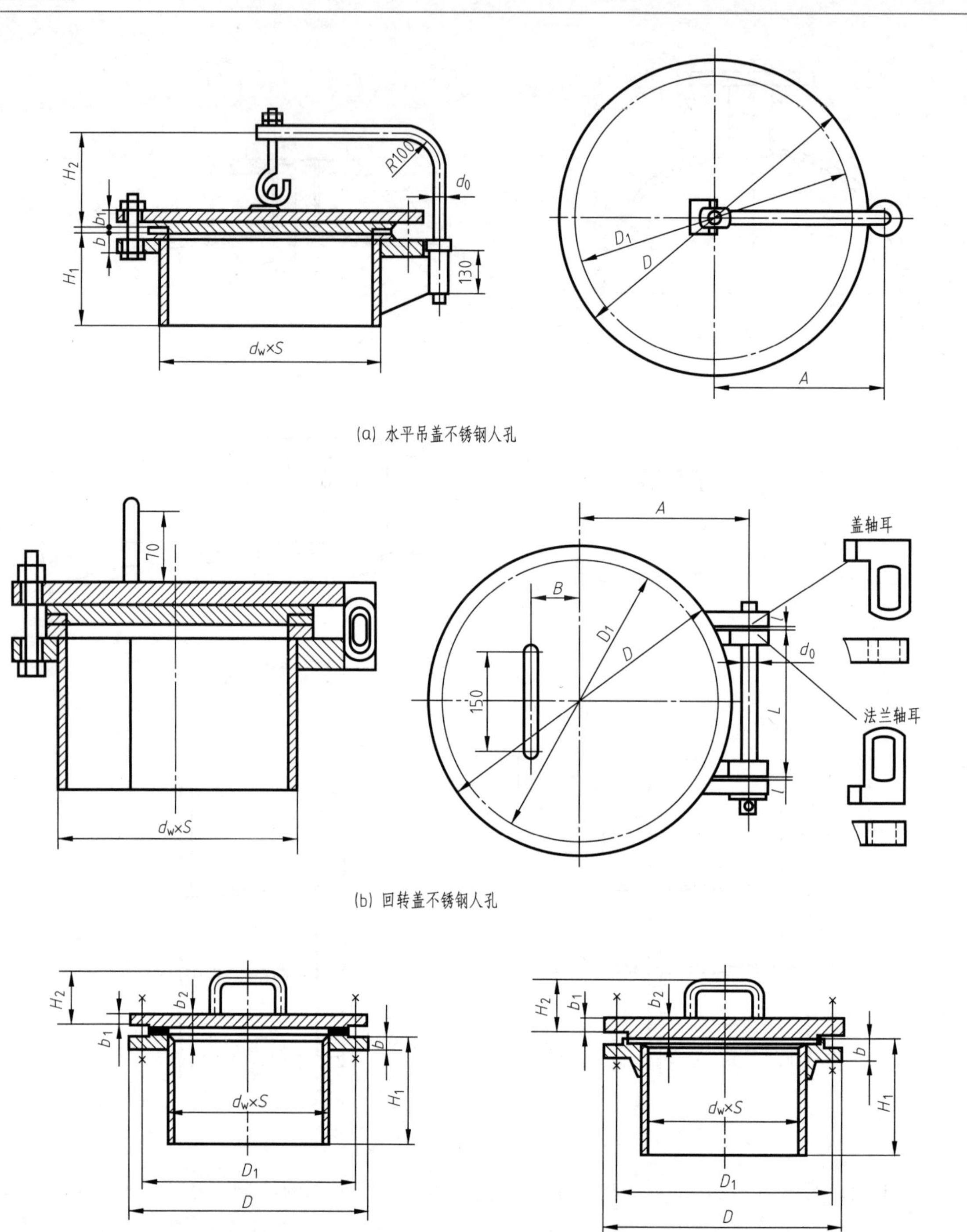

图 7-30　人孔和手孔

厚度 δ_2(4)。

有了以上的数据，并结合各部件的相互关系，就可以进行手孔绘制了。在具体绘制过程中将先绘制右边部分；然后通过镜像生成左边部分，最后标上尺寸，完成全部工作。

(1) 绘制把手右边部分　主要利用在正交绘图状态下的相对坐标、偏移及圆角命令进行绘制，具体命令及操作过程如下。

命令:L↙(绘制中心线)

指定第一点:(适当位置左键)

指定下一点或[放弃(U)]:@0,350(根据手孔总高确定)

指定下一点或[放弃(U)]:↙

命令:L↙(绘制把手内轮廓线)

指定第一点:(捕捉中心线上部最近点)

指定下一点或[放弃(U)]:@40,0↙($l_1/2-d_1=40$)

指定下一点或[放弃(U)]:@0,−56↙($h_1-d_1=56$)

指定下一点或[闭合(C)/放弃(U)]:(捕捉中心线垂足)

指定下一点或[闭合(C)/放弃(U)]:↙

命令:F↙(倒圆角)

当前设置:模式=修剪,半径=0.0000

选择第一个对象或[放弃(U)/多段线(P)/半径(R)/修剪(T)/多个(M)]:R↙

选择第二个对象,或按住"Shift"键选择要应用角点的对象:(选择线段 2)↙，用“偏移复制”命令，使之转到“中心线”层，结果如图 7-31（a）所示。

(2) 绘制法兰盖、垫片和筒体的右边部分　根据法兰盖、垫片和筒体的结构尺寸，利用相对左边和捕捉功能进行直线绘制，结果如图 7-31（b）所示。

(3) 绘制焊接符号　利用“直线”绘制焊接符号轮廓，再用“图案填充”以样式 SOLID 进行填充。

(4) 完成图形　利用镜像命令生成图形左半部分，填充剖面线，标注尺寸，完成图形绘制。

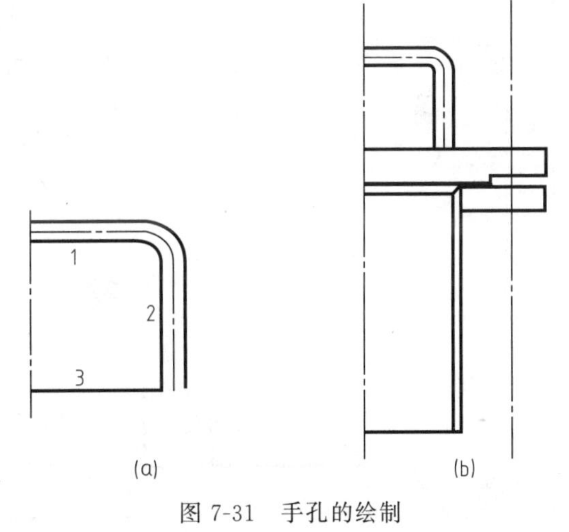

图 7-31　手孔的绘制

7.4　化工设备装配图绘制方法及实例

7.4.1　概述

化工容器是化工生产中用于贮存原料、中间产物或产品的容器，如贮油罐、贮气罐等。容器的结构主要由筒体、封头、接管、法兰及支座组成。

7.4.2　化工容器的绘制实例

下面以图 7-32 所示的贮槽容器装配图为例，说明其绘制方法和技巧。

(1) 绘制装配图前的准备工作　在实际工作中，装配图的绘制是与设计计算同步进行的。和手工绘制前的准备工作一样，准备工作作得越细致，在以后的绘制工作时就越顺利，绘制速度也就越快，一般来说，在使用 AutoCAD 2016 绘制容器之前，应先完成以下几项工作。

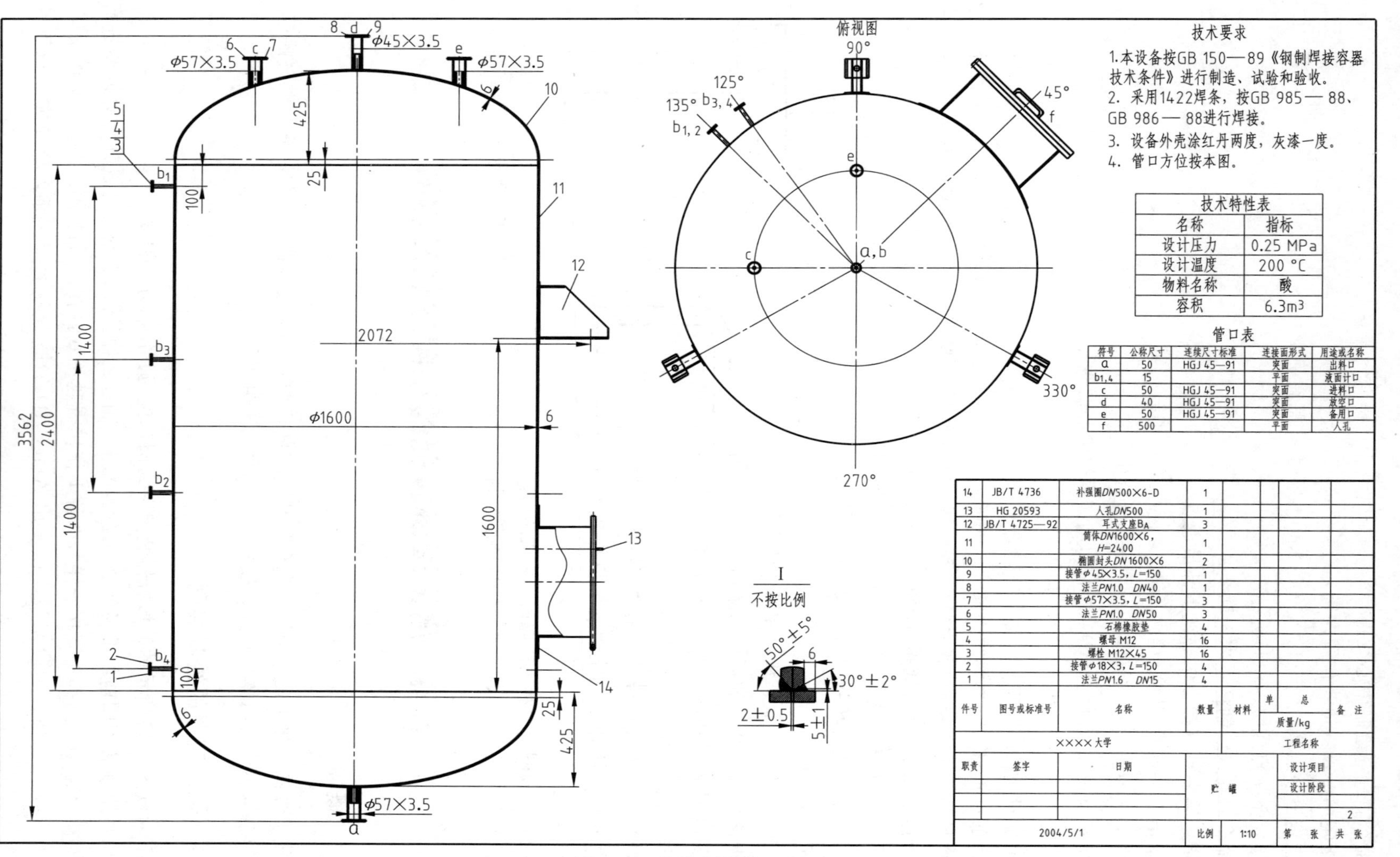

图 7-32 贮槽容器装配图

① 完成工艺计算及强度计算，确定筒体和封头的直径、高度、厚度。

② 完成各种接管如进料管、出料管、备用管、液面计接管、人孔等的计算或标准选定，并确定其相对位置。

③ 根据前面获得的基本信息，绘制草图，确定设备的总高、总宽，并对图幅的布置进行初步的设置。

④ 查取各种标准件的具体尺寸，尤其是其外观尺寸及安装尺寸，为具体绘制作好准备。

（2）设置图层、比例及图框

① 设置图层。设置图层的目的是为了后面绘制过程的方便，将不同性质的图线放在不同的图层，用不同的颜色区别，使绘图者一目了然。同时在图层中设置线条的宽度、类型等信息。

需要说明的是，虽然已定义了各个图层的线宽，但在绘制过程中，一般不选用状态栏中的线宽状态，故屏幕上是不会有所显示的，只有不同线型在绘制过程中会有所显示。除非需要将该图复制到 Word 文档时，才会选择线宽状态，但只有线宽在 0.3mm 以上的才会有所显示，小于 0.3mm 的线条在屏幕上显示的宽度是一样的，并且采用线宽状态时，两条距离较近的线有时会重叠在一起，这一点需要引起注意。定义的线在用绘图仪输出时方可体现出来。

② 设置比例及图纸大小。根据前面的计算及草图绘制，容器的总高达 3762mm 左右，总宽在 2060mm 以上，同时考虑尚需用俯视图表达管口位置，其宽度也将达到 2060mm 以上，这样在不考虑明细栏等文字说明内容的情况下，图纸的总宽将在 4000mm 以上，总高将在 3762mm 以上，同时，明细栏的宽度为 180mm 是规定的，根据以上数据，选用 A2 图纸，其大小为 594mm×420mm，选用绘图比例为 1∶10，即可符合绘图要求。为了便于作图，绘图时也可以在图框外按 1∶1 绘制，最后整体缩放、移动，使之有合理的布局。

③ 绘制图框。根据前面的选定，图框由两个矩形组成：一个为外框，用细实线绘制，大小为 594mm×420mm；另一个为内框，大小为 574mm×400mm，用粗实线绘制。粗实线和主结构图层线可在同一图层，因为线宽均为 0.4mm。

（3）画中心线　进入“中心线”层，根据设备的具体尺寸，绘制中心线。在绘制前必须对中心线进行定位，需要确定筒体中心线的第一点、筒体中心线和封头与直边交界线的交点以及俯视图中圆心的位置，具体命令及操作如下。

命令：L↙（绘制基本中心线）

指定第一点：（适当位置左键）

指定下一点或[放弃（U）]：@0，370↙（根据容器总长确定）

指定下一点或[放弃（U）]：↙（退出）

命令：L↙（绘制上面水平中心线，即封头曲面与直边交界线）

指定第一点：（适当位置左键）

指定下一点或[放弃（U）]：@180，0↙（根据容器直径确定）

命令：M↙（移动水平中心线）

选择对象：（选择水平中心线）↙

指定基点或[位移（D）]＜位移＞：（捕捉水平中心线中点）

指定第二个点或＜使用第一个点作为位移＞：（在基本中心线上部捕捉最近点）

命令：O↙（偏移复制下面水平中心线）

当前设置:删除源＝否,图层＝源,OFFSETGAPTYPE＝0

指定偏移距离或[通过(T)/删除(I)/图层(L)]＜通过＞:245↙(筒体高度为2400,封头两个直边高度为50)

选择要偏移的对象,或[退出(I)/放弃(U)]＜退出＞:↙(选择水平中心线)

指定要偏移的那一侧上的点,或[退出(I)/多个(M)/放弃(U)]＜退出＞:↙(在水平中心线下部左键)

指定要偏移的那一侧上的点,或[退出(I)/多个(M)/放弃(U)]＜退出＞:↙

同理偏移复制出其余接管、人孔、中心线、筒体内壁线等。

命令:L↙(绘制俯视图水平中心线)

指定第一点:(适当位置左键)

指定下一点或[放弃(U)]:@180,0↙

指定下一点或[放弃(U)]:↙(退出)

单击刚才绘制的中心线，显示三个蓝色小方框（冷夹持点），再单击中间的小方框，使之变成红色热夹持点，同时在命令行提示。

* * 拉伸 * *

指定拉伸点或[基点(B)/复制(C)/放弃(U)/退出(X)]:RO↙(旋转对象)

* * 旋转 * *

指定旋转角度或[基点(B)/复制(C)/放弃(U)/参照(I)/退出(X)]:C↙(复制旋转)

* * 旋转(多重) * *

指定旋转角度或[基点(B)/复制(C)/放弃(U)/参照(I)/退出(X)]:45↙(人孔中心线)

* * 旋转(多重) * *

指定旋转角度或[基点(B)/复制(C)/放弃(U)/参照(I)/退出(X)]:90↙(垂直中心线)

* * 旋转(多重) * *

指定旋转角度或[基点(B)/复制(C)/放弃(U)/参照(I)/退出(X)]:125↙(接管中心线)

* * 旋转(多重) * *

指定旋转角度或[基点(B)/复制(C)/放弃(U)/参照(I)/退出(X)]:135↙(接管中心线)

* * 旋转(多重) * *

指定旋转角度或[基点(B)/复制(C)/放弃(U)/参照(I)/退出(X)]:210↙(支座中心线)

* * 旋转(多重) * *

指定旋转角度或[基点(B)/复制(C)/放弃(U)/参照(I)/退出(X)]:330↙(支座中心线)

* * 旋转(多重) * *

指定旋转角度或[基点(B)/复制(C)/放弃(U)/参照(I)/退出(X)]:↙

命令:TR↙(修剪多余线段)

当前设置:投影＝UCS,边＝无

选择剪切边…

选择对象或＜全部选择＞:(选任意一条中心线)

选择要修剪的对象,或按住“Shift”键选择要延伸的对象,或[栏选(F)/窗交(I)/投影(P)/边(I)/删除(I)/ 放弃(U)]:(选择要修剪掉的部分)

(4) 画主体结构

① 筒体主结构线。绘制筒体主结构线的时候，先不要考虑筒体上的所有接管，只需将

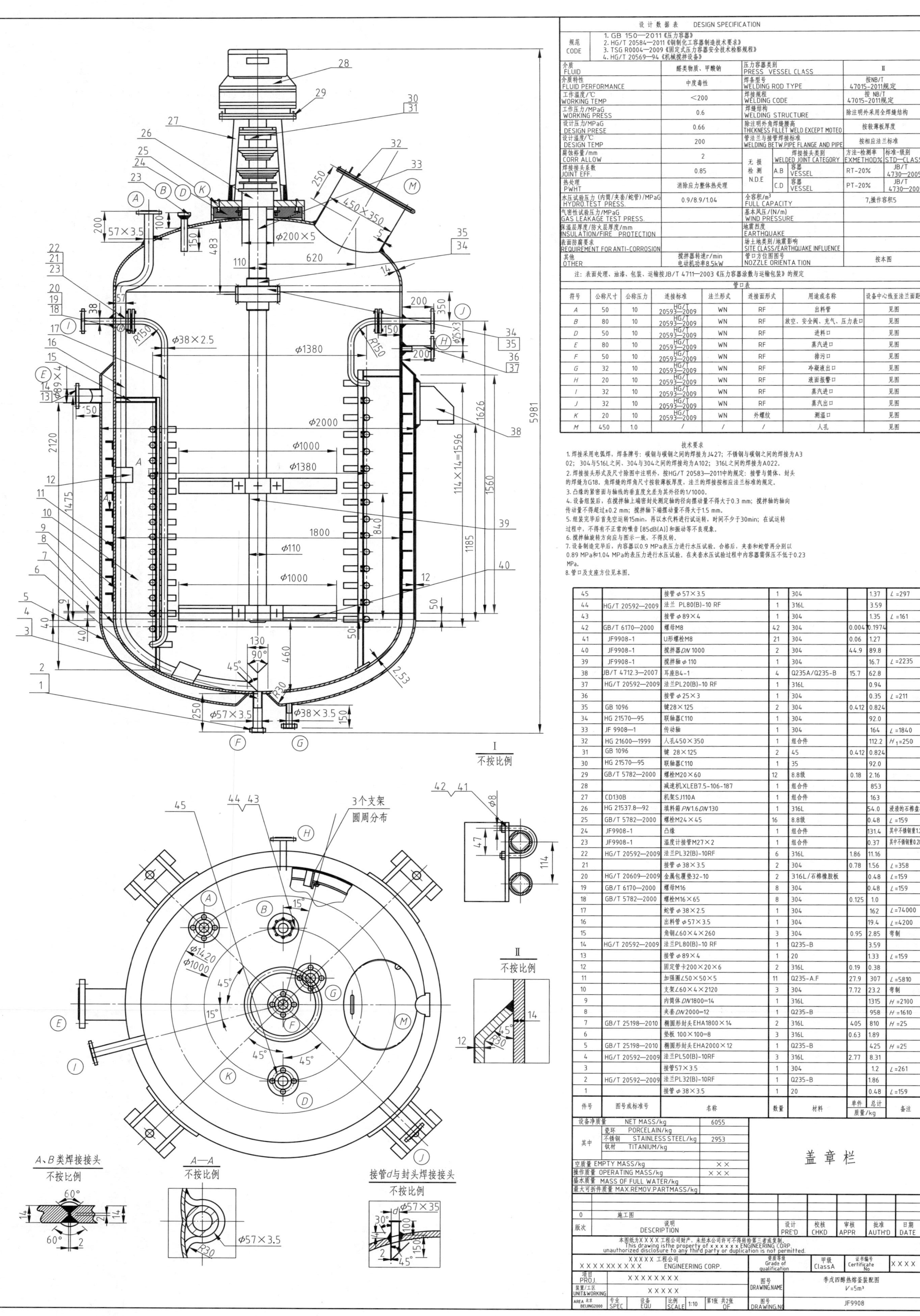
设计数据表 DESIGN SPECIFICATION
1. GB 150—2011《压力容器》
2. HG/T 20584—2011《钢制化工容器制造技术要求》
3. TSG R0004—2009《固定式压力容器安全技术监察规程》
4. HG/T 20569—94《机械搅拌设备》
注：表面处理、油漆、包装、运输按JB/T 4711—2003《压力容器涂敷与运输包装》的规定
管口表
技术要求
1. 焊接采用电弧焊，焊条牌号：碳钢与碳钢之间的焊接为J427；不锈钢与碳钢之间的焊接为A302；304与316L之间、304与304之间的焊接均为A102；316L之间的焊接为A022。
2. 焊接接头形式及尺寸除图中注明外，按HG/T 20583—2011中的规定：接管与筒体、封头的焊缝为G18，角焊缝的焊角尺寸按较薄板厚度，法兰的焊接按相应法兰标准的规定。
3. 凸缘的紧密面与轴线的垂直度允差为其外径的1/1000。
4. 设备组装后，在搅拌轴上端密封处测定轴的径向摆动量不得大于0.3 mm；搅拌轴的轴向传动量不得超过±0.2 mm；搅拌轴下端摆动量不得大于1.5 mm。
5. 组装完毕后首先空运转15min，再以水代料进行试运转，时间不少于30min；在试运转过程中，不得有不正常的噪音（85dB(A)）和振动等不良现象。
6. 搅拌轴旋转方向应与图示一致，不得反转。
7. 设备制造完毕后，内容器以0.9 MPa表压力进行水压试验，合格后，夹套和蛇管再分别以0.89 MPa和1.04 MPa的表压力进行水压试验，在夹套水压试验过程中内容器需保压不低于0.23 MPa。
8. 管口及支座方位见本图。
设备净质量 NET MASS/kg 6055
不锈钢 STAINLESS STEEL/kg 2953
盖章栏
XXXXX 工程公司 ENGINEERING CORP.
季戊四醇热熔釜装配图 V=5m³
JF9908
I 不按比例
II 不按比例
A—A 不按比例
A、B类焊接接头 不按比例
接管d与封头焊接接头 不按比例
3个支架 圆周分布

附图 液氨贮罐

筒体在全剖情况下的矩形框绘制出来即可。在绘制时首先利用筒体中心线和封头与直边交界线（上面那条）的交点作为基点，向下作一条垂直的长度为 25mm 的直线，利用该直线的下端点作为绘制筒体主结构线的起点，利用相对坐标、偏移、镜像等工具完成最后的绘制工作。在绘制筒体厚度时作了夸张的技术处理（全图的比例为 1∶10，筒体厚度采用 1∶4，其他接管厚度等基本上均采用此处理方法），否则筒体的厚度将很难看清楚。

② 封头主结构线。封头有上下两个，在绘制时，先不要考虑接管，接管问题可通过修剪、打断等工具加以解决。由于两个封头情况相似，可以先画一个封头，再用镜像复制生成另一个封头，然后修改成要求结构。具体绘制方法参考本书 7.3.2 节封头的绘制。

③ 接管的绘制。筒体和封头上的接管均采用主体全剖、接管部分剖的画法，具体绘制方法参考本书 7.3.4 节管道接头的绘制。

④ 支座主结构线的绘制。本容器支座采用标准件，其尺寸大小可从有关标准手册中查到。俯视图中的支座可以先画出一个，然后用环形阵列复制出另外两个。

（5）画局部放大图　本容器设备图中，已清晰地表明了大部分部件的相互关系，主要在补强圈部分有些看不清楚，通过将原来部分放大 6 倍来表达局部放大图。该放大图可在俯视图下面重新绘制，也可以利用原来已画部分进行复制放大处理获取，可不按比例绘制，只要能表达清楚其相互结构关系即可。绘制好的局部放大图如图 7-33 所示。

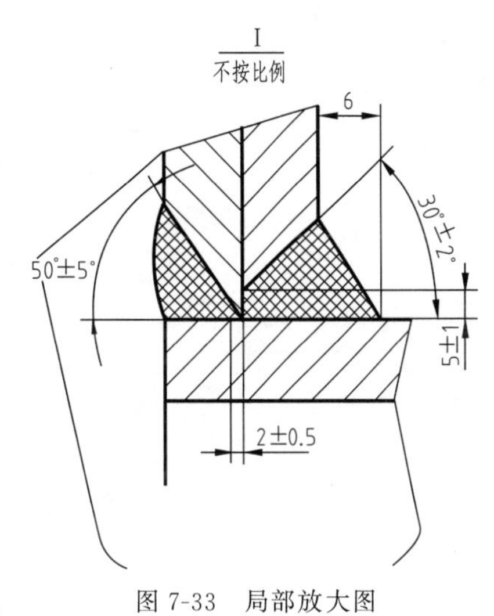

图 7-33　局部放大图

（6）画剖面线及焊缝线　剖面线的填充可以参考本书 7.2.2 节工艺流程图的绘制方法与技巧中阀门的绘制部分。在绘制剖面线之前，需为绘制焊缝作好准备，用直线命令绘出焊缝封闭区域并修剪，然后分别填充。剖面线型号选择 ANSI31，比例为 1，角度为 90°或 0°，同一个部件其角度必须保持一致，两个相邻的部件其角度应取不同值，如本容器图中筒体剖面线的角度为 90°，封头则为 0°，而封头上管子的剖面线其角度又为 90°，筒体上液面计接管的剖面线角度为 0°。焊缝线型号选择 ANSI37 或 SOLID 填充。

（7）尺寸标注参考　进入尺寸标注图层，并通过格式——标注式样，设定标注的形式，如选择文字高度为 2.5，选择箭头大小为 2.5。设置好标注式样后，根据设备的实际尺寸进行标注，千万不要根据所画图的大小进行标注。因为在绘制时已经按比例进行了缩小，同时有些方面还进行了夸张处理，所以必须按实际尺寸进行标注，其中支座安装尺寸是利用指引线绘制的，上面的数字利用文字编辑进行输入。

（8）写技术说明，绘管口表、标题栏、明细栏、技术特性表等　技术说明可利用文字编辑器进行输入，“技术要求”4 个字采用 5 号字，正文说明采用 3.5 号字。技术特性表、管口表、明细栏、标题栏可以参考本书 7.2.2 节工艺流程图的绘制方法与技巧中物料表的绘制。

参考文献

［1］ 林大钧，于传浩，杨静．化工制图［M］．第2版．北京：高等教育出版社，2013．

［2］ 郑晓梅．化工制图［M］．北京：化学工业出版社，2001．

［3］ 马瑞兰，金玲．化工制图［M］．上海：上海科学技术文献出版社，2000．

［4］ 方国利．计算机辅助化工制图与设计［M］．北京：化学工业出版社，2010．

［5］ 杨松林，于奕峰．化学工程CAD技术应用及实例［M］．北京：化学工业出版社，2008．

［6］ 陆怡．化工设备识图与制图［M］．北京：中国石化出版社，2011．